纺织服装“十四五”部委级规划教材

服装款式电脑拓展设计

——Illustrator & Photoshop 表现技法

吴晓天 廖晓红 主编

東華大學出版社·上海

图书在版编目(CIP)数据

服装款式电脑拓展设计：Illustrator & Photoshop 表现技法/吴晓天，廖晓红主编. —— 上海：东华大学出版社，2021.9

ISBN 978-7-5669-1958-8

Ⅰ. ①服… Ⅱ. ①吴… ②廖… Ⅲ. ①服装设计－计算机辅助设计－中等专业学校－教材 Ⅳ. ①TS941.26

中国版本图书馆CIP数据核字(2021)第171527号

责任编辑 谢 未
封面设计 艾 婧
版式设计 赵 燕

扫码下载课件资源

服装款式电脑拓展设计
——Illustrator & Photoshop表现技法
主　编：吴晓天　廖晓红
出　版：东华大学出版社
（上海市延安西路1882号　邮政编码：200051）
出版社网址：dhupress.dhu.edu.cn
天猫旗舰店：dhdx.tmall.com
营 销 中 心：021-62193056　62373056　62379558
印　刷：上海万卷印刷股份有限公司
开　本：889 mm × 1094 mm　1/16
印　张：10
字　数：387千字
版　次：2021年9月第1版
印　次：2025年2月第2次印刷
书　号：978-7-5669-1958-8
定　价：69.00元

前 言

本教材是依据“中等职业学校服装设计与工艺专业教学标准”，并结合服装行业标准和目前服装设计公司、企业对电脑绘图技能的需求进行编写的。

服装款式电脑拓展设计是指如何运用电脑辅助进行服装款式的拓展设计。服装款式的拓展设计包括服装款式、服饰配件、服装面料、服装图案、服装色彩等内容的设计。如何运用电脑软件来表现服装款式的拓展设计，是本教材的重点。

本教材适宜已具备一定服装设计能力和手绘造型能力的中职学生和服装设计师，包括熟练地掌握手工绘制款式图、效果图的能力。用电脑代替手工绘制服装设计图，便于修改、保存和传播，为设计师提供了全新的交流方式，极大地提高了工作效率。根据目前服装行业常用绘图软件的使用需求，本教材选择了Illustrator和Photoshop两款软件进行讲解。这两款软件各有特点又相互补充。教材根据服装设计图的要求选择合适的软件进行绘制。因两款软件都是Adobe公司设计开发的，所以两者具有很好的兼容性。

本教材的特色之一是结合设计公司和流行趋势公司提供的素材进行服装款式拓展设计，所以设计图具有一定的规范性、时尚感和实用性。特色之二是课程以任务的形式呈现，与企业需求保持对应性和内容的完整性。特色之三是发挥Illustrator和Photoshop两款软件各自的优势，实现优势互补，如用矢量图软件Illustrator绘制款式图，用位图软件Photoshop绘制效果图，根据拓展图形特征选择合适软件绘制面料、图案等。特色之四是每个任务以软件如何绘制设计图的知识点为编写主线，不同任务体现软件的不同知识点，不同于同类书籍中用同样方法和知识点表现不同服装款式的模式。特色之五是模拟全国职业院校技能大赛中职组“服装设计与工艺”项目的试题，让师生了解大赛，在赛题练习中了解本专业应知应会的内容，真正做到“以赛促教，以赛促学”。

本书由蚌埠工业与商贸职业技术学校（原安徽省蚌埠工艺美术学校）吴晓天任第一主编；佛山市顺德区均安职业技术学校廖晓红任第二主编；广州市花都区理工职业技术学校陈晓逸、广东省佛山市南海区盐步职业技术学校梁淑源、江苏省金坛中等专业学校郑红霞、广东职业技术学院陈孟超参加编写。本书Illustrator服装款式图、服装辅料与服饰品矢量图由上海领感企划设计公司产品设计总监赵灵巧女士提供；本书服装效果图人物线稿由上海领感企划设计公司流行趋势设计总监海迪女士提供。全书由蚌埠工业与商贸职业技术学校吴晓天统稿，由佛山市顺德区均安职业技术学校廖晓红审稿。同时感谢东华大学出版社谢未编辑给本书提出宝贵意见和建议。

由于编者水平有限，教材中难免有不足之处，恳请同行给予批评指正。读者反馈邮箱：383245499@qq.com。

编者

2021年10月

学时分配建议表

模块	教学内容	合计	讲授	实训
模块一 概述	**项目一：** 服装款式电脑拓展设计之电脑基础知识	2	2	0
模块二 Adobe Illustrator 服装款式表现与拓展设计	**项目二：** Adobe Illustrator 软件基础知识	2	1	1
	项目三： Adobe Illustrator 绘制服装辅料与服饰品	18	8	10
	项目四： Adobe Illustrator 服装款式表现与拓展设计	24	8	16
模块三 Adobe Photoshop 服装效果图表现与拓展设计	**项目五：** Adobe Photoshop 软件基础知识	2	1	1
	项目六： Adobe Photoshop 服装效果图表现与拓展设计	24	8	16
模块四 服装款式电脑拓展设计综合练习	**项目七：** “服装设计与工艺”赛项技能大赛模拟试题	8	2	6
总计		80	30	50

目　录

（作者：海迪）

模块一

概述

服装款式电脑拓展设计是服装设计师必备的技能之一。一方面需要设计者具备扎实的专业基础和创造性思维去完成服装款式的拓展设计，同时也要具备运用电脑辅助服装款式拓展设计的能力。在实际工作中，电脑的运用提升了服装款式拓展设计的效率，也推动了服装设计产业的智能化发展。

根据服装款式拓展设计需要，选择不同软件进行辅助设计，在服装设计公司、技能大赛等领域具有很重要的作用。熟练掌握电脑软件使用技巧对服装款式的拓展设计能起到如虎添翼的作用。本书将详细介绍电脑相关软件在服装款式设计和款式拓展设计中的表现技巧。

项目一：服装款式电脑拓展设计之电脑基础知识

项目概述：

运用电脑进行服装款式设计和款式拓展设计是服装设计师所具备的基本素质，同时设计师还需要了解电脑基础知识和相关基本概念。本项目将对服装款式电脑拓展设计中的相关知识、电脑设备、基本概念进行简单介绍，为设计师以后发展打下良好的电脑基础，具有运用电脑进行专业技术交流和信息处理的能力。

思维导图：

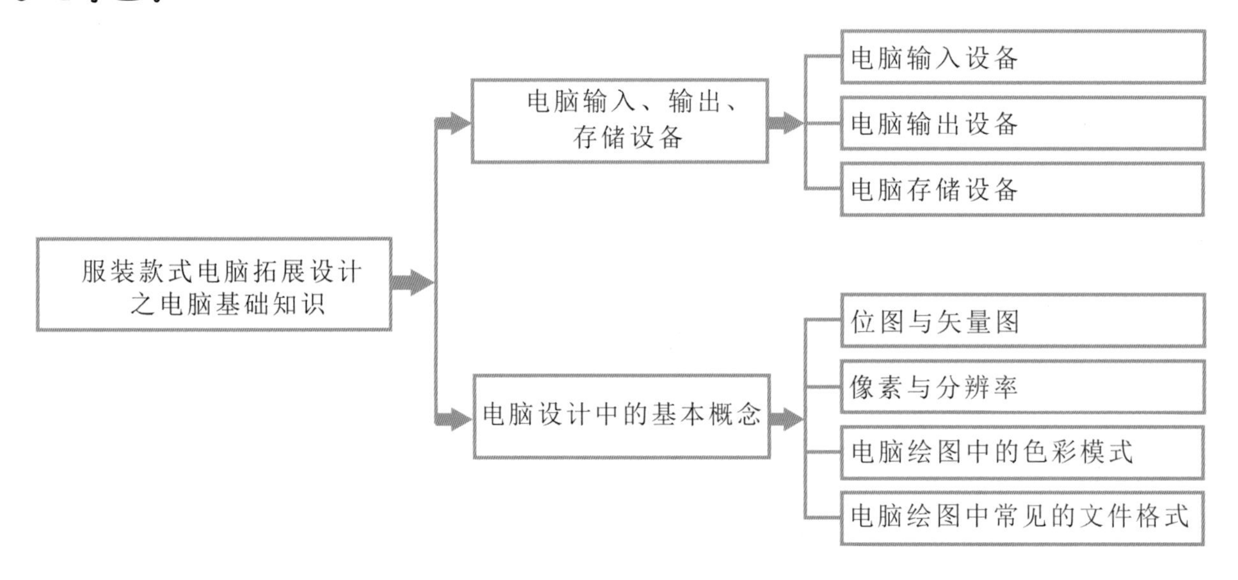

图1.1-1

学习目标：

◆**知识目标**

（1）了解服装款式电脑拓展设计的意义。

（2）了解电脑硬件中常见的输入、输出、存储设备。

（3）了解电脑设计中常见的概念。

◆**能力目标**

（1）培养具有服装款式电脑拓展设计的能力。

（2）培养了解和掌握电脑硬件使用的能力。

（3）培养了解电脑设计相关概念和解决问题的能力。

◆**情感目标**

（1）通过对电脑硬件、相关概念的了解，培养学生对电脑的热爱。

（2）通过对服装款式电脑拓展设计的了解，培养学生对专业技能的热爱。

（3）通过电脑与专业技能的结合，培养学生较好的艺术修养和审美情趣。

任务一：电脑输入、输出、存储设备

一、电脑输入设备

电脑输入设备是向电脑输入数据和信息的设备，如键盘、鼠标、数码相机和智能手机、扫描仪、数位板等。

1. 键盘

用于操作设备运行的一种指令和数据输入装置。

2. 鼠标

计算机的一种输入设备，也是计算机显示系统纵横坐标定位的指示器，因形似老鼠而得名。鼠标能使计算机的操作更加简便快捷，可以代替键盘的繁琐指令。

3. 扫描仪

扫描仪是利用光电技术和数字处理技术，以扫描方式将图形或图像信息转换为数字信号的装置。扫描仪通过捕获图像信息，并将之转换成计算机可以显示、编辑、存储和输出的内容。常见的扫描仪包括平板扫描仪和滚筒扫描仪等；按照光源照明方式可分为扫描照片及文字的反射式扫描仪和扫描胶片的透射式扫描仪。我们平时使用的平板式扫描仪主要扫描反射稿件。扫描仪是服装设计师常用的设计稿件输入设备。

4. 数码相机和智能手机

数码相机是一种利用电子传感器把光学影像转换成电子数据的照相机。智能手机的数码相机功能指的是手机通过内置或是外接的数码相机进行拍摄静态图片或短片拍摄。两者可以通过USB接口或其他存储媒介将拍摄的素材传送到电脑上。

5. 数位板

数位板是计算机输入设备的一种，又名手绘板，通常由一块数字画板和一支压感笔组成。数位板可使用压感笔在数字画板上直接作画，能将电脑绘图和手绘图完美结合，可以像在纸上一样表现出用笔轻重的线条，是深受服装设计师喜爱的输入设备。目前，在市场上的数位板品牌很多，可以根据自己需要选择适合自己的型号。

二、电脑输出设备

输出设备用于数据的输出，它把各种计算结果数据或信息以数字、字符、图像、声音等形式表示出来，常见的有显示器、打印机、绘图仪等。彩色打印机是服装设计师常用的设计稿输出设备。打印机的种类很多，常见的有喷墨式打印机和激光式打印机，可根据自己需要选择适合自己的型号。

三、电脑存储设备

存储设备是用于储存信息的设备，通常是将信息数字化后再利用电、磁或光学等方式的媒体加以存储。常见的存储设备有U盘、移动硬盘、刻录光盘等。

云盘是一种专业的互联网存储工具，是互联网云技术的产物，它通过互联网为企业和个人提供信息的储存、读取、下载等服务，具有安全稳定、海量存储的特点。随着互联网技术的不断发展，云盘已经成为主要存储工具。

任务二：电脑设计中的基本概念

在电脑服装设计中，常遇到相关电脑专业概念，了解这些概念有助于在电脑绘图中更充分发挥电脑软件优势，绘制出自己满意的设计图。

一、位图与矢量图

位图图像（bitmap），亦称为点阵图像或栅格图像，是由称作像素（图片元素）的单个点组成的。这些点可以用不同方式进行排列和填色以构成图像。当放大位图时，可以看见构成整个图像的无数单个方块。扩大位图尺寸的效果是增大单个像素，从而使线条和形状显得参差不齐。然而，如果从稍远的位置观看，位图图像的颜色和形状又是连续的。用数码相机拍摄的照片、扫描仪扫描的图片以及计算机截屏图等都属于位图。位图的特点是可以表现色彩的变化和颜色的细微过渡，产生逼真的效果，缺点是在保存时需要记录每一个像素的位置和颜色值，占用较大的存储空间。常用的位图处理软件有Photoshop、Painter等。

处理位图时，输出图像的质量决定于处理过程开始时设置的分辨率高低，因此，在新建文件时设置合适的分辨率非常重要。

矢量图，就是使用直线和曲线描述的图形，构成这些图形的元素是一些点、线、矩形、多边形、圆和弧线等，它们都是通过数学公式计算获得的，具有编辑后不失真的特点。矢量图形最大的优点是无论放大、缩小或旋转等不会失真，图形可以无限放大，不变色、不模糊；最大的缺点是难以表现色彩层次丰富的逼真图像效果。常用软件有CorelDraw、Illustrator等。

二、像素与分辨率

像素（pixel），是指在由一个数字序列表示的图像中的一个最小单位，是用来计算数码影像的一种单位。它是由图像的小方格组成的，这些小方块都有一个明确的位置和被分配的色彩数值，小方格颜色和位置就决定该图像所呈现的样子。

分辨率，又称解析度、解像度，可以分为显示分辨率与图像分辨率。通常描述分辨率的单位有ppi（像素每英寸）和dpi（点每英寸）。从技术角度说，"像素"只存在于电脑显示领域，而"点"只出现于打印或印刷领域。

三、电脑绘图中的色彩模式

色彩模式是数字世界中表示颜色的一种算法。在数字世界中，为了表示各种颜色，人们通常将颜色划分为若干分量。成色原理的不同决定了显示器、投影仪、扫描仪这类靠色光直接合成颜色的设备和打印机、印刷机这类使用颜料的印刷设备在生成颜色方式上的区别。

RGB模式是工业界的一种颜色标准，是通过对红（Red）、绿（Green）、蓝（Blue）三个颜色通道的变化以及它们之间的叠加来得到各式各样的颜色的，因此也称为加色模式，适用于显示器、投影仪、扫描仪、数码相机等。

CMYK模式是当阳光照射到一个物体上时，这个物体将吸收一部分光线，并将剩下的光线进行反射，反射的光线就是我们所看见的物体颜色，这是一种减色色彩模式。CMYK代表印刷上用的四种颜色，C代表青色（Cyan），M代表洋红色（Magenta），Y代表黄色（Yellow），K代表黑色（Black）。因为在实际应用中，青色、洋红色和黄色很难叠加形成真正的黑色，最多不过是褐色，因此引入了K（黑色）。

Lab模式：RGB模式是一种发光屏幕的加色模式，CMYK模式是一种颜色反光的印刷减色模式；而Lab模式既不依赖光线，也不依赖颜料，它是CIE组织确定的一个理论上包括人眼可以看见的所有色彩的色彩模式。Lab

模式由三个通道组成，但不是R、G、B通道。它的一个通道是明度，即L。另外两个是色彩通道，用A和B来表示。A通道包括的颜色是从深绿色（低亮度值）到灰色（中亮度值）再到亮粉红色（高亮度值）；B通道则是从亮蓝色（低亮度值）到灰色（中亮度值）再到黄色（高亮度值）。因此，这种色彩混合后将产生明亮的色彩。

在绘制设计图时，一般选择RGB模式即可，如果用于印刷，则需要选择CMYK模式。

四、电脑绘图中常见的文件格式

1. **BMP（全称Bitmap）**是Windows操作系统中的标准图像文件格式，使用非常广泛。它采用位映射存储格式，除了图像深度可选以外，不采用其他任何压缩，因此，BMP文件所占用的空间很大。BMP文件的图像深度可选lbit、4bit、8bit及24bit。BMP文件存储数据时，图像的扫描方式是按从左到右、从下到上的顺序。由于BMP文件格式是Windows环境中交换与图有关的数据的一种标准，因此在Windows环境中运行的图形图像软件都支持BMP图像格式。

2. **PSD格式（Photoshop Document）**的文件是一种图形文件格式，是Adobe公司的图像处理软件Photoshop的专用格式。这种格式可以存储Photoshop中所有的图层，通道、参考线、注解和颜色模式等信息。在保存图像时，若图像中包含有层或图像处理没有完成，一般则用PSD格式保存。PSD格式在保存时会将文件压缩，以减少占用磁盘空间，但PSD格式所包含图像数据信息较多，因此比其他格式的图像文件还是要大得多。

3. **TIFF格式**，即标签图像文件格式（Tagged Image File Format，简写为TIFF）是一种主要用来存储包括照片和艺术图在内的图像的文件格式。它最初由 Aldus公司与微软公司一起为PostScript打印开发。TIFF文件格式适用于在应用程序之间和计算机平台之间的交换文件，它的出现使得图像数据交换变得简单。TIFF文件以.tif为扩展名。用Photoshop 编辑的TIFF文件可以保存路径和图层。与JPEG不同，TIFF文件可以编辑然后重新存储而不会有压缩损失。

4. **JPEG格式**，是Joint Photographic Experts Group（联合图像专家组）的缩写，文件后辍名为“. jpg”或“. jpeg”，是最常用的图像文件格式，由一个软件开发联合会组织制定，是一种有损压缩格式，能够将图像压缩在很小的储存空间，图像中重复或不重要的资料会被丢失，因此容易造成图像数据的损伤。尤其是使用过高的压缩比例，将使最终解压缩后恢复的图像质量明显降低，如果追求高品质图像，不宜采用过高压缩比例。在Photoshop软件中以JPEG格式储存时，提供11级压缩级别，以0—10级表示。其中0级压缩比最高，图像品质最差。即使采用细节几乎无损的10 级质量保存时，压缩比也可达 5：1。JPEG文件的优点是体积小巧，并且兼容性好。

5. **PNG格式**，PNG（Portable Network Graphics）便携式网络图形，是一种无损压缩的位图图形格式。PNG格式有8位、24位、32位三种形式，其中8位PNG支持两种不同的透明形式（索引透明和Alpha透明），24位PNG不支持透明，32位PNG在24位基础上增加了8位透明通道，因此可展现256级透明程度。PNG可以为原图像定义256个透明层次，使得彩色图像的边缘能与任何背景平滑地融合，从而彻底地消除锯齿边缘，简单地说就是可以保持背景为透明的图像格式。

6.**EPS格式，**EPS是Encapsulated Post Script 的缩写。EPS格式是Illustrator常用的文件格式。 EPS文件可以应用于排版、设计，应用它可以给我们进行文件交换带来很大的方便。

如果将一幅图像装入到Adobe Illustrator软件时，建议你最好的选择是EPS。但是，由于EPS格式在保存过程中图像体积过大，因此，如果仅仅是保存图像，建议不要使用EPS格式。如果文件要打印到无PostScript的打印机上，为避免打印问题，最好也不要使用EPS格式。你可以用TIFF或JPEG格式来替代。

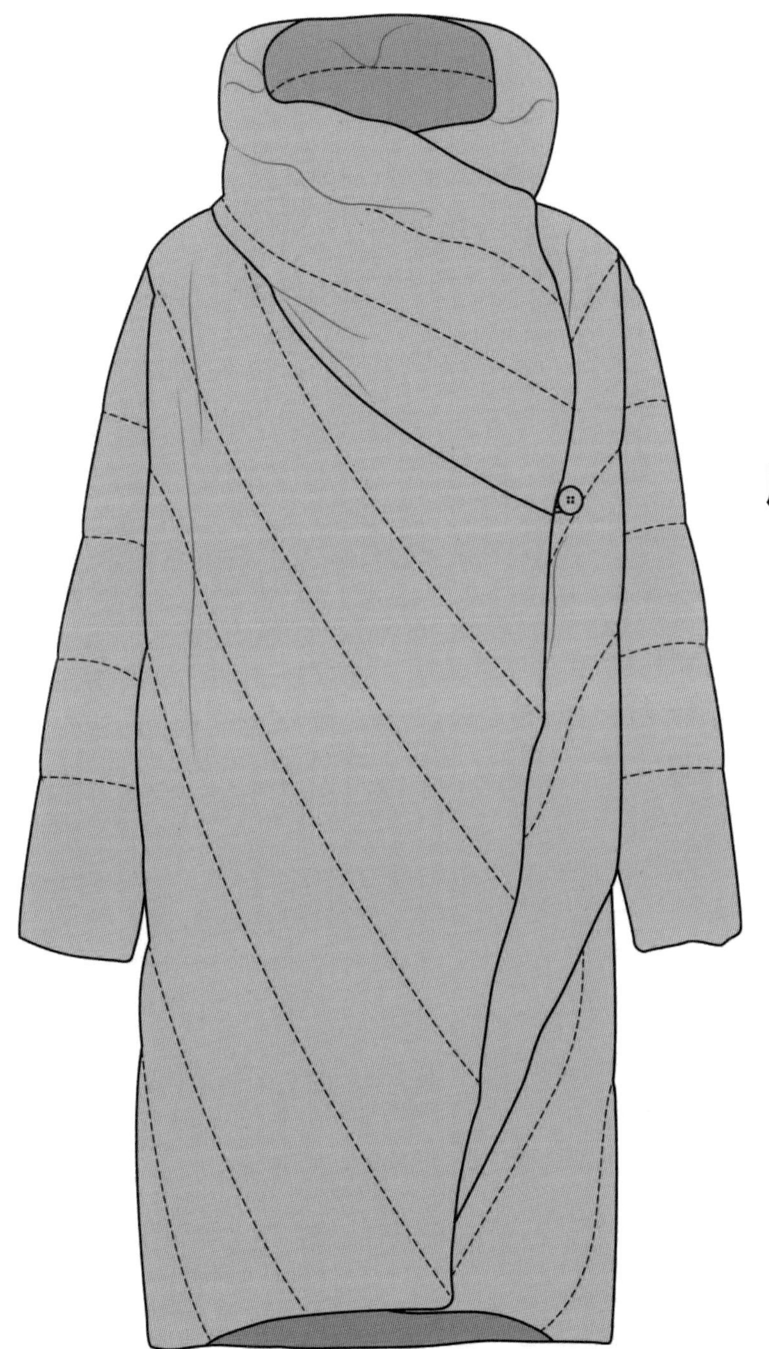

模块二

Adobe Illustrator
服装款式表现与拓展设计

（作者：吴晓天）

项目二：Adobe Illustrator 软件基础知识

项目概述：

Adobe Illustrator 是一款矢量图制作软件，是服装设计师进行服装款式设计、图案设计、色彩设计等常用软件之一。了解并熟练使用该软件是服装设计师必备技能。

本项目主要培养学生了解 Illustrator 软件的工作界面和相关功能，掌握 Illustrator 工作界面的设定和软件的基本操作，学生通过对软件基本操作方法的掌握，初步了解 Illustrator 软件的功能。

思维导图：

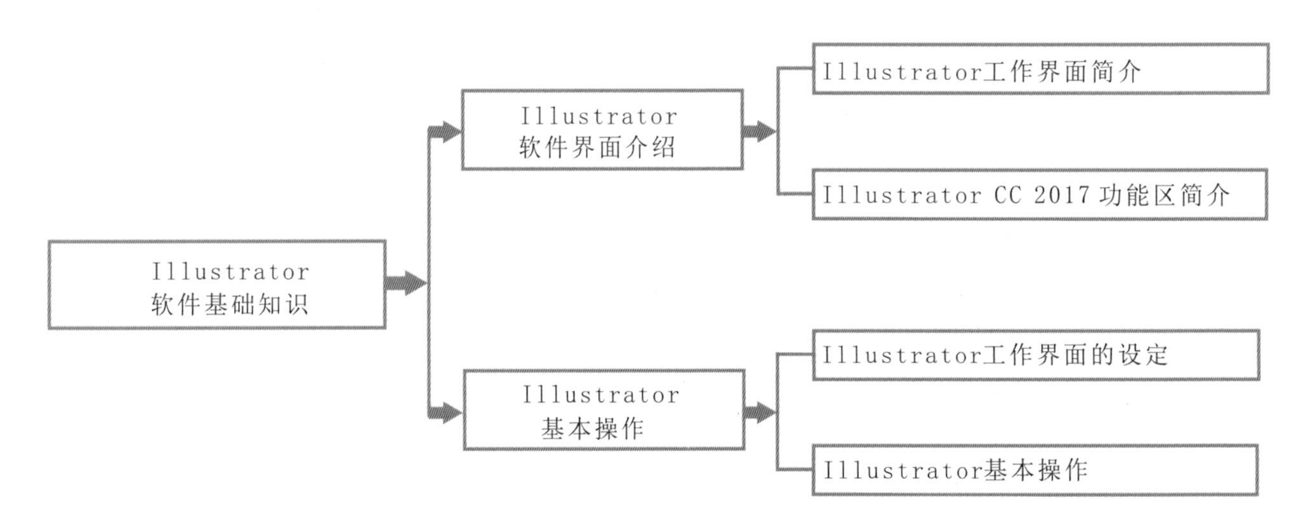

图2.2-1

学习目标：

◆**知识目标**

（1）了解Illustrator软件界面特征。

（2）了解Illustrator软件的功能区。

（3）了解Illustrator软件工作界面设定的方法。

（4）初步掌握Illustrator软件基本操作。

◆**能力目标**

（1）培养学生对Illustrator软件基础知识了解的能力。

（2）培养学生掌握Illustrator软件基本操作的能力。

◆**情感目标**

（1）通过对Illustrator软件基础知识的了解，培养学生对软件的热爱。

（2）通过掌握Illustrator软件基本操作，培养学生对专业技能的热爱。

（3）通过Illustrator软件与专业技能的结合，培养学生良好的艺术修养和审美情趣。

任务一：Adobe Illustrator软件界面介绍

一、Adobe Illustrator工作界面简介

Adobe Illustrator，简称称为“AI”，是Adobe系统公司推出的基于矢量的图形制作软件。Adobe Illustrator常应用于平面设计、网页设计、服装设计、出版、多媒体、矢量插画等。本教材以“Adobe Illustrator 2020”版本为例,如图2.2.1–1所示。

图2.2.1–1

启动“Adobe Illustrator 2020”后，就进入了AI的工作界面。在菜单栏选择【窗口】/【工作区】/【传统基本功能】，得到如图2.2.1–2所示的工作界面，主要由菜单栏、属性栏、工具箱、标题栏、画板、状态栏、面板等组成。“Adobe Illustrator 2020”系统默认界面为【基本功能】，其工作界面与【传统基本功能】界面略有差异，个人可根据操作习惯进行选择。

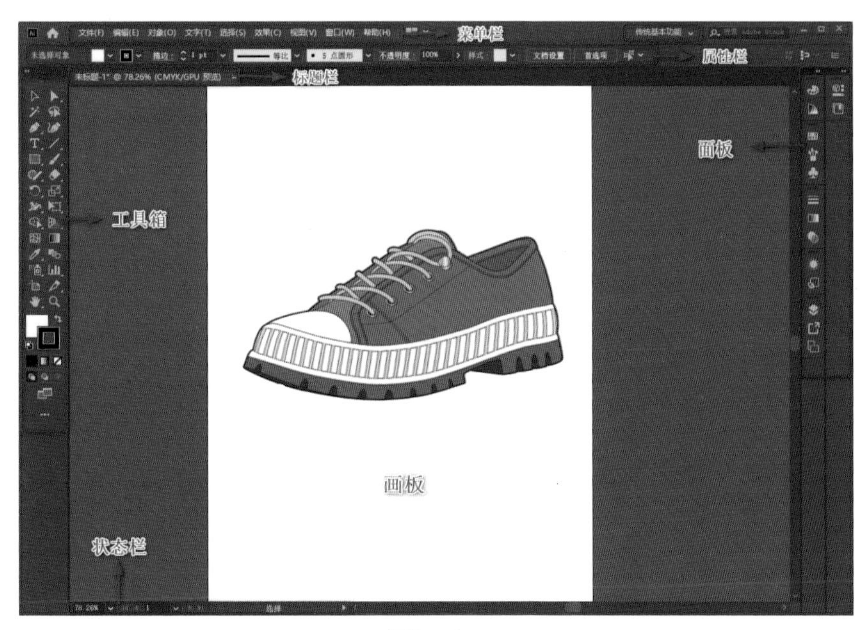

图2.2.1–2

二、“Adobe Illustrator 2020”功能区简介

1. 菜单栏

菜单栏包括：文件、编辑、对象、文字、选择、效果、视图、窗口、帮助九个菜单，点开每个菜单分别对应若干个子菜单。

2. 工具箱

工具箱列出了AI的基本工具。可以通过菜单栏上的【窗口】/【工具栏】/【高级】来显示工具箱,如图2.2.1-3所示。

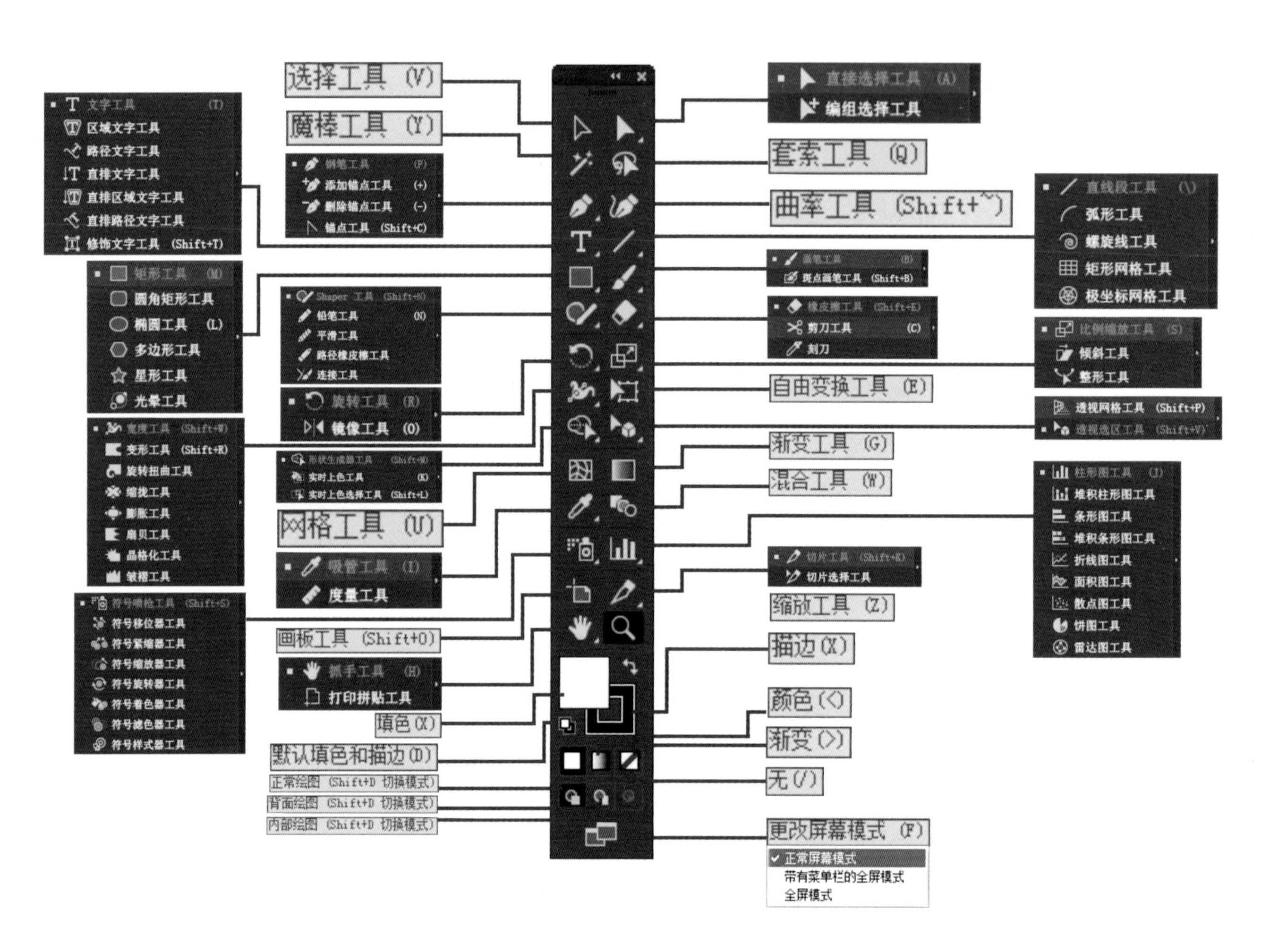

图2.2.1-3

在 AI中，工具箱工具大致分为以下几类：选择、绘制、文字、上色、修改、导航等，如图2.2.1–4所示。

选择	
选择工具	V
直接选择工具	A
编组选择工具	
魔棒工具	Y
套索工具	Q
画板工具	Shift+Q

绘制	
钢笔工具	P
添加锚点工具	+
删除锚点工具	-
锚点工具	Shift+C
曲率工具	Shift+~
直线段工具	\
弧形工具	
螺旋线工具	
矩形网格工具	
极坐标网格工具	
矩形工具	M
圆角矩形工具	
椭圆工具	L
多边形工具	
星形工具	
光晕工具	
画笔工具	B
斑点画笔工具	Shift+B
Shaper 工具	Shift+N
铅笔工具	N
平滑工具	
路径橡皮檫工具	
连接工具	
符号喷枪工具	Shift+S
符号移位器工具	
符号紧缩器工具	
符号缩放器工具	
符号旋转器工具	
符号着色器工具	
符号滤色器工具	
符号样式器工具	
柱形图工具	J
堆积柱形图工具	
条形图工具	
堆积条形图工具	
折线图工具	
面积图工具	
散点图工具	
饼图工具	
雷达图工具	
切片工具	Shift+K
切片选择工具	
透视网格工具	Shift+P
透视选区工具	Shift+V

文字	
文字工具	T
区域文字工具	
路径文字工具	
直排文字工具	
直排区域文字工具	
直排路径文字工具	
修饰文字工具	Shift+T

上色	
渐变工具	G
网格工具	U
形状生成器工具	Shift+M
实时上色工具	K
实时上色选择工具	Shift+L

修改	
旋转工具	R
镜像工具	O
比例缩放工具	S
倾斜工具	
整形工具	
宽度工具	Shift+W
变形工具	Shift+R
旋转扭曲工具	
缩拢工具	
膨胀工具	
扇贝工具	
晶格化工具	
皱褶工具	
操控变形工具	
自由变换工具	E
吸管工具	I
度量工具	
混合工具	W
橡皮擦工具	Shift+E
剪刀工具	C
刻刀	

导航	
抓手工具	H
打印拼贴工具	
缩放工具	Z

图2.2.1–4

3. 属性栏

当文档中没有选择任何对象时，如果选择了“选择”工具，“属性”面板会显示与画板、标尺、网格、参考线、对齐和一些常用首选项相关的控件。在这种状态下，“属性”面板会显示一些快速操作按钮，您可以使用这些按钮打开“文档设置”和“首选项”对话框并进入画板编辑模式。

对于所做的任何选择，“属性”面板都会显示两组控件：

（1）变换和外观控件：宽度、高度、填充、描边、不透明度等；

（2）动态控件：可能还会提供其他控件，具体取决于您选择的内容。例如，您可以调整文本对象的字符和段落属性。对于图像对象，“属性”面板会显示裁剪、蒙版、嵌入或取消嵌入，以及图像描摹控件。如果选择了文本框，则与“文本修改”相关的控件将会显示在“属性”面板中。

4. 画板

要访问“画板”面板，单击【窗口】/【画板】。通过使用“画板”面板，可以执行以下操作：

（1）添加、重新排列和删除画板；

（2）重新排序和重新编号画板；

（3）在多个画板之间进行选择和导航；

（4）指定画板选项，例如预设、画板大小和画板相对位置。

5. 面板

面板是在工作中经常用到的窗口，可以将面板折叠为图标以避免工作区出现混乱。在某些情况下，在默认工作区中将面板折叠为图标。

（1）若要折叠或展开列中的所有面板图标，请单击停放区顶部的双箭头。

（2）若要展开单个面板图标，请单击它。

（3）若要调整面板图标大小以便仅能看到图标（看不到标签），请调整停放的宽度直到文本消失。若要再次显示图标文本，请加大停放的宽度。

（4）若要将展开的面板重新折叠为其图标，请单击其选项卡、其图标或面板标题栏中的双箭头。

（5）若要将浮动面板或面板组添加到图标停放中，请将其选项卡或标题栏拖动到其中。（添加到图标停放中后，面板将自动折叠为图标。）

（6）若要移动面板图标（或面板图标组），请拖动图标。您可以在停放中向上或向下拖动面板图标，将其拖动到其他停放中（它们将采用该停放的面板样式），或者将其拖动到停放外部（它们将显示为浮动图标）。

6. 状态栏

显示当前文件的提示信息。

任务二：Adobe Illustrator基本操作

一、Illustrator工作界面的设定

打开Adobe Illustrator 2020软件，一般是默认的工作界面，如果工作界面不是常见的工作界面可以进行设置。

选择菜单栏【窗口】/【工作区】/【传统基本功能】;【窗口】/【控制】勾选，可以显示或隐藏属性栏，如图2.2.2-1所示。

选择菜单栏【窗口】/【工具栏】/【高级】勾选，可以显示工具栏。工具栏可以通过上方的双箭头进行单列或双列的显示切换，如图2.2.2-2所示。

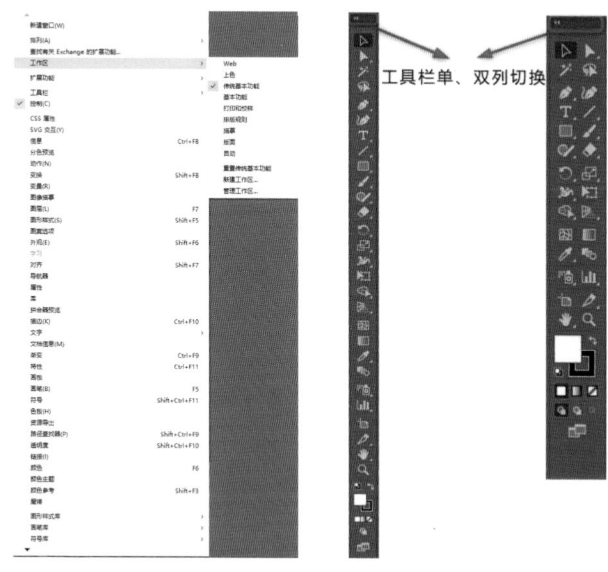

图2.2.2-1　　图2.2.2-2

二、Illustrator 基本操作

1.文件的新建

打开Adobe Illustrator 2020软件，在菜单栏选择【文件】/【新建】(快捷键：Ctrl+N)，弹出新建文档对话框，以选择的打印文档为例，可以对新建文档进行预设，如图2.2.2-3所示。

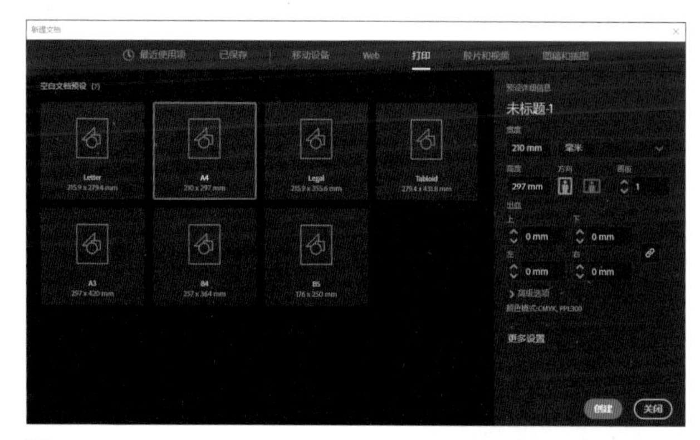

图2.2.2-3

在标题部位可以将“未标题-1”重新命名为需要的文档名称。

宽度和高度设定可以选择左侧的“空白文档预设”中的文档类型，尺寸将自动生成，也可以自定义文档尺寸。

出血是指印刷中加大产品外尺寸的图案，在裁切位加一些图案的延伸，专门给各生产工序在其工艺公差范围内使用，以避免裁切后的成品露白边或裁到内容，如不做印刷可以不设置。

颜色模式有RGB和CMYK两种模式，当设置“打印”文档时应选择CMYK模式，当设置“图稿和插图”文档时选择RGB模式即可。

2.画板

在Illustrator软件中，新建的文档界面称为“画板”，要访问“画板”面板，请单击【窗口】/【画板】，如图2.2.2-4所示。通过使用“画板”面板，如图2.2.2-5所示，可以执行以下操作：

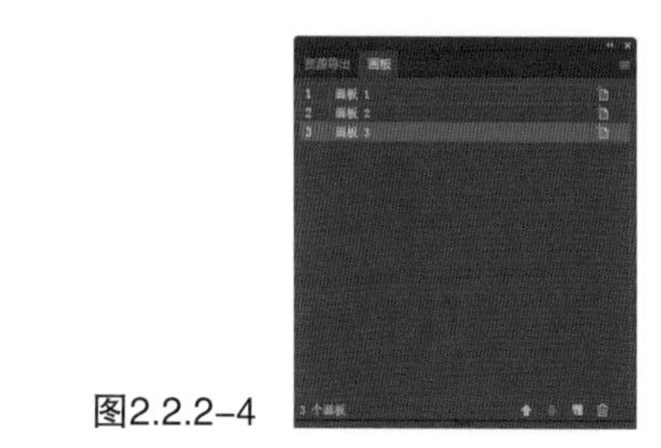

图2.2.2-4

（1）添加、重新排列和删除画板；

（2）重新排序和重新编号画板；

（3）在多个画板之间进行选择和导航；

（4）指定画板选项，例如预设、画板大小和画板相对位置。

图2.2.2-5

3.填色与描边

打开Illustrator软件，在画板上用“矩形”工具绘制一矩形，在属性栏点击填充和描边的下拉菜单，可以看到颜色块。根据需要设置描边为黑色，设置填充为红色，为了方便观看，将描边的粗细设置为5pt。除了在上方的属性栏中修改填充和描边颜色，在工具栏下方的填色、描边也具有相同功能。如图2.2.2-6所示是描边和填色设置的几种类型和效果。

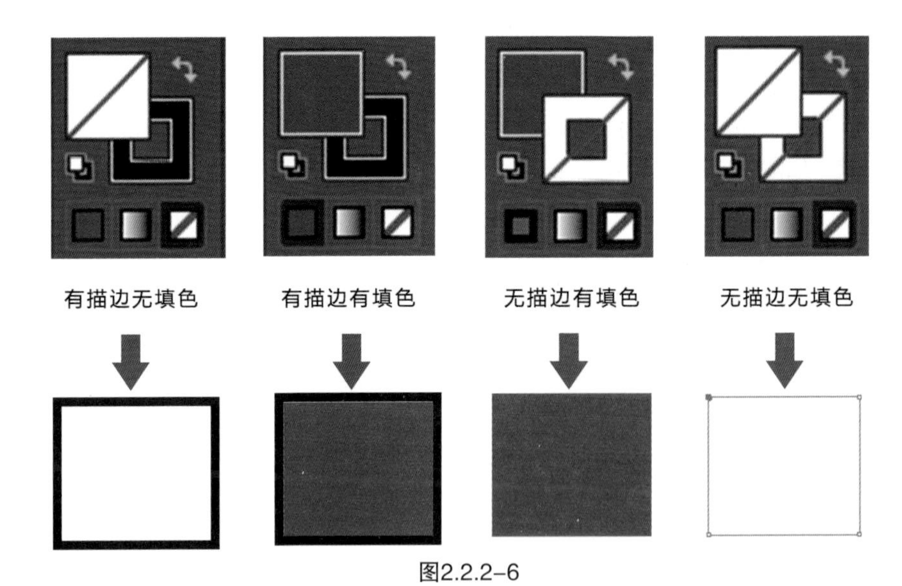

图2.2.2-6

4.钢笔工具

钢笔工具是Illustrator软件常用的工具之一，特别是在绘制服装款式图时经常用到。在工具栏中选择“钢笔”工具（快捷键：P），设置描边颜色为“黑色”，描边粗细为3pt，可以绘制出直线、曲线。用“钢笔”工具同时按“Shift”键时可以绘制水平、垂直或45° 直线，如图2.2.2-7所示。

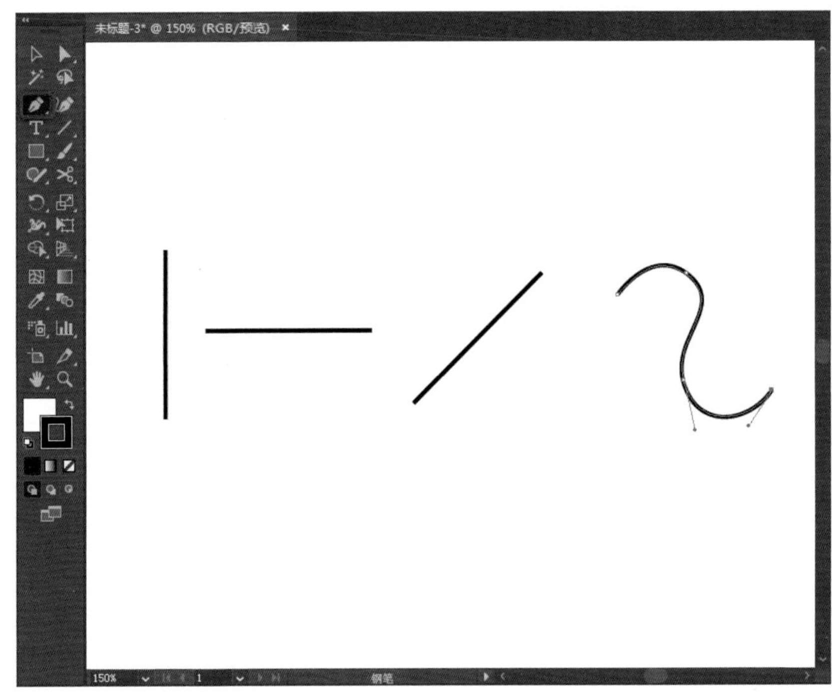

图2.2.2-7

5.形状生成器工具

形状生成器工具也是Illustrator软件常用的工具之一，具有分割和合并功能，以下举例说明此项功能。

（1）在属性栏分别点击“填色”和“描边”图标，打开窗口，选择填充色为红色，描边为黑色，描边粗细为3pt。用“钢笔”工具（快捷键：P）绘制一梯形，在梯形中间绘制一垂直直线，如图2.2.2-8所示。

（2）在工具栏点击“形状生成器”工具（快捷键：Shift+M），把光标移到直线左边区域，呈现灰色网状，点击此区域，如图2.2.2-9所示。

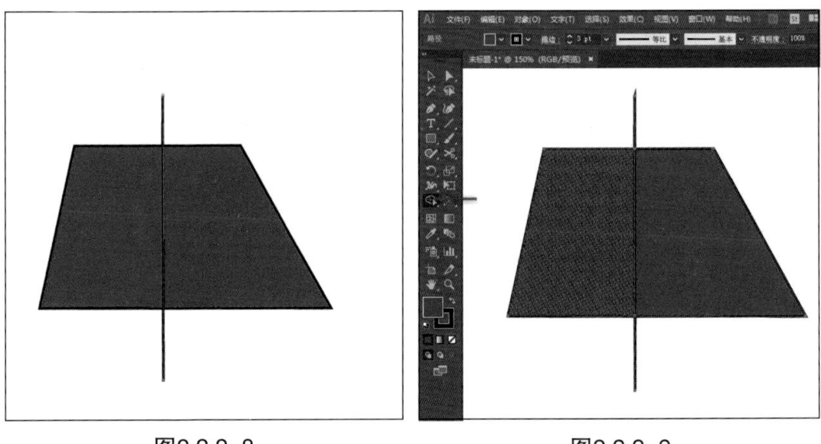

图2.2.2-8　　图2.2.2-9

（3）在工具栏选择“选择”工具（快捷键：V），选中两端的线段，按“Delete”键删除，梯形被分割成为两个封闭路径区域，如图2.2.2-10所示。

（4）选中左边的小梯形，选择蓝色填充，可以看到大梯形被分割成两个小梯形，如图2.2.2-11所示。

（5）将蓝色和红色两个梯形同时选中，用“形状生成器”工具（快捷键：Shift+M），在蓝色梯形中点击，按住鼠标不松手，向红色梯形拖动，如图2.2.2-12所示。

（6）两个小梯形被合并后，还原成大梯形，如图2.2.2-13所示。

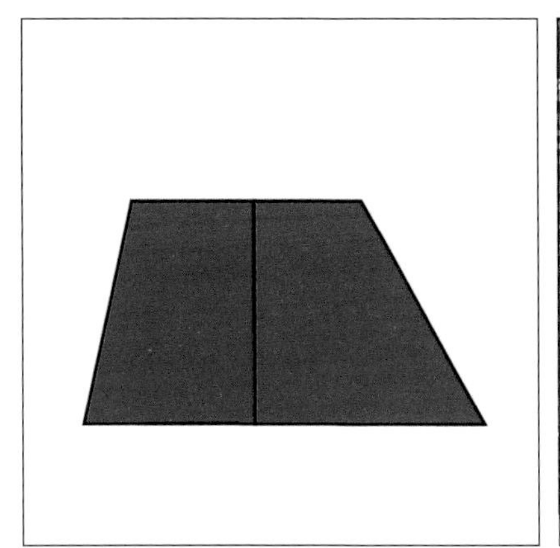

图2.2.2-10

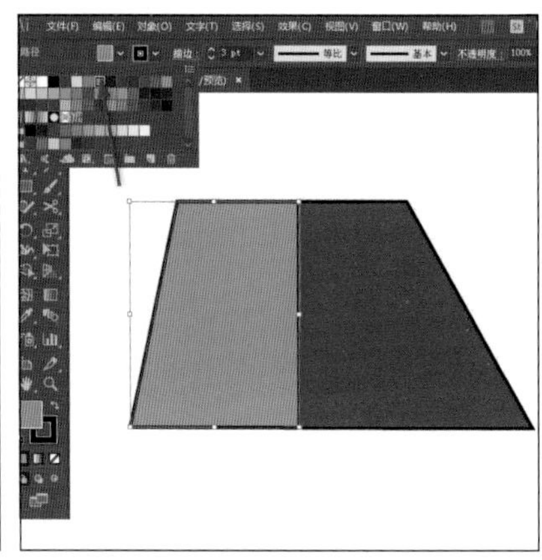

图2.2.2-11

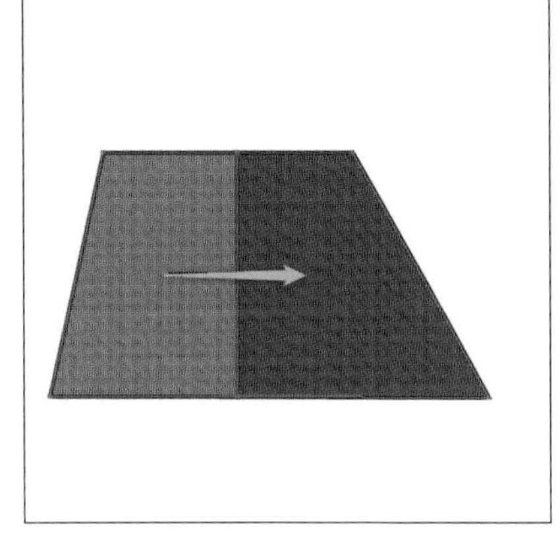

图2.2.2-12

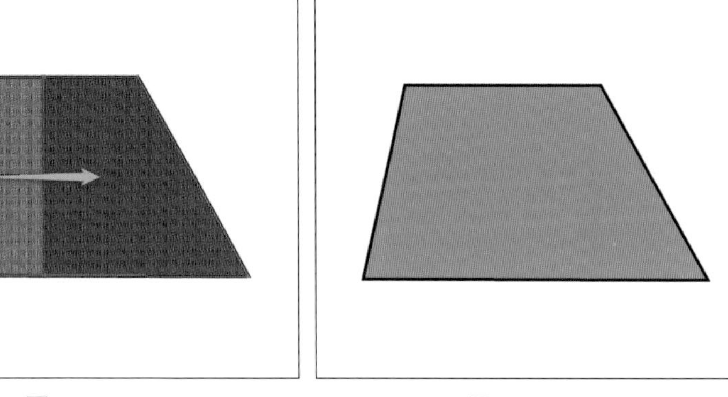

图2.2.2-13

项目三：Adobe Illustrator 绘制服装辅料与服饰品

项目概述：

服装辅料是构成服装时，除了面料以外用于服装上的一切材料，包括衬布、里料、拉链、纽扣、金属扣件、线带、商标、絮料和垫料等。服装辅料是除面料外，扩展服装功能和装饰服装必不可少的元件。

服饰品也称服饰配件，是指与服装相关的所有附加在人体上的装饰物品，包括鞋、帽、袜子、手套、围巾、领带、配饰、包、伞等。一套精美的服装往往需要相应的服饰品进行搭配，合适的服饰品在服装整体搭配中能起到画龙点睛的作用。

本项目主要培养学生能够运用 Illustrator 软件设计、绘制服装辅料和服饰品的能力。以每一品类所给的造型为基础，学生通过对软件使用方法和软件表现技巧的训练，熟练掌握 Illustrator 软件绘制各种辅料和服饰品方法，为以后从事服装设计工作打下良好的电脑绘图基础。

思维导图：

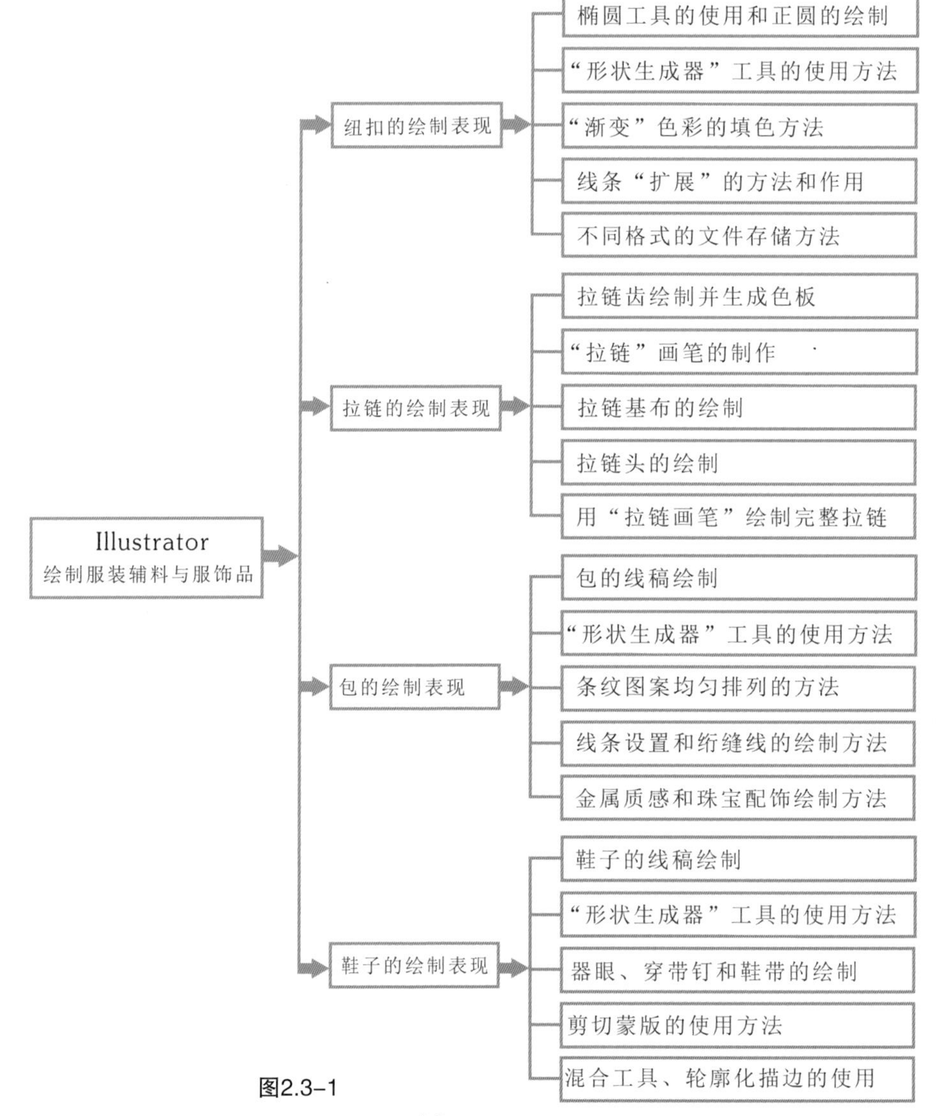

图2.3–1

学习目标：

◆**知识目标**

（1）掌握Illustrator软件各种工具使用的方法与技巧。

（2）掌握Illustrator软件绘制线稿的方法与技巧。

（3）掌握Illustrator软件不同的填色方法与技巧。

（4）掌握Illustrator软件“画笔”制作的方法与技巧。

（5）掌握Illustrator软件“形状生成器”工具的使用方法与技巧。

（6）掌握Illustrator软件“剪切蒙版”工具的使用方法与技巧。

（7）掌握Illustrator软件不同格式文件的存储方法。

◆**能力目标**

（1）培养用Illustrator软件设计、绘制不同类型纽扣的能力，掌握“形状生成器”工具和“渐变”填色工具的使用技巧。

（2）培养用Illustrator软件设计、绘制不同类型拉链的能力，掌握运用“图案”功能和“画笔”功能绘制拉链的方法。

（3）培养用Illústrator软件设计、绘制不同类型包的能力，掌握“形状生成器”工具使用技巧、条纹的绘制、“渐变”填色工具绘制金属的方法。

（4）培养用Illustrator软件设计、绘制不同类型鞋的能力，掌握“形状生成器”工具使用技巧；以及“混合工具”、“轮廓化描边”、“剪切蒙版”的使用方法。

（5）具备服装设计公司电脑绘图实战操作能力。

◆**情感目标**

（1）通过服装辅料和服饰品的电脑绘图教学，培养学生对专业技能的热爱。

（2）通过体验软件绘图过程中的形式美感，培养学生的审美能力和创新能力。

（3）通过设计公司实际项目的运作，激发学生的学习兴趣，用自己的技能为社会创造价值。

（4）通过培养学生软件的学习兴趣，让学生爱学习、爱专业、爱生活。

任务一：纽扣的绘制表现

一、任务导入

纽扣是服装中常见的服饰品，具有实用和装饰作用。纽扣根据材质、色彩和造型等不同变化，为设计师提供丰富的设计灵感。

在设计公司会有各种纽扣供设计师选用或根据需求定制。本任务要求运用Illustrator软件熟练绘制基本纽扣造型的矢量图，为设计师在绘制设计图时提供素材。

二、任务要求

1. 能够熟练地运用Illustrator工具绘制纽扣。
2. 掌握用“椭圆”工具的使用和正圆的绘制方法。
3. 掌握“形状生成器”工具的使用方法。
4. 掌握设置线条粗细和“渐变”色彩的填色方法。
5. 掌握通过线条的“扩展”，让线条变为可编辑的图形。
6. 掌握文件不同格式的存储方法。

三、任务实施

1.打开Illustrator软件，在菜单栏选择【文件】/【新建】(快捷键：Ctrl+N)，弹出新建文档窗口。选择“A4”文档尺寸，文档命名为“扣子”，设置颜色模式和分辨率，创建新文档，如图2.3.1–1所示。

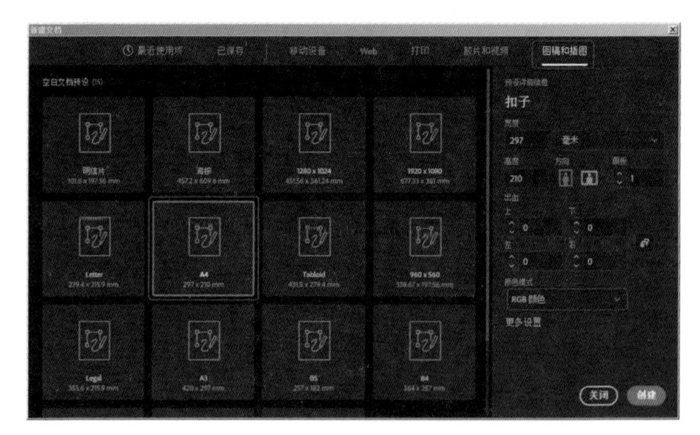

图2.3.1–1

2.在属性栏点击“填色”图标，打开窗口，选择“无”；点击“描边”图标，打开窗口，选择黑色；描边粗细设为1.5pt，如图2.3.1–2所示。

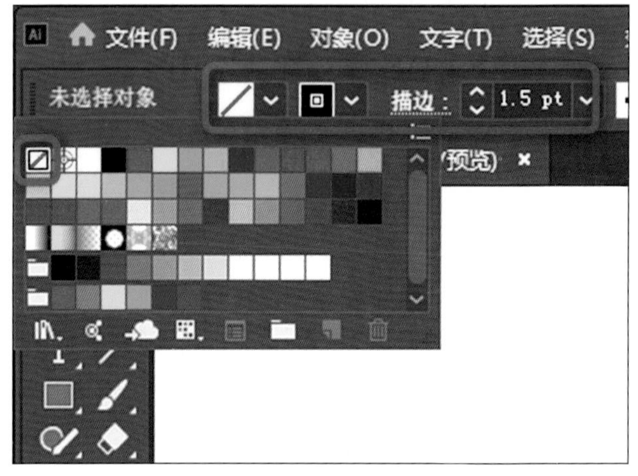

图2.3.1–2

3.在工具栏选择“椭圆”工具(快捷键：L)，同时按住“Shift”键，画出正圆，如图2.3.1–3所示。

4.同样方法，画一个小正圆，如图2.3.1–4所示。

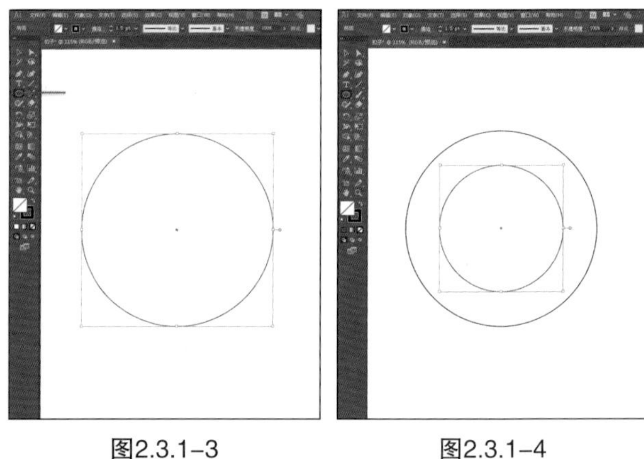

图2.3.1–3　　图2.3.1–4

5.用“选择”工具(快捷键：V)框选两个正圆，在属性栏选择“对齐所选对象”，点击“水平居中对齐”和“垂直居中对齐”，如图2.3.1–5所示。

6.在大小圆选中状态下，选择“形状生成器”工具(快捷键：Shift+M)，放在小圆区域，小圆区域显示灰色网状，点击小圆灰色网状区域，如图2.3.1–6所示。

7.用同样方法，选择“形状生成器”工具(快捷键：Shift+M)，放在小圆与大圆之间的圆环区域，圆环显示灰色网状，点击圆环灰色网状区域。此时，已生成“小圆”和“圆环”两个独立的形状，如图2.3.1–7所示。

8.用“选择”工具(快捷键：V)框选“小圆”和“圆环”，鼠标指向小圆或圆环的任意线条，光标变为“黑三角+虚线框”，同时按住“Alt”键，光标变为复制标志“黑三角+白三角”，向左下拖动，复制出一组，如图2.3.1–8所示。

9.同时保持两组在选中状态，用“形状生成器”工具(快捷键：Shift+M)，依次指向纽扣的厚度区域，在厚度区域显示灰色网状处点击，生成纽扣的厚度，如图2.3.1–9和图2.3.1–10所示。用“选择”工

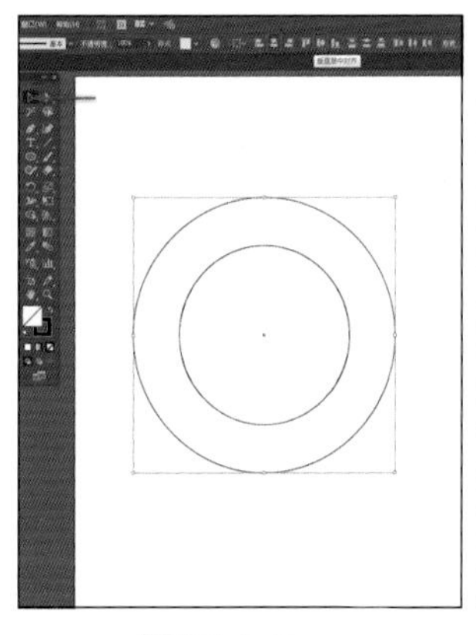

图2.3.1–5

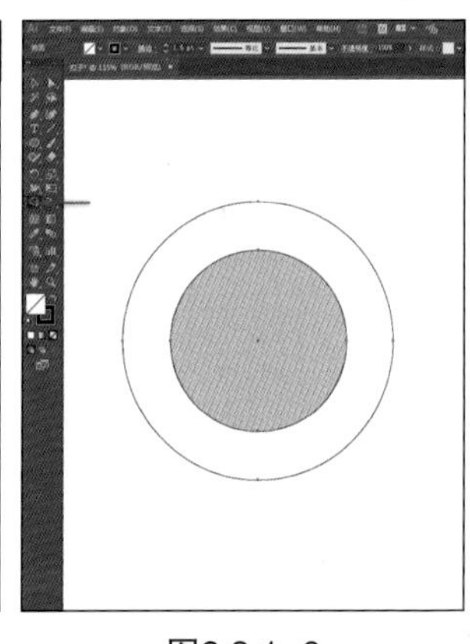

图2.3.1–6

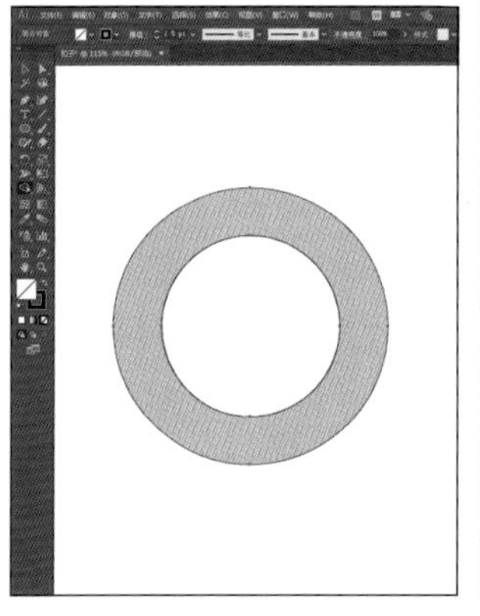

图2.3.1–7

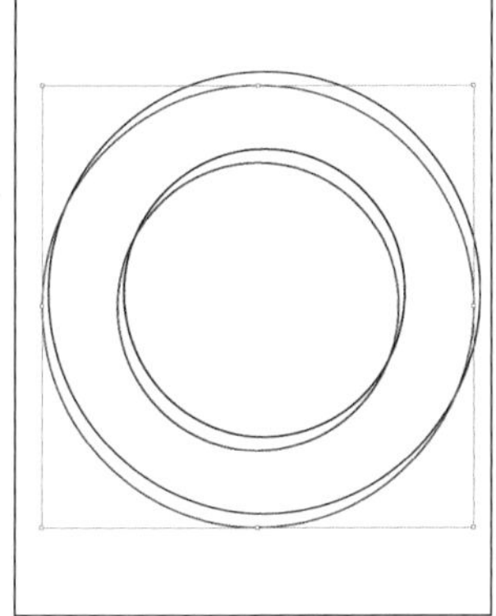

图2.3.1–8

具（快捷键：V）选中不需要的部分，按“Delete”键删除，如图2.3.1–11所示。

10.用“选择”工具（快捷键：V）选中所有形状，点击鼠标右键，在弹出的菜单栏选择“编组”，如图2.3.1–12所示。

11.保持全部选中状态，在菜单栏选择【对象】/【锁定】/【所选对象】（快捷键：Ctrl+2），将其锁定，便于后续操作，如图2.3.1–13所示。

12.用“椭圆”工具画一个小正圆，选中并按住“Alt”键，拖动复制一个，如图2.3.1–14和图2.3.1–15所示。选中两个小正圆，选择“水平居中对齐”。调整两个小正圆的左右距离，完成后编组，如图2.3.1–16所示。

13.两个小圆在保持选中状态下，按住“Alt”键，拖动复制一组，如图2.3.1–17所示。

14.选中两组小圆，选择“垂直居中对齐”。调整两组小圆的上下距离，让四个小正圆的上下、左右距离相等。选中四个小正圆，再次编组，如图2.3.1–18所示。

15.选中四个小圆，按住“Alt”键，向左下拖动并复制出一组，如图2.3.1–19所示。选中两组，用“形状生成器”工具（快捷键：Shift+M），依次指向纽孔的厚度区域，在厚度区域显示灰色网状处点击，生成纽孔的厚度，如图2.3.1–20所示。用“选择”工具（快捷键：V）选中不需要的部分，按“Delete”键删除，纽孔的厚度绘制完成，如图2.3.1–21所示。

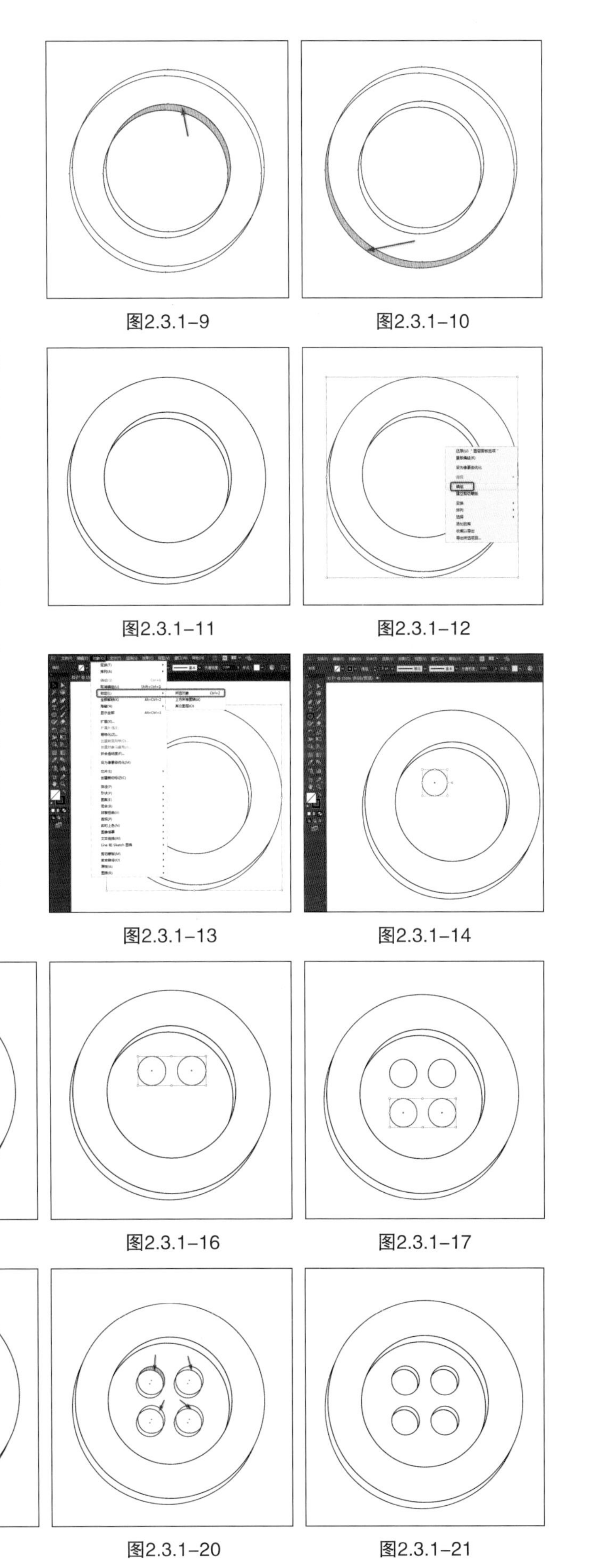

图2.3.1–9　图2.3.1–10

图2.3.1–11　图2.3.1–12

图2.3.1–13　图2.3.1–14

图2.3.1–15　图2.3.1–16　图2.3.1–17

图2.3.1–18　图2.3.1–19　图2.3.1–20　图2.3.1–21

16.在菜单栏选择【对象】/【全部解锁】(快捷键：Alt+Ctrl+2)，解锁之前的锁定，如图2.3.1–22所示。

17.选中所有形状，用“形状生成器”工具(快捷键：Shift+M)，依次点击四个圆孔的形状区域，四个圆孔形成独立形状，如图2.3.1–23所示。

18.用“选择”工具(快捷键：V)选中所有形状，打开“渐变”面板，选择系统设置的“橙色和黄色”渐变，如图2.3.1–24所示。

19.设置渐变类型为“径向”，根据需要调整渐变滑块的位置，如图2.3.1–25所示。

20.用“直接选择”工具(快捷键：A)，依次选中纽孔的圆孔形状部分，按“Delete”键进行删除，完成纽孔绘制，如图2.3.1–26、图2.3.1–27所示。

21.用“钢笔”工具(快捷键：P)绘制订纽扣的缝纫线，填色选择“无”，描边为黑色，粗细任意，绘制两条交叉的直线，如图2.3.1–28所示。

22.选中两条交叉直线，打开“描边”面板，粗细根据需要设置为10pt，选择“圆头端点”，如图2.3.1–29所示。

23.在菜单栏选择【对象】/【扩展】，如图2.3.1–30所示，弹出“扩展”对话框，将“填充”和“描边”勾选，选择“确定”，

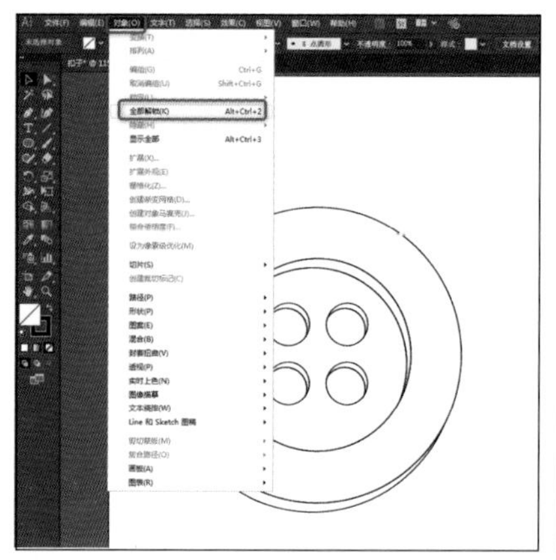

图2.3.1–22

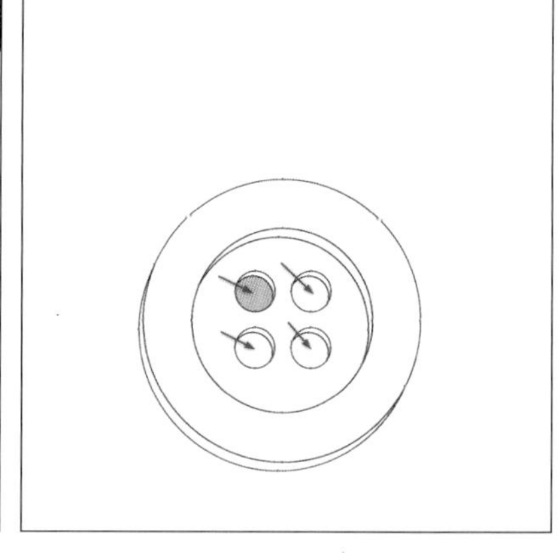

图2.3.1–23

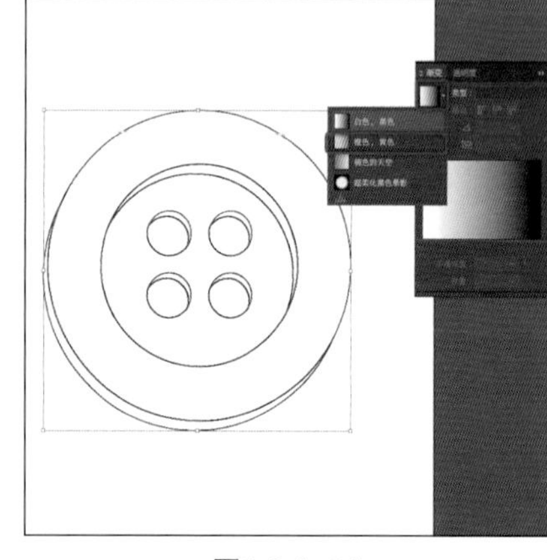

图2.3.1–24

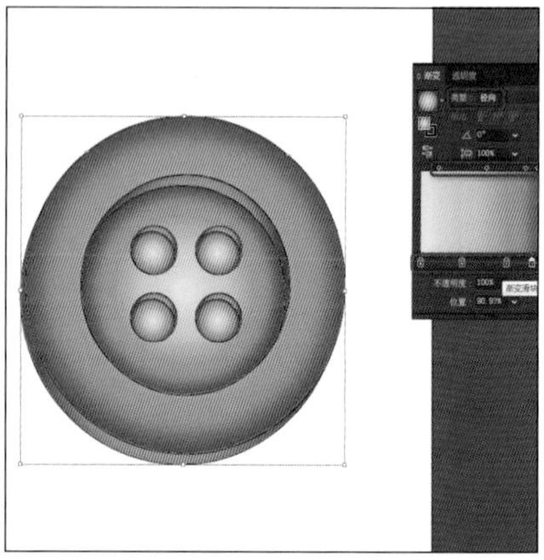

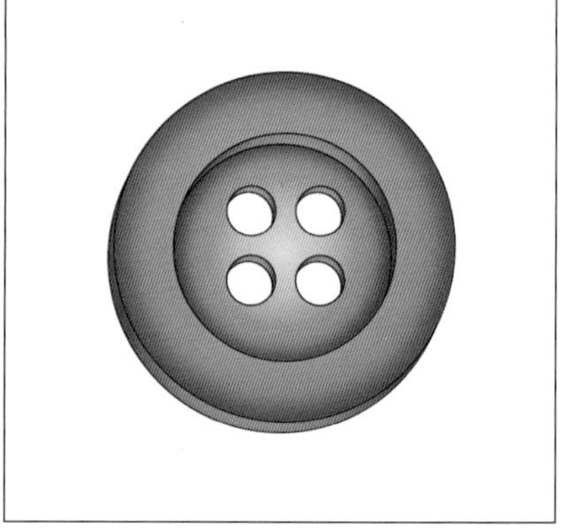

图2.3.1–25

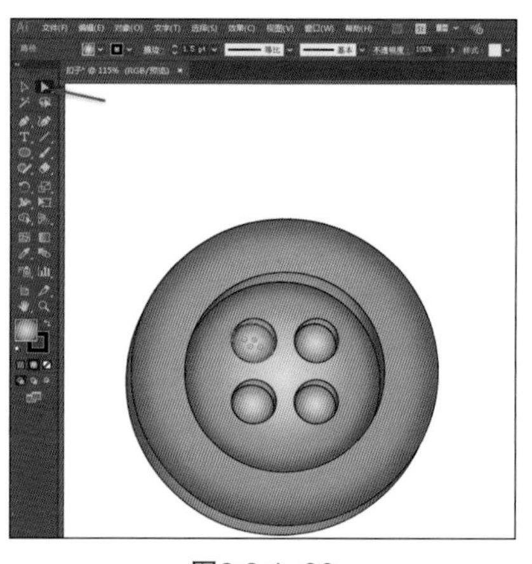

图2.3.1–26

图2.3.1–27

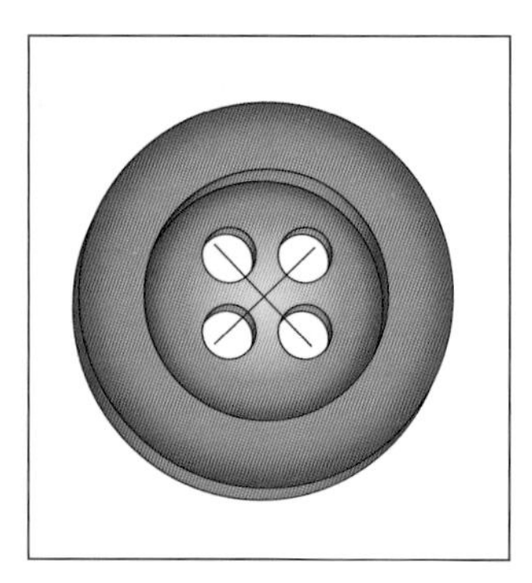

图2.3.1–28

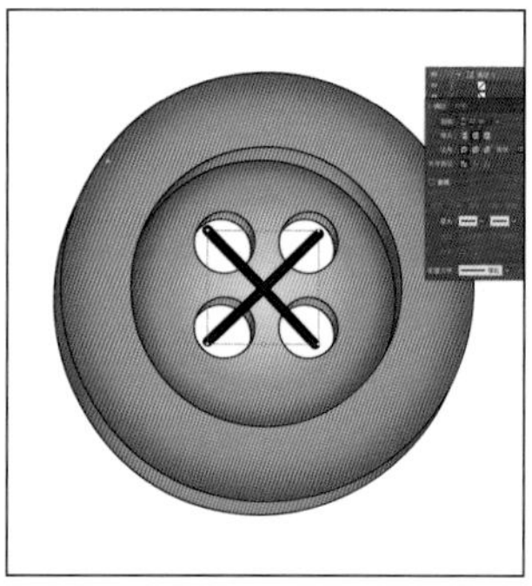

图2.3.1–29

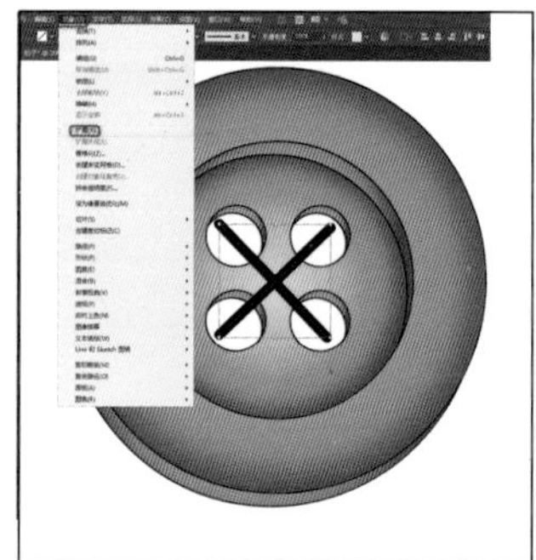

图2.3.1–30

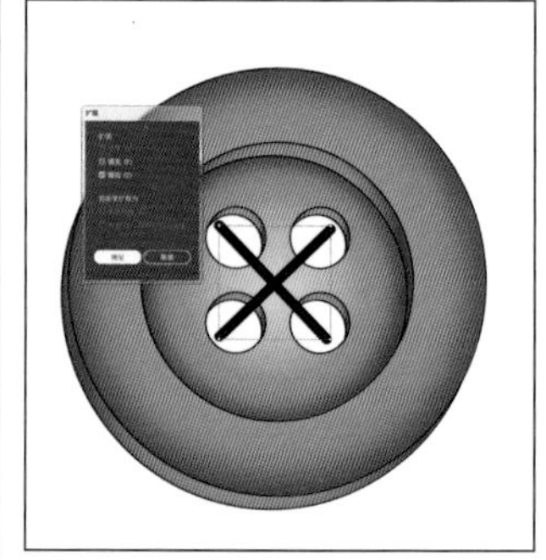

图2.3.1–31

如图2.3.1-31所示。

24.在工具栏点击“填色”图标，打开“拾色器”窗口，选择与纽扣相近的颜色，如图2.3.1-32所示。在属性栏设置描边颜色为黑色，粗细为1.5pt，如图2.3.1-33所示。

25.选中全部图形并编组，调整到合适的大小，纽扣绘制完成，如图2.3.1-34所示。

26.保存格式：

（1）EPS格式：在菜单栏选择【文件】/【存储为】（快捷键：Shift+Ctrl+S），弹出“存储为”对话框，选择保存地址，输入文件名“纽扣”，选择“Illustrator EPS（*.EPS）”格式，如图2.3.1-35所示，点击保存。再次弹出“EPS选项”对话框，选择保存版本，如图2.3.1-36所示。“EPS（*.EPS）”格式保存后，后期可用Illustrator软件修改。

（2）JPEG格式：在菜单栏选择【文件】/【导出】/【导出为】，弹出“导出”窗口，选择保存地址，输入文件名“纽扣”，选择“JPEG（*.JPG）”格式，勾选“使用画板”，如图2.3.1-37所示，点击“导出”。弹出“JPEG选项”对话框，根据需要选择“颜色模式”、“品质”和“分辨率”等参数，如图2.3.1-38所示。“JPEG（*.JPG）”格式保存后，后期不可用Illustrator软件修改。

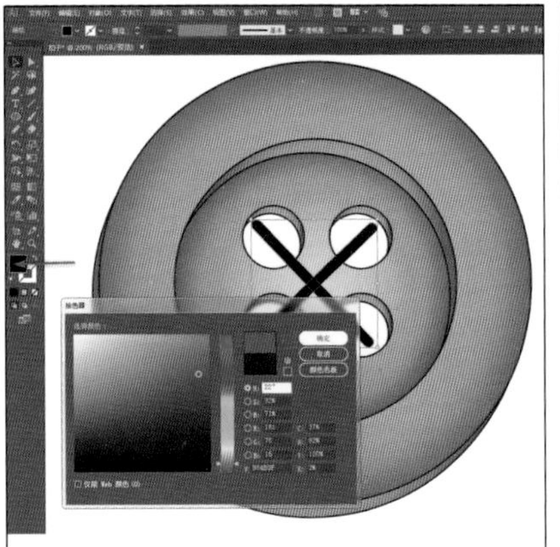

图2.3.1-32

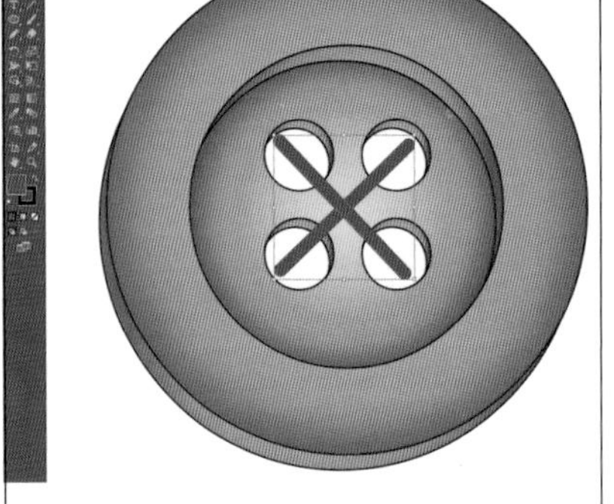

图2.3.1-33

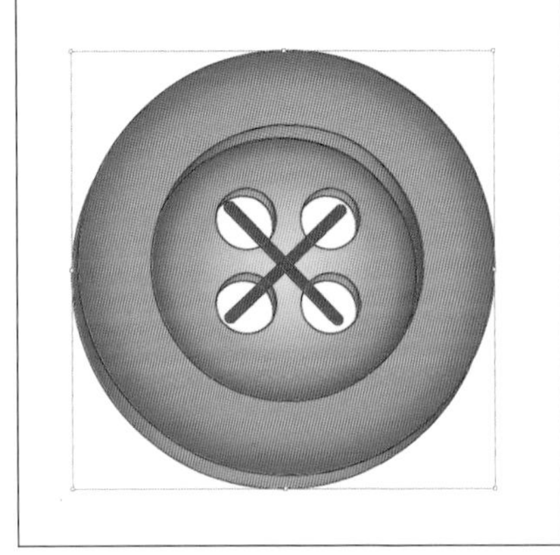

图2.3.1-34

图2.3.1-35

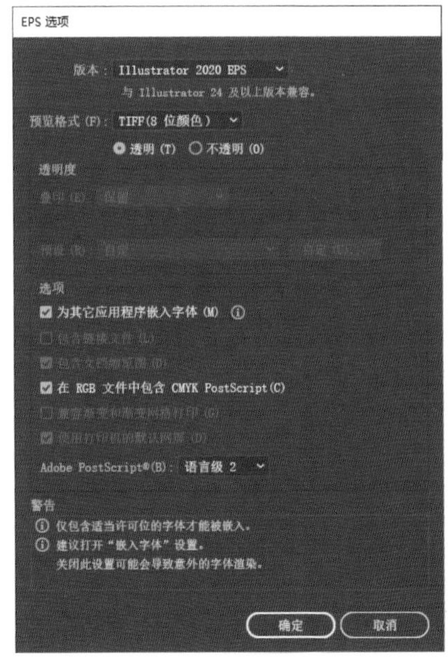

图2.3.1-36

图2.3.1-37

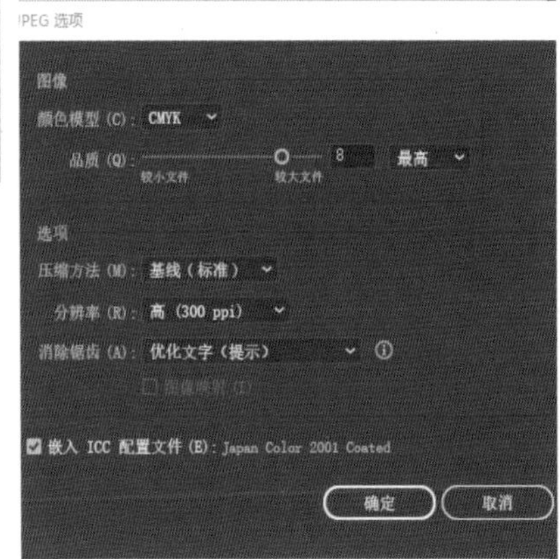

图2.3.1-38

四、学习评价

考核项目	考核标准	分值	得分
椭圆工具使用	正圆的绘制方法	15%	
形状生成器工具使用	形成独立封闭路径，便于填色	35%	
渐变色填色方法	渐变色填色的方法、填色效果	15%	
整体效果	结构准确、效果完整	30%	
存储	掌握各种格式的存储方法	5%	
合计		100%	

五、巩固训练

图2.3.1–39是一款童装的彩色纽扣图片，根据本任务所学的技能，用Illustrator软件绘制出此彩色纽扣的矢量图。

图2.3.1–39

要求：

1. 彩色纽扣的造型、结构准确。
2. 能清楚地表现纽扣的质感和色彩。
3. 绘制完成后，分别存储“.EPS”和“.JPG”两种格式的文件。

任务二：拉链的绘制表现

一、任务导入

拉链是服装中常见的用于开合功能的服饰品。拉链根据材质、色彩、结构和品种等不同变化，为设计师提供丰富的设计灵感。

在服装设计公司每季都会有大量服装款式需要拉链的设计。本任务要求运用Illustrator软件熟练绘制基本金属拉链的矢量图，同时掌握不同品种拉链的绘制方法，为设计师在绘制设计图时提供素材。

二、任务要求

1. 能够熟练地运用Illustrator工具绘制拉链。
2. 掌握绘制拉链齿元素并生成色板方法。
3. 掌握“拉链”画笔的制作过程。
4. 掌握用画笔绘制拉链后，通过“扩展外观”进行填色的方法。
5. 掌握金属质感的填色方法。

三、任务实施

（一）新建文档

打开Illustrator软件，在菜单栏选择【文件】/【新建】(快捷键：Ctrl+N)，弹出新建文档窗口。选择“A4”文档尺寸，文档命名为“拉链”，设置颜色模式和分辨率，创建新文档，如图2.3.2-1所示。

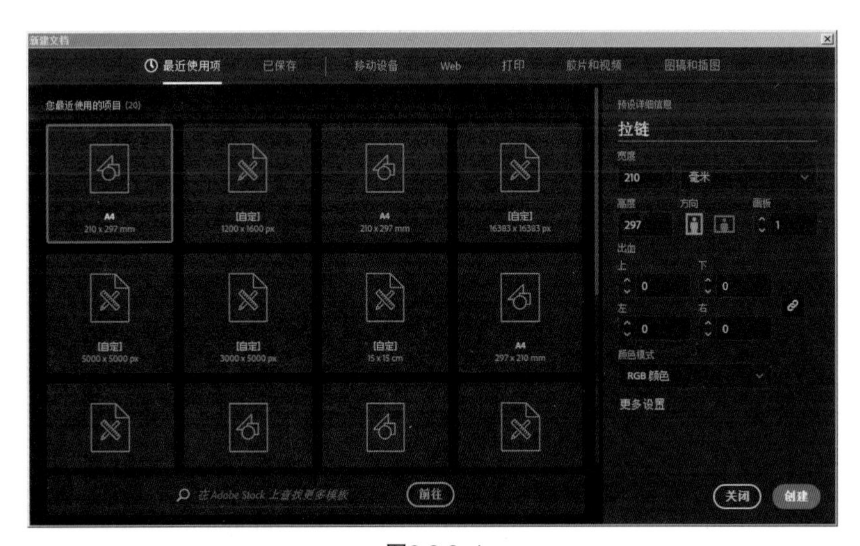

图2.3.2-1

（二）绘制闭合和分离两种拉链齿

1.在属性栏设置：选择“填色”图标，打开窗口，选择“无”；选择“描边”图标，打开窗口，选择黑色，粗细为1pt，如图2.3.2-2所示。

2.在工具栏选择“矩形”工具（快捷键：M），单击画板，打开对话框，设置矩形宽度为1.8mm，高度为6.5mm，点击“确定”，得到一个小矩形，如图2.3.2-3所示。

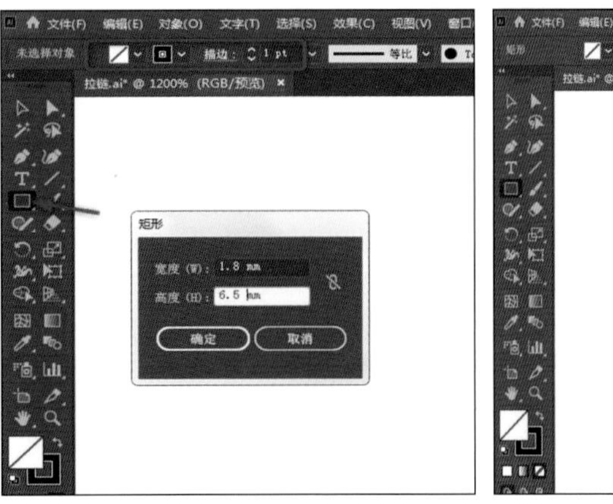

图2.3.2-2

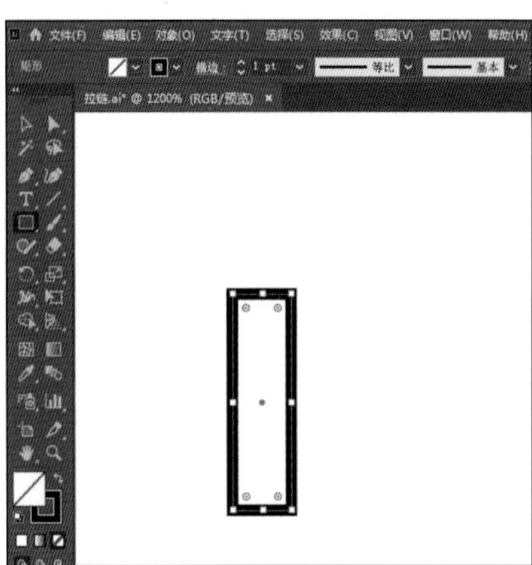

图2.3.2-3

3.用“选择”工具（快捷键：V），框选矩形，指向任意线条，鼠标的光标出现“黑三角+虚线框”，按住“Alt”键，光标出现复制标志“黑三角+白三角”后，拖动复制出一个矩形，完成后用同样的方法再复制一个矩形，如图2.3.2–4所示。

4.将绘制好的三个矩形按“品”字状摆放，对齐边线。选中下面两个矩形，在属性栏选择“对齐所选对象”，点击“垂直居中对齐”，如图2.3.2–5所示。这个“品”字形状很重要，是构成拉链的基础造型元素。

5.选中三个矩形，在菜单栏选择【对象】/【图案】/【建立】，如图2.3.2–6所示。打开“图案选项”对话框，选中“图案拼贴”工具，名称命名为“拉链”，勾选“将拼贴与图稿一起移动”，选项“副本变暗至”设为“40%”，如图2.3.2–7所示。

6.在“图案选项”状态下调整图案，移动光标至中间锚点，出现黑三角后，按住锚点拖动，拉开图案上下距离，让左右吻合，如图2.3.2–8所示。最后，点击“完成”，回到原界面，如图2.3.2–9所示。

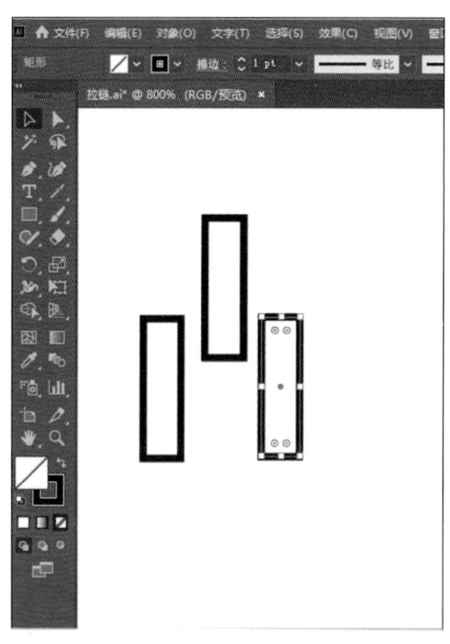

图2.3.2–4

图2.3.2–5

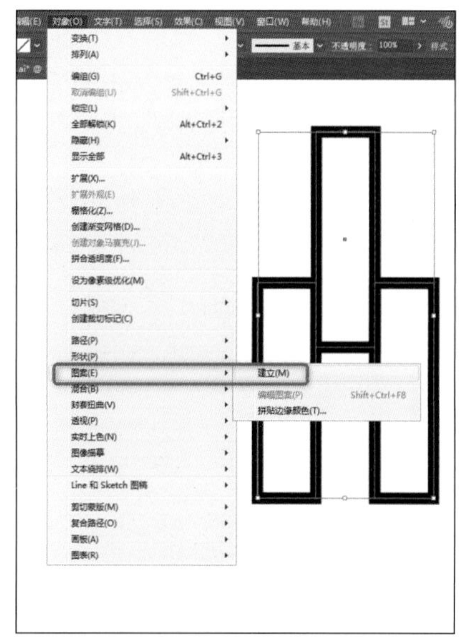

图2.3.2–6

图2.3.2–7

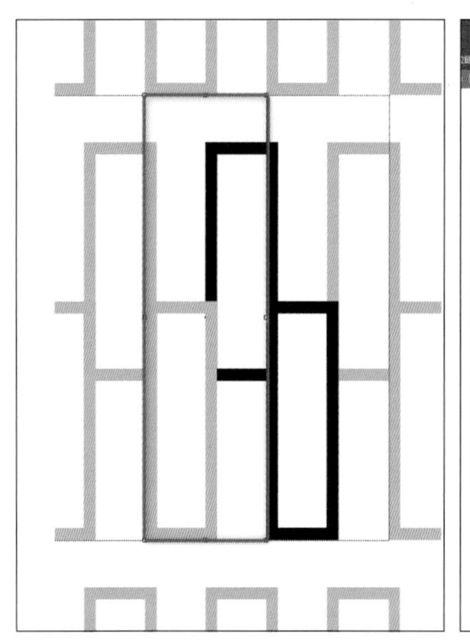

图2.3.2–8

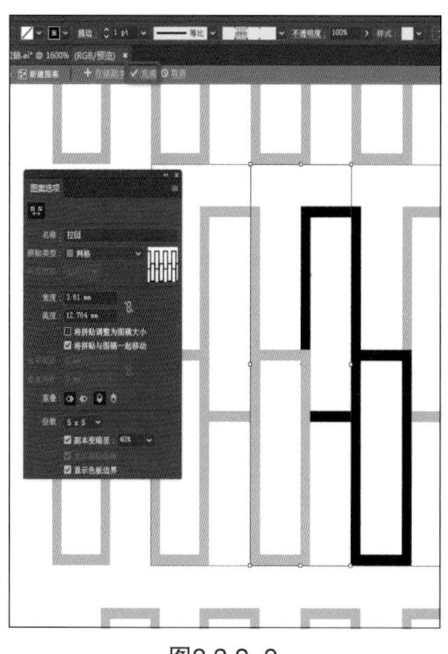

图2.3.2–9

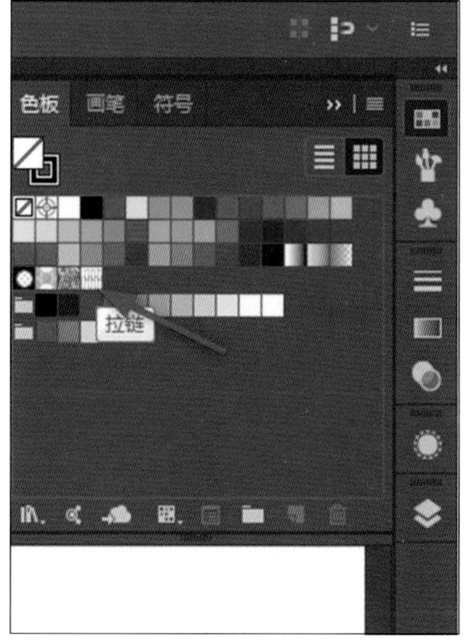

图2.3.2–10

7.打开“色板”面板，找出上一步操作生成的“拉链”色板，点击并按住，拖到画板处松手，出现一组形状，如图2.3.2–10和图2.3.2–11所示。

8.保持该组形状为选中状态，打开画笔面板，点击“新建画笔”，弹出“新建画笔”对话框，选择“图案画笔”，如图2.3.2–12所示，点击确定。

9.确定后，弹出“图案画笔选项”对话框，名称命名为“拉链”，选择第二个图标“边线拼贴”，其余都选择“无”，如图2.3.2–13所示，点击确定。

10.在画笔面板里，可以看到新生成的“拉链”画笔，完成闭合拉链画笔的绘制，如图2.3.2–14所示。

11.再回到“品”字形状图形，用“选择”工具（快捷键：V），选择上方的矩形，按“Delete”键删除。选中留下的两个矩形，重复第5步到第9步骤的操作，所绘制的画笔命名设为“拉链2”。如图2.3.2–15 ~ 图2.3.2–18所示。

12. 在画笔面板里，可以看到新生成的“拉链2”画笔，完成开口拉链画笔的绘制，如图2.3.2–19所示。

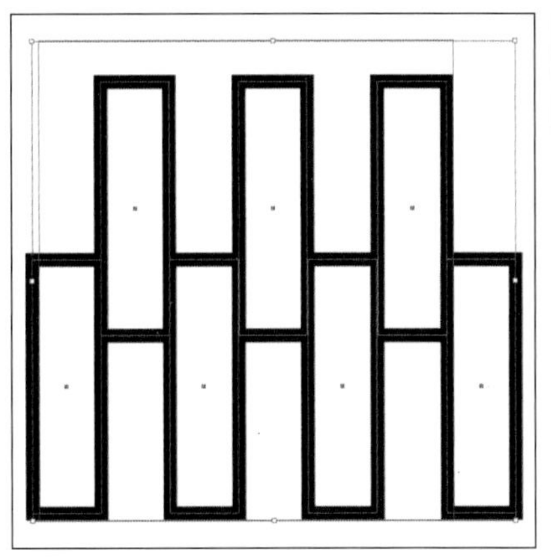

图2.3.2–11

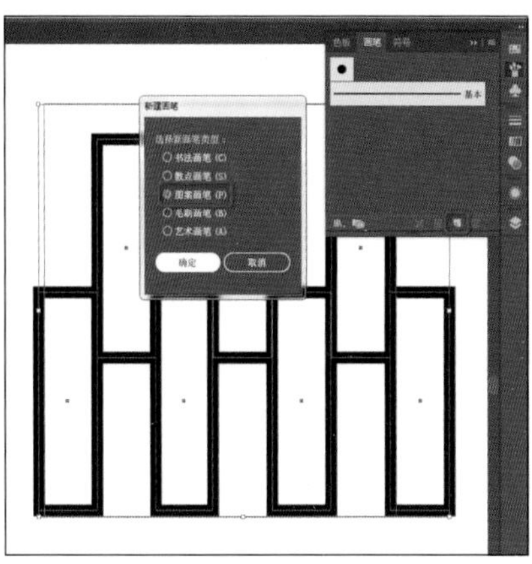

图2.3.2–12

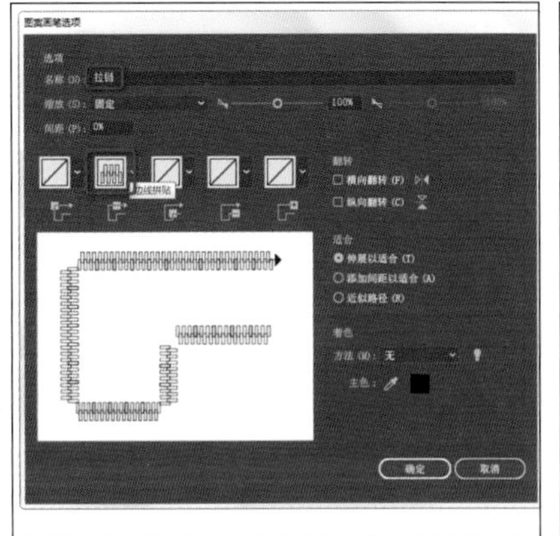

图2.3.2–13

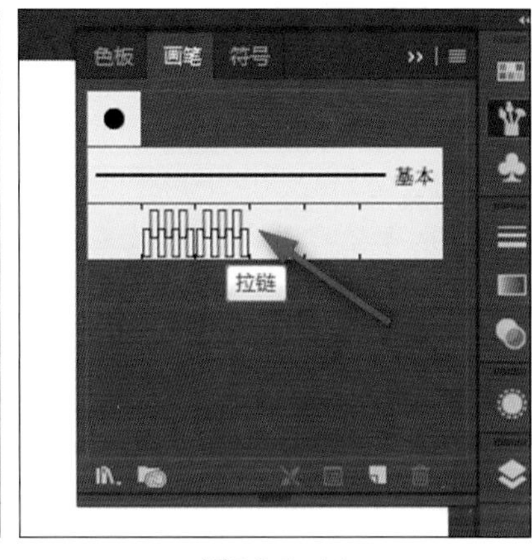

图2.3.2–14

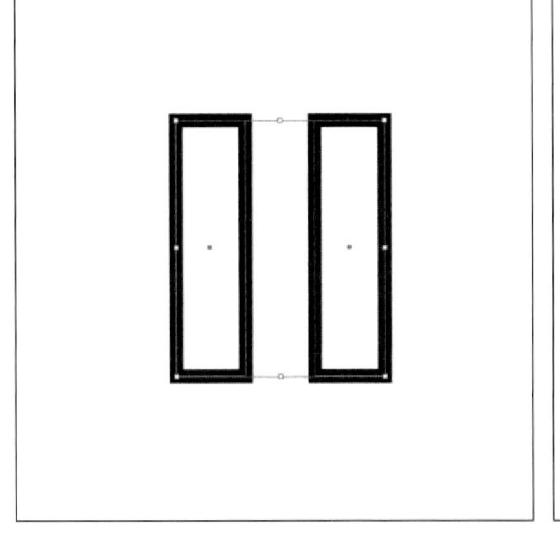

图2.3.2–15

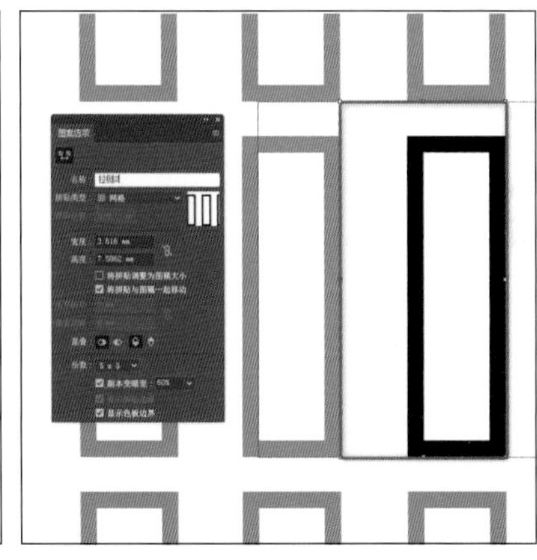

图2.3.2–16

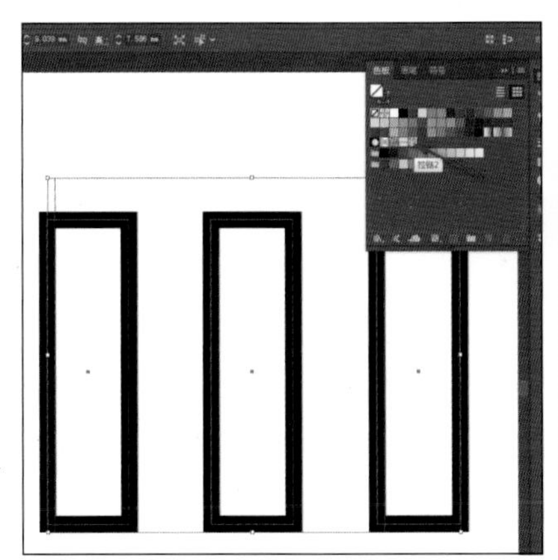

图2.3.2–17

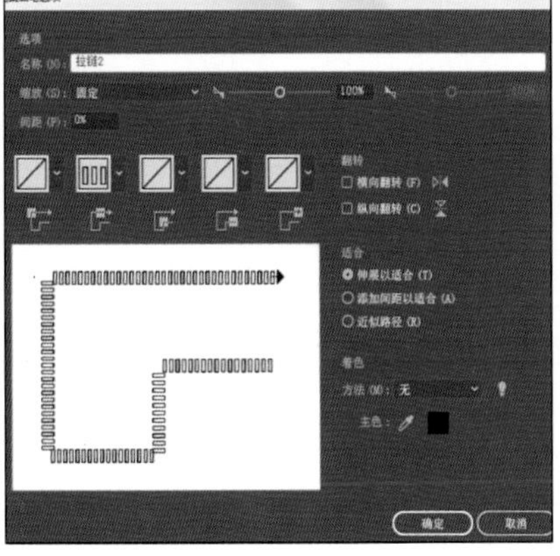

图2.3.2–18

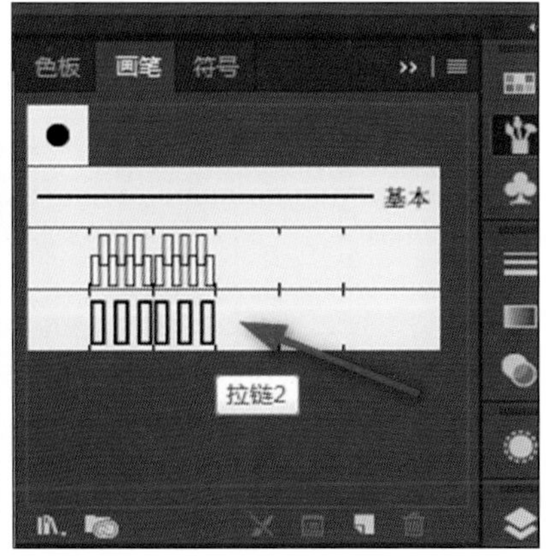

图2.3.2–19

（三）绘制拉链基布

1.选择“钢笔”工具（快捷键：P），设置描边颜色为“黑色”，粗细为1pt，画出如图所示形状，如图2.3.2–20所示。

2.用“选择工具”（快捷键：V）选中形状，点击鼠标右键，弹出菜单。选择【变换】/【镜像】，打开“镜像”窗口，选择“垂直”，点击“复制”，如图2.3.2–21和图2.3.2–22所示。

3.选中复制出的左半边形状，同时按住“Shift”键并向左移动，平移到让两个形状稍有重叠位置，如图2.3.2–23和图2.3.2–24所示。

4.同时选中两个图形，在菜单栏选择【窗口】/【路径查找器】，打开“路径查找器”面板，点击“联集”图标，两个形状合并成一个形状，如图2.3.2–25所示。

5.选择“黑灰色”填充颜色，描边设为“无”，拉链基布完成。保持选中状态，在菜单栏选择【对象】/【锁定】/【所选对象】（快捷键：Ctrl+2），将其锁定，便于后续操作，如图2.3.2–26所示。

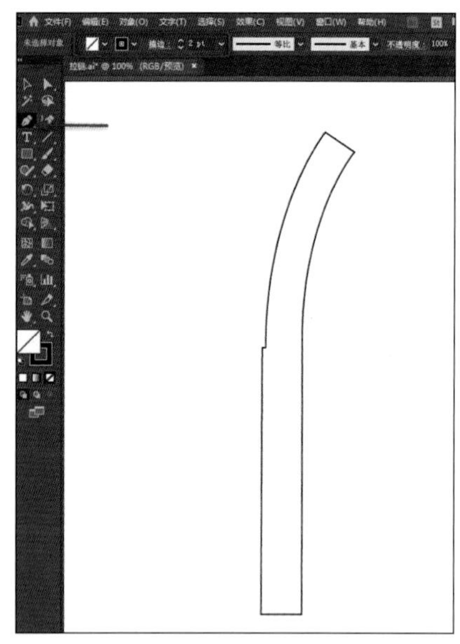

图2.3.2–20

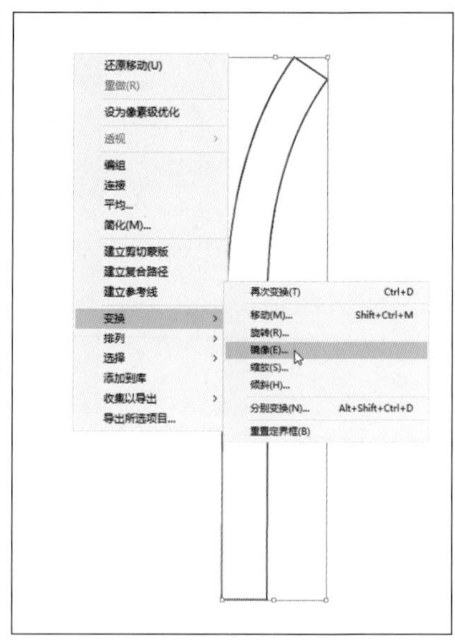

图2.3.2–21

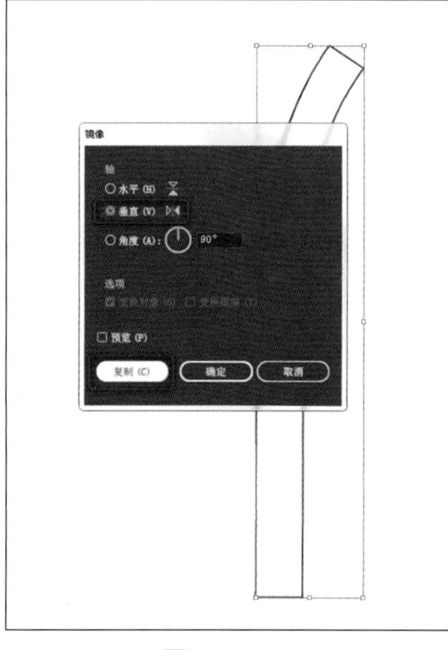

图2.3.2–22

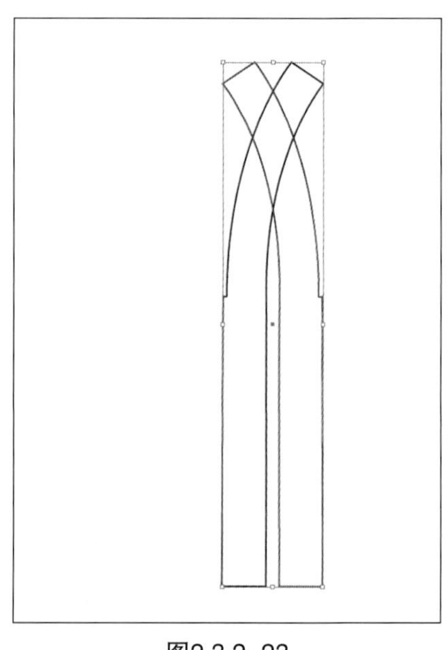

图2.3.2–23

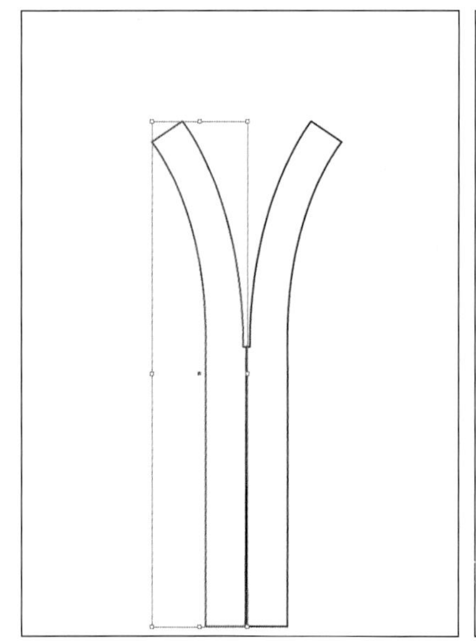

图2.3.2–24

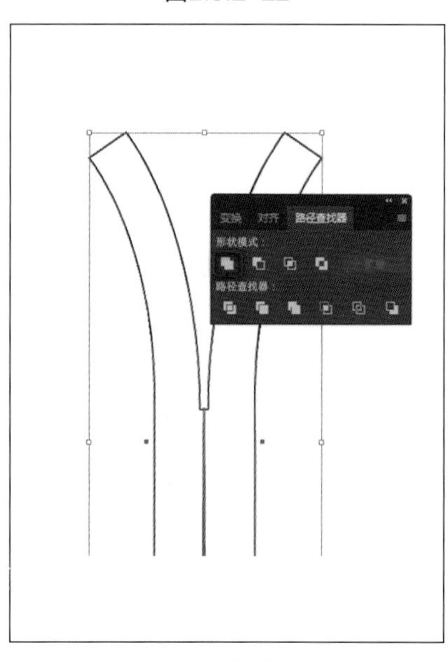

图2.3.2–25

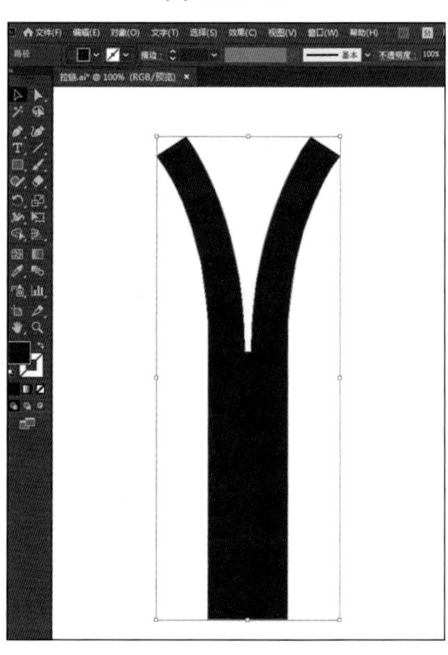

图2.3.2–26

（四）绘制拉链头

1.用“钢笔”工具（快捷键：P），画出如图2.3.2–27所示形状。

2.点击工具栏“矩形”工具右下角小三角图标，弹出工具选择栏，选中“圆角矩形”工具，画出“小圆角矩形”，如图2.3.2–28所示。

3.继续创建如图所示三个形状，如图2.3.2–29所示。

4.将三个形状按如图所示组合，在全部选中状态下，点击鼠标右键，弹出菜单，选择“建立复合路径”，如图2.3.2–30所示。

5.将步骤1至步骤4所绘制的三个形状如图所示进行组合。选中“小圆角矩形”，点击鼠标右键，弹出菜单，选择【排列】/【置于顶层】，如图2.3.2–31所示。

6.将所有图形全部选中后编组，点击“色板”面板左下角的“色板库”菜单，在菜单里选择【渐变】/【金属】，如图2.3.2–32所示。

7.在弹出“金属”窗口中，选择“银”，拉链头绘制完成，如图2.3.2–33所示。

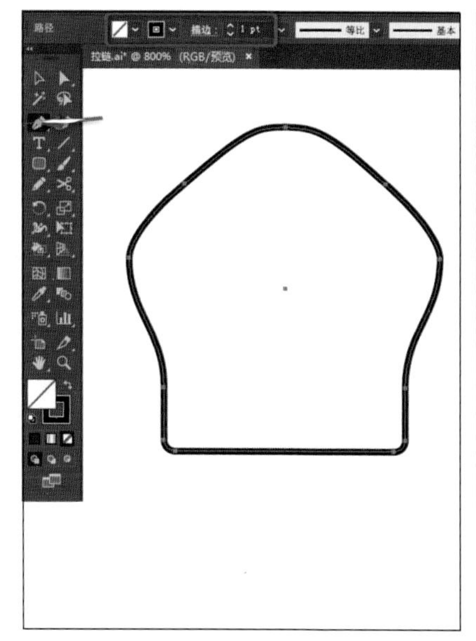

图2.3.2–27

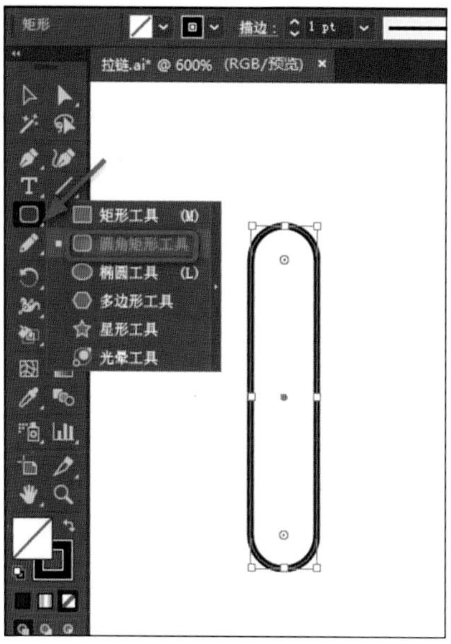

图2.3.2–28

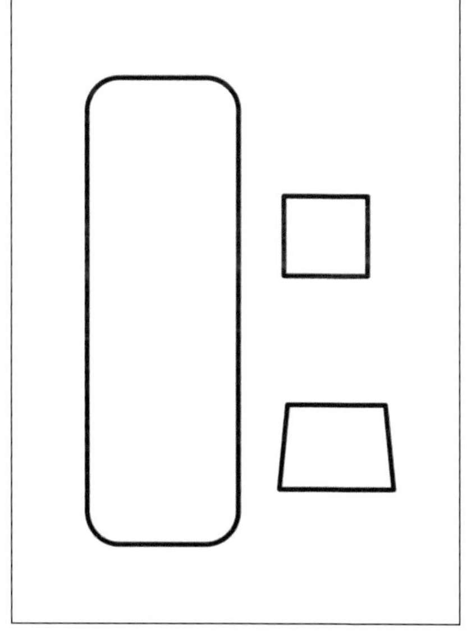

图2.3.2–29

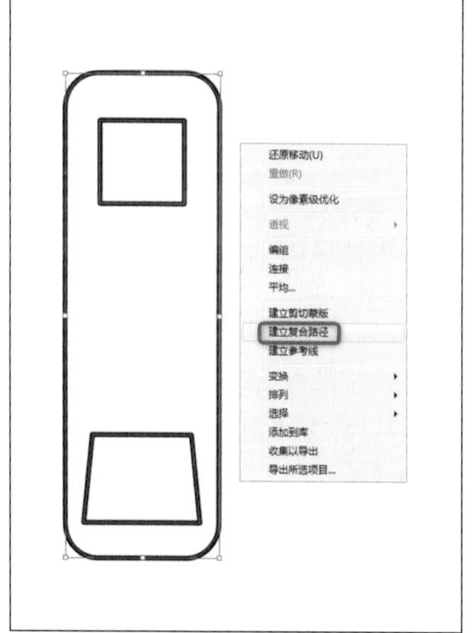

图2.3.2–30

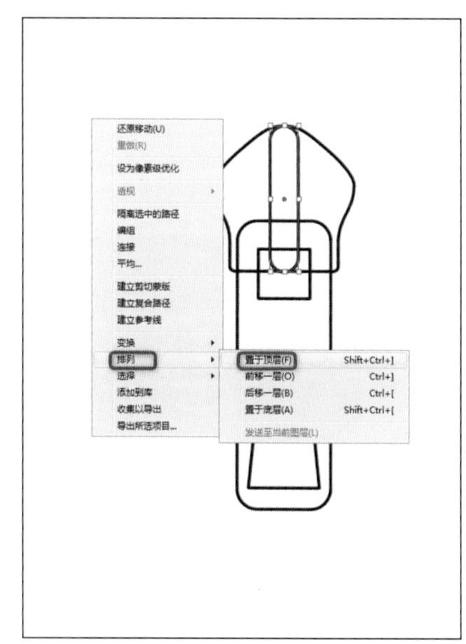

图2.3.2–31

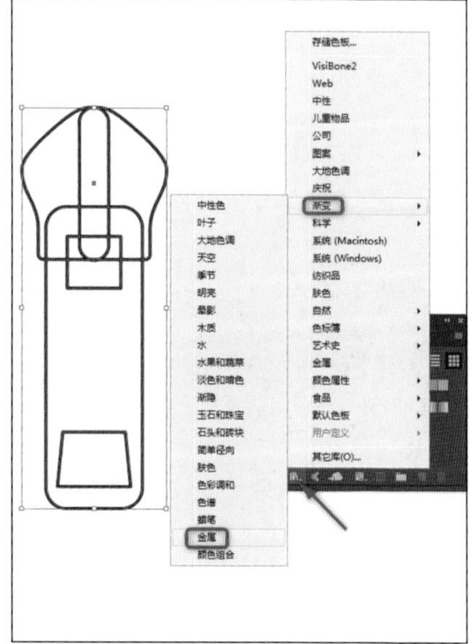

图2.3.2–32

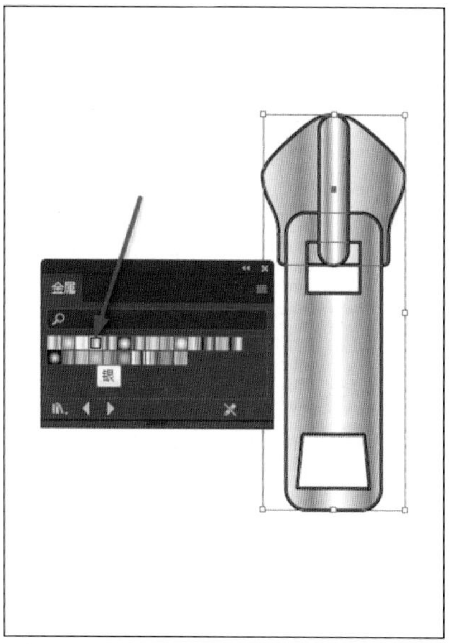

图2.3.2–33

（五）绘制完整拉链

1.用“钢笔”工具（快捷键：P），在拉链基布上画出如图所示三根线条，为方便观看，将描边颜色设置为红色，粗细为3pt，如图2.3.2-34所示。

2.选中下面一根直线条，打开“画笔”面板，选择“拉链”画笔，如图2.3.2-35所示。

3.选中上面两根弧线条，在“画笔”面板里选择“拉链2”画笔，如图2.3.2-36所示。

4.三根拉链齿全部选中，在菜单栏选择【对象】/【扩展外观】，如图2.3.2-37所示。

5.打开“填色”面板，选择已经使用过的“银”，拉链齿绘制完成，如图2.3.2-38所示。

6.选中拉链头，选择【排列】/【置于顶层】，并放置到合适的位置，如图2.3.2-39所示。

7.用“矩形”工具（快捷键：M）画一个小矩形，用“银”填充，放置到拉链下止口合适的位置，如图2.3.2-40所示。

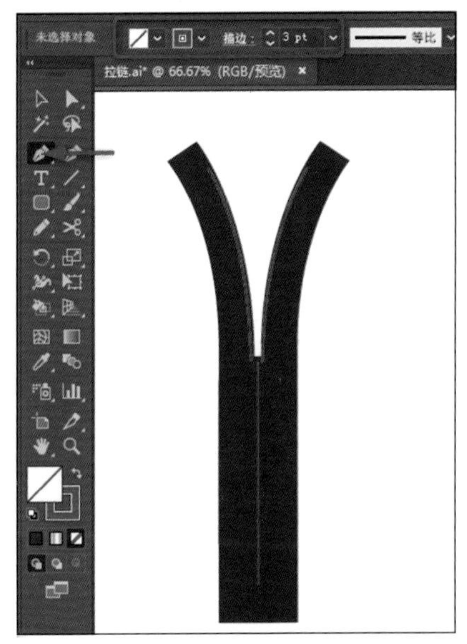

图2.3.2-34

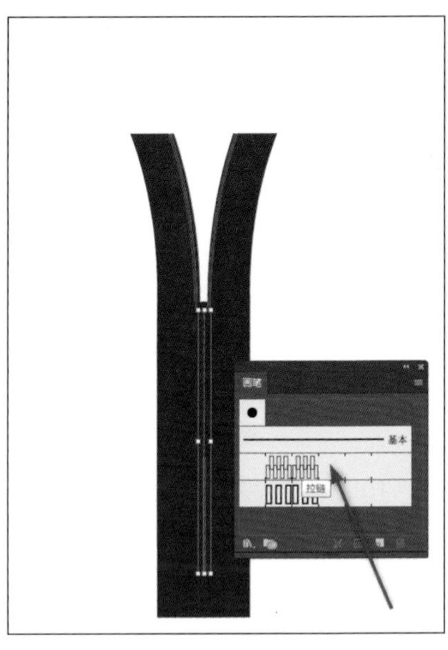

图2.3.2-35

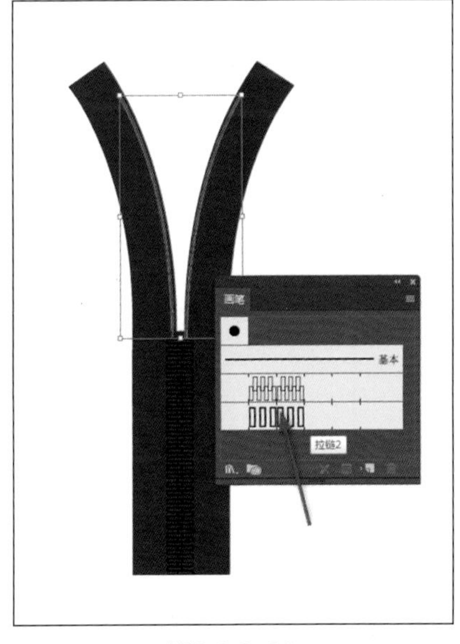

图2.3.2-36

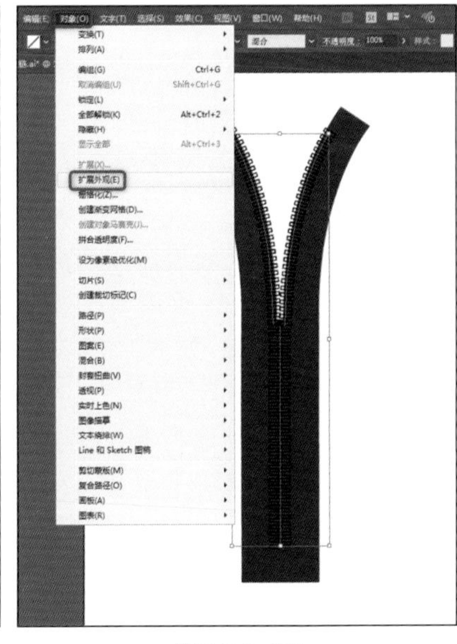

图2.3.2-37

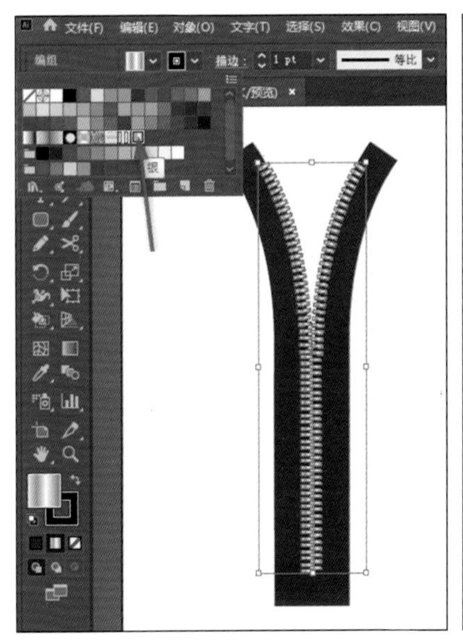

图2.3.2-38

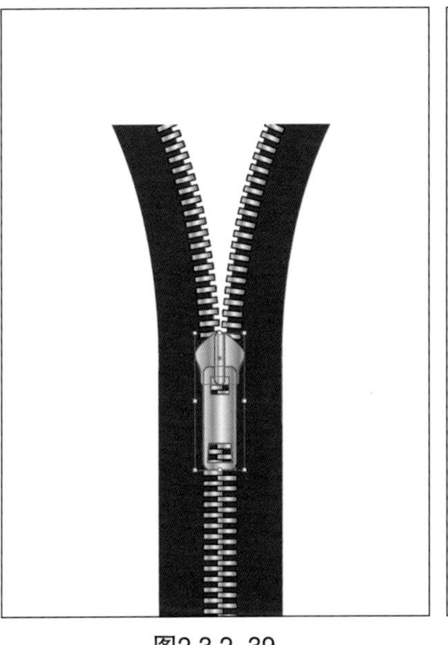

图2.3.2-39

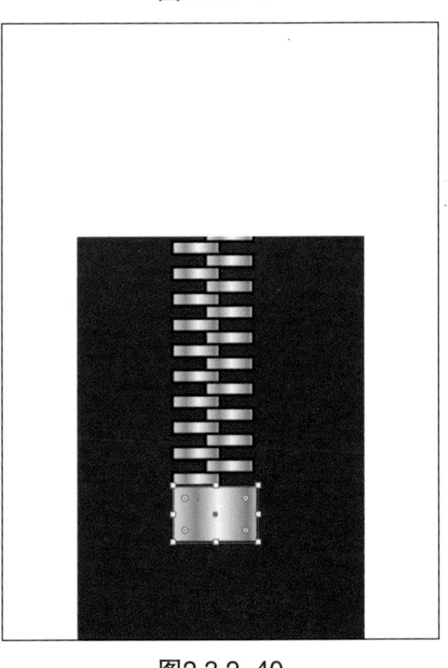

图2.3.2-40

8.用“矩形”工具（快捷键：M）画两个小矩形，用“银”填充，调整合适的角度并放置到拉链上止口相应的位置，如图2.3.2–41所示。

9.在菜单栏选择【对象】/【全部解锁】（快捷键：Alt+Ctrl+2），解锁之前的锁定。全部选中并编组，拉链绘制完成，如图2.3.2–42所示。

10.最后，按照本项目任务一的存储方法，将绘制的拉链存储为“.EPS”和“.JPG”两种格式的文件。

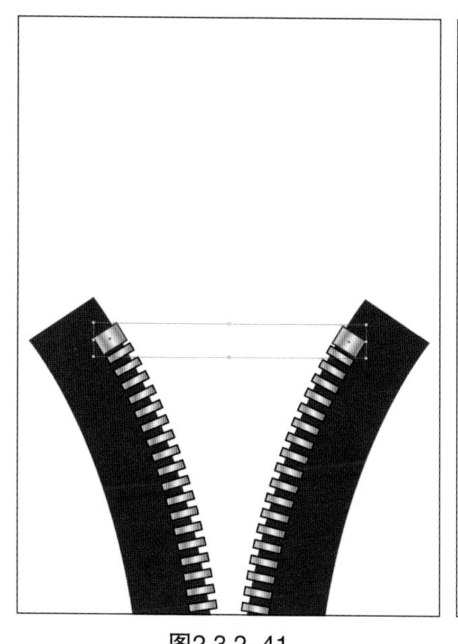
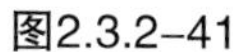

图2.3.2–41

图2.3.2–42

四、学习评价

考核项目	考核标准	分值	得分
拉链齿画笔绘制	熟练掌握闭合和开口两种拉链齿绘制和画笔的设置方法	30%	
拉链基布绘制	掌握拉链基布的绘制和填色方法	10%	
拉链头绘制	掌握拉链头部件层次关系和填色	15%	
拉链的整体绘制	运用“拉链画笔”绘制完整拉链	20%	
整体效果	结构准确、效果完整	20%	
存储	掌握各种格式存储方法	5%	
合计		100%	

五、巩固训练

图2.3.2–43是设计师绘制的拉链素材，根据本任务所学的技能，用Illustrator软件绘制出相同款式的拉链矢量图。

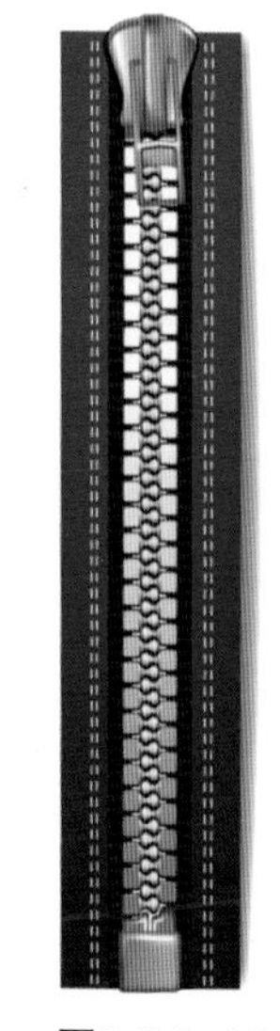

图2.3.2–43

要求：

1. 拉链的造型、结构准确。
2. 能准确地表现拉链齿和拉链头的造型。
3. 绘制完成后，分别存储“.EPS”和“.JPG”两种格式的文件。

任务三：包的绘制表现

一、任务导入

服装设计公司每年会根据流行趋势推出不同的设计主题，设计师按照主题进行服装和服饰品的设计。在服饰品中，“包”作为不可缺少的单品，往往会要求与服装主题相统一。设计师通过对市场上箱包品牌流行趋势的调研与本公司服装风格相结合，创造出适合本季流行的包饰单品。因此，设计师通过市场收集相关包饰品牌的图稿，为包饰设计提供流行元素。

公司设计部要求设计师收集各种款式包饰，把握流行元素，为本季服饰品开发提供参考。图2.3.3–1是设计师搜集的GILLIVO品牌女式手提包实物图片，要求运用Illustrator软件绘制出款式相同的手提包矢量图，完成如图2.3.3–2所示效果图。

图2.3.3–1 GILLIVO手提包实物图

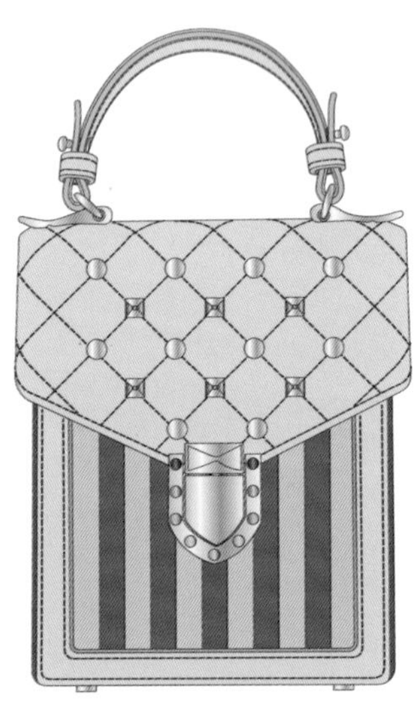

图2.3.3–2 手提包矢量图

二、任务要求

1. 能够熟练地运用Illustrator绘制各种包饰。
2. 掌握用“钢笔”工具绘制线条的方法和“形状生成器”工具的使用方法。
3. 掌握设置线条粗细和填色的方法。
4. 掌握绘制条纹均匀排列的方法。
5. 掌握绘制“绗缝线”方法和“金属质感”的配饰效果。

三、任务实施

（一）新建文档

打开Illustrator软件，在菜单栏选择【文件】/【新建】(快捷键：Ctrl+N)，弹出新建文档对话框。文档命名为“包”，设置文档尺寸为：1200像素×1600像素，颜色模式为“RGB颜色”，创建文档，如图2.3.3–3所示。

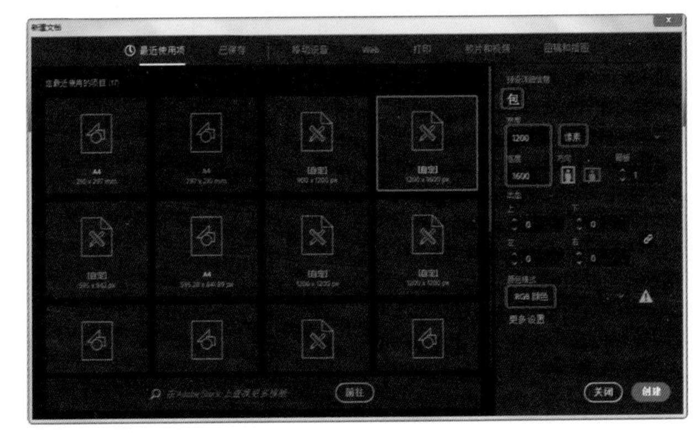

图2.3.3–3

（二）包身面料部分的绘制

1.选择“钢笔”工具（快捷键：P），设置描边颜色为“黑色”、描边粗细为1.5pt。

用钢笔工具画出包身和包盖的外轮廓路径，如图2.3.3-4所示。

2.用“选择”工具（快捷键：V），框选所有线条，如图2.3.3-5所示。

3.选择“形状生成器”工具（快捷键：Shift+M），分别指向包身和包盖，呈现灰色网状区域，如图2.3.3-6所示。

4.分别点击两个灰色网状区域，生成两个封闭路径（演示拉开后是两个封闭形状路径），只有在封闭路径里才能完整填充颜色，如图2.3.3-7所示。

5.用“选择”工具（快捷键：V）选中多余线条，按“Delete”键删除，如图2.3.3-8所示。

6.用同样的方法，画出包身边缘的结构，再画出中间分割部分的厚度，如图2.3.3-9所示。

图2.3.3-4　　图2.3.3-5

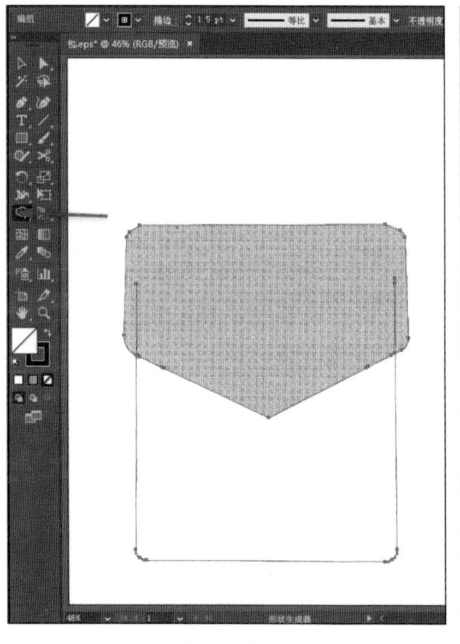

图2.3.3-6

图2.3.3-7

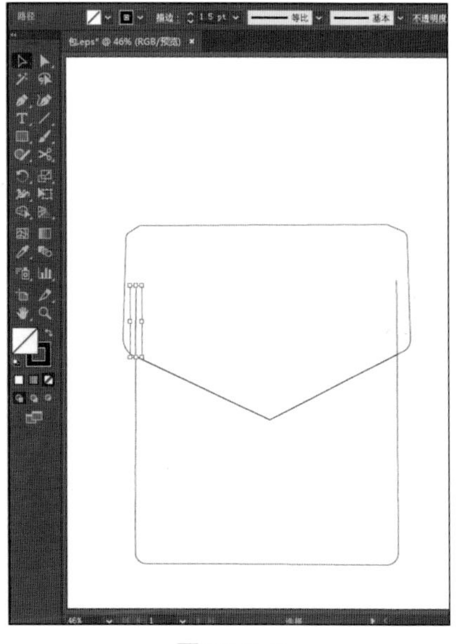

图2.3.3-8

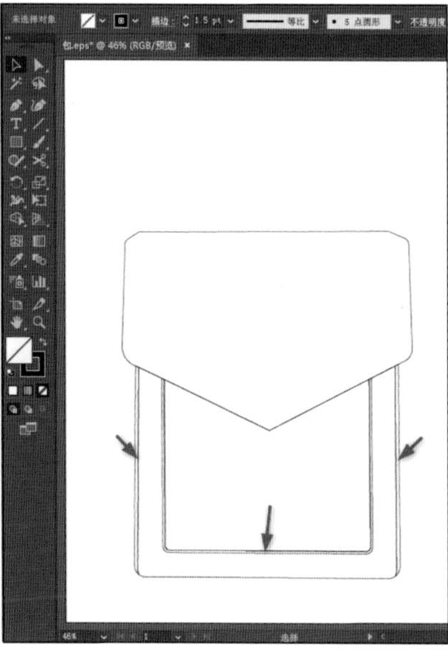

图2.3.3-9

7.选中包盖形状，点击“填色”图标，出现“拾色器”对话框，参照实物图片的色彩，选择合适颜色，完成包盖的颜色填充，如图2.3.3-10所示。

8.参照实物图的色彩，用同样的方法，分别给其他形状填充颜色，如图2.3.3-11所示。

9.参照实物图的绿色条纹大小，在画面空白处，用“矩形”工具（快捷键：M），画出合适大小的矩形，如图2.3.3-12所示。

10.用“选择”工具（快捷键：V）选中矩形，复制（快捷键：Ctrl+C）、粘贴（快捷键：Ctrl+V）得到相同大小的矩形，如图2.3.3-13所示。

11.继续复制所需矩形的数量，并调整矩形的距离和位置。用“选择”工具框选所有矩形，选择“对齐所选对象”，然后依次选择“垂直居中对齐”和“水平居中分布”，如图2.3.3-14所示。

12.保持所有矩形选中状态，单击鼠标右键，选择“编组”，如图2.3.3-15所示。

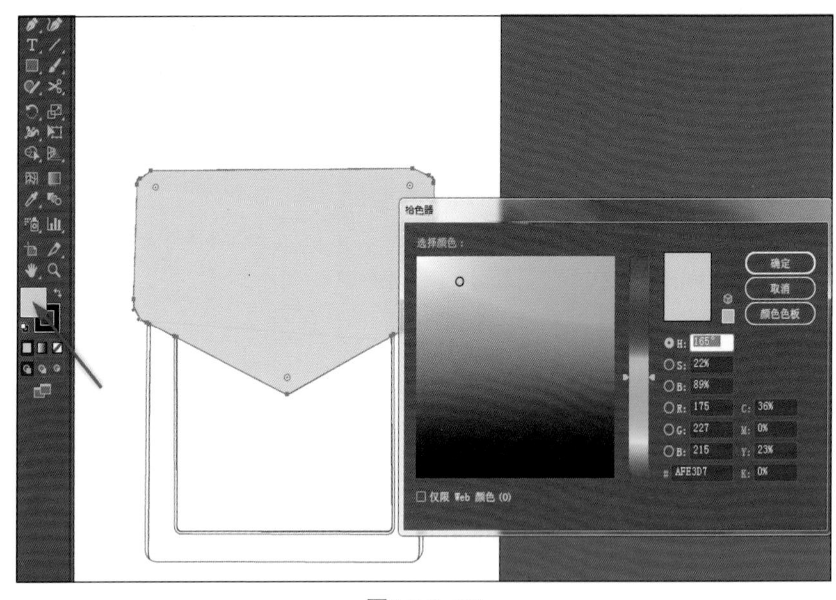

图2.3.3-10

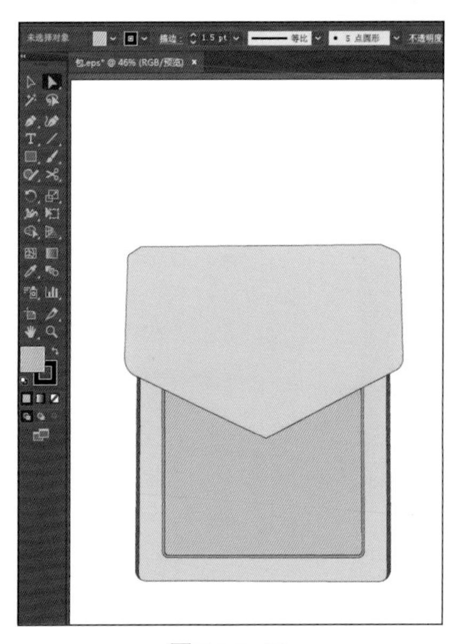

图2.3.3-11

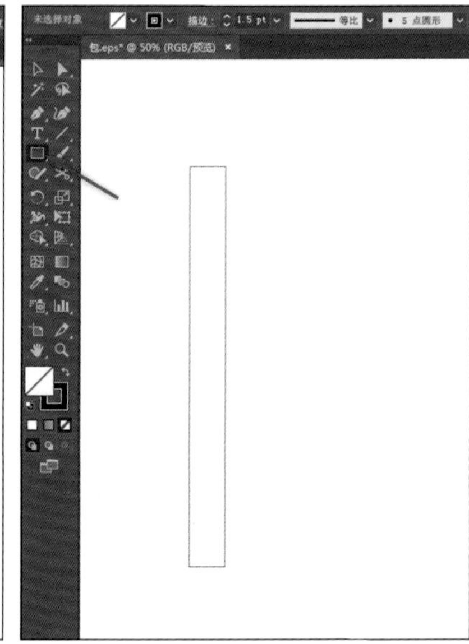

图2.3.3-12

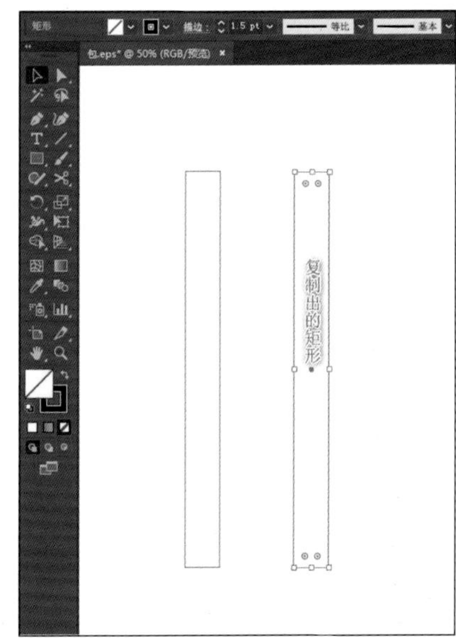

图2.3.3-13

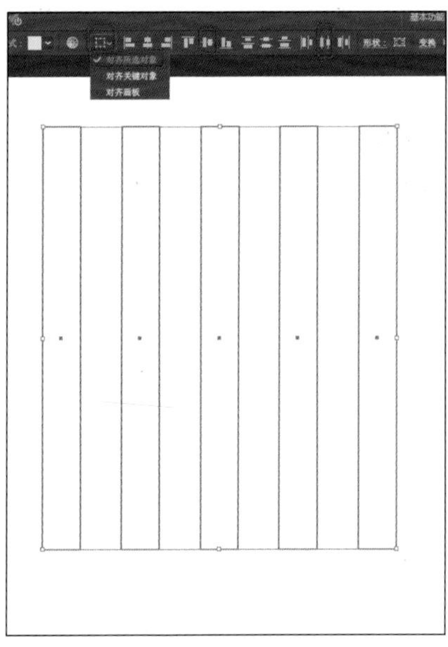

图2.3.3-14

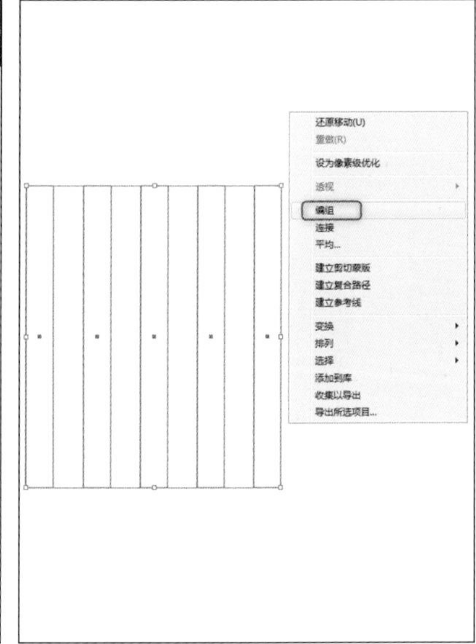

图2.3.3-15

13.选中矩形编成的组，填充所需颜色，再将这组矩形条纹放置到包的相应位置上，如图2.3.3–16所示。

14.用“选择”工具（快捷键：V）选中条纹编组，再按住Shift键，同时选中粉色形状，单击鼠标右键，选择“排列—置于底层”，如图2.3.3–17所示。

15.框选所有图形进行编组。在选中状态下，选择菜单【对象】/【锁定】/【所选对象】(快捷键：Ctrl+2）锁定对象，对象锁定后方便后续操作，如图2.3.3–18所示。

16.选择“钢笔”工具（快捷键：P)，设置描边线粗细，画出辑压的明线和包盖网格线，如图2.3.3–19所示。

17.选中刚绘制的所有明线和网格线，打开描边面板，勾选“虚线”，设置虚线和间隙的参数，形成虚线效果，如图2.3.3–20所示。所有虚线编组、锁定。

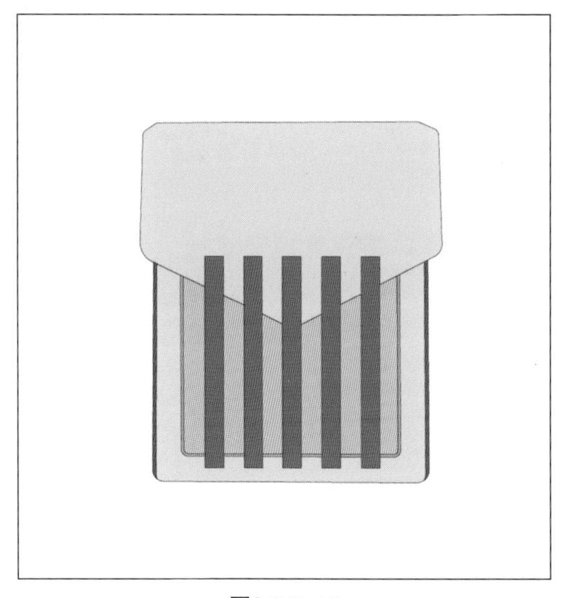

图2.3.3–16

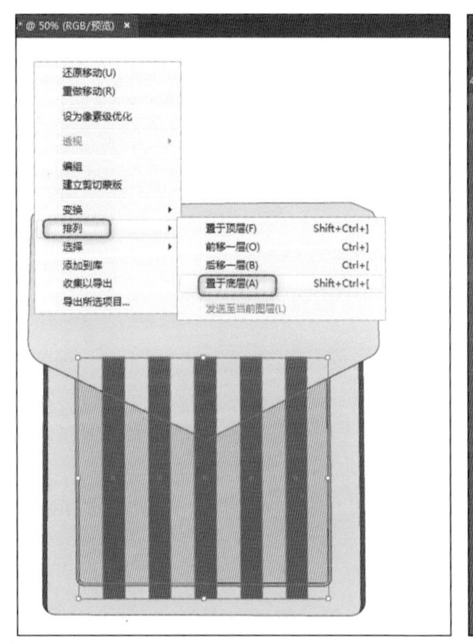

图2.3.3–17

图2.3.3–18

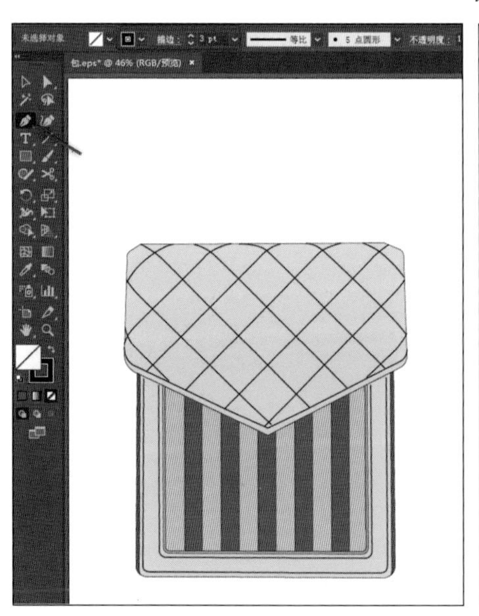

图2.3.3–19

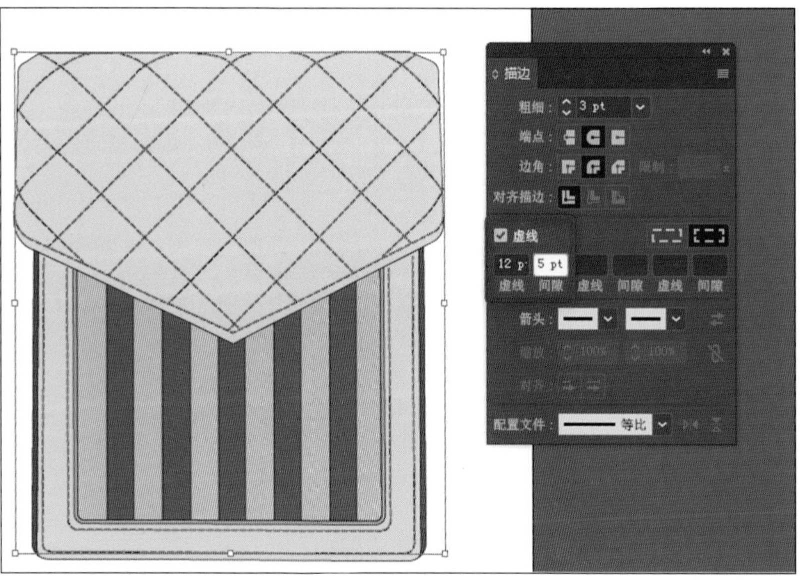

图2.3.3–20

（三）包身铆钉和金属搭扣的绘制

1.在画面空白处，选择“椭圆”工具（快捷键：L），同时按下Shift键，画正圆，如图2.3.3-21所示。

2.在属性栏点击色板图标，在色板面板左下角点击“色板库”菜单，选择【渐变】/【金属】，弹出金属面板，如图2.3.3-22所示。

3.用“选择”工具选中正圆，选择“金”色填充，形成金属质感的铆钉，如图2.3.3-23所示。

4.用“矩形”工具和“钢笔”工具分别画出正方形和内部的结构线。用“形状生成器”工具（快捷键：Shift+M）点击所需的的形状，形成封闭路径，完成后进行编组，如图2.3.3-24所示。

5.选中刚编组的图形，用“金”色填充。完成立体感的金属铆钉制作，如图2.3.3-25所示。

6.参照实物图例，用同样方法画出金属搭扣的形状与结构，填充渐变“金”色后编组，如图2.3.3-26所示。

7.选择“椭圆”工具（快捷键：L），同时按下“Shift”键，画正圆，并复制所需要数量，如图2.3.3-27所示。

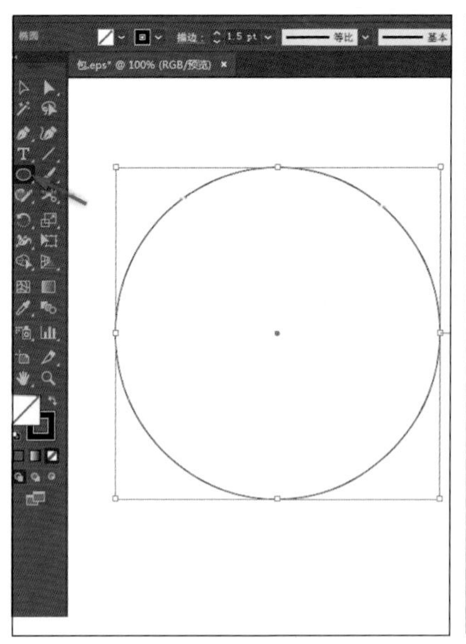

图2.3.3-21

图2.3.3-22

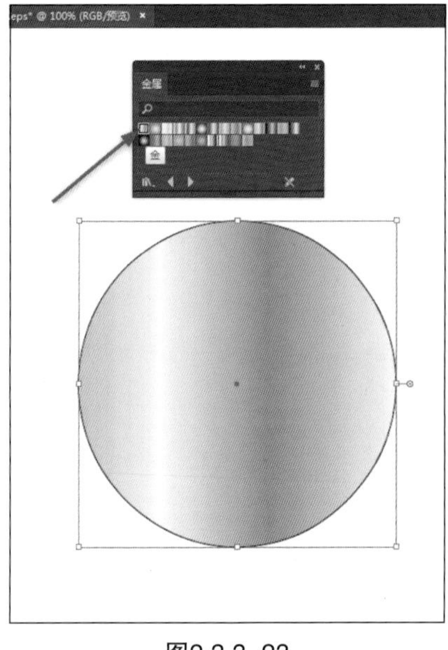

图2.3.3-23

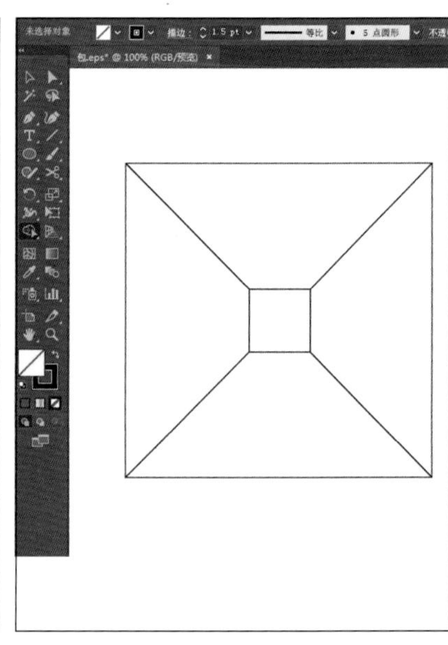

图2.3.3-24

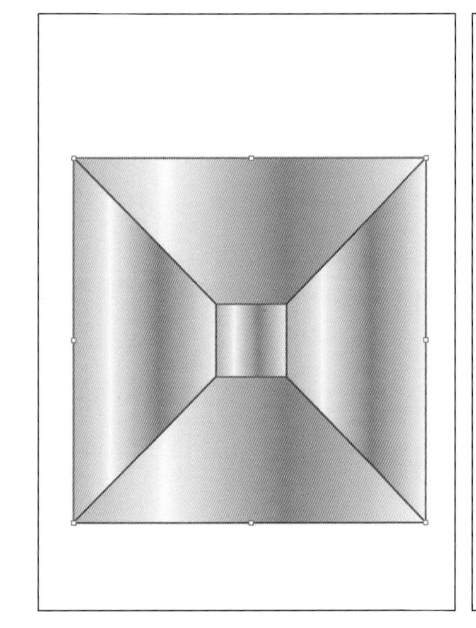

图2.3.3-25

图2.3.3-26

图2.3.3-27

8.在属性栏中点击色板图标，在色板面板左下角点击“色板库”菜单，选择【渐变】/【玉石和珠宝】，弹出面板。选中一个圆，点击面板对应颜色，依次完成5个圆的渐变颜色填充，完成金属搭扣的装饰珠宝，如图2.3.3–28所示。

9.同时选中5个装饰珠宝，按住“Shift”键，等比例调整装饰珠宝到合适的大小。参照实物图例，将相同颜色珠宝复制，并均匀排列于相应位置。然后框选所有形状进行编组，如图2.3.3–29所示。

10.将两种铆钉和金属搭扣按实物要求排列在合适的位置，相同的元素复制即可，如图2.3.3–30所示，完成后进行编组。

11.选择“矩形”工具（快捷键：M），画出矩形，填充渐变金色。再复制一个，调整到合适大小，完成包底的脚钉绘制，如图2.3.3–31所示。

12.将脚钉放到相应位置，调整完成并编组。保持选中状态，点击鼠标右键，选择【排列】/【置于底层】，如图2.3.3–32所示。

13.包身部分完成图，如图2.3.3–33所示。

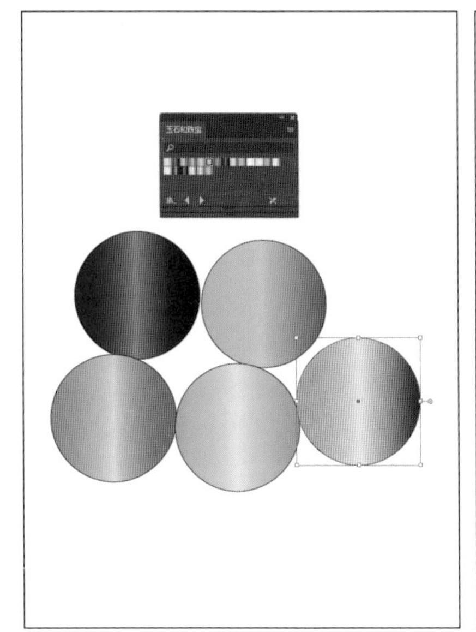

图2.3.3–28

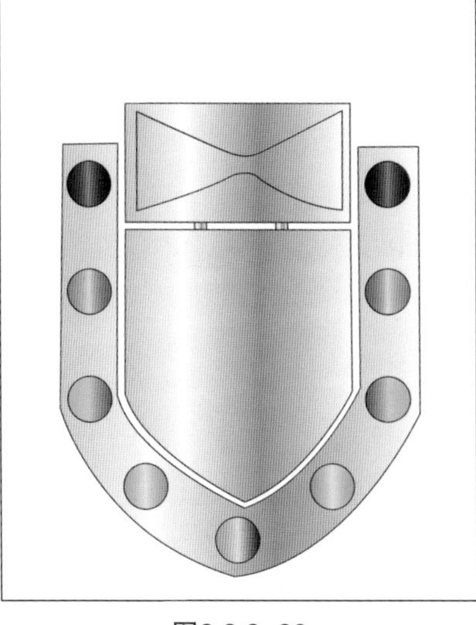

图2.3.3–29

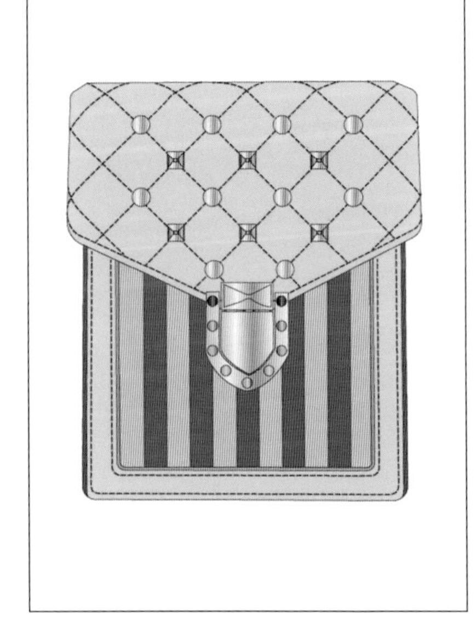

图2.3.3–30

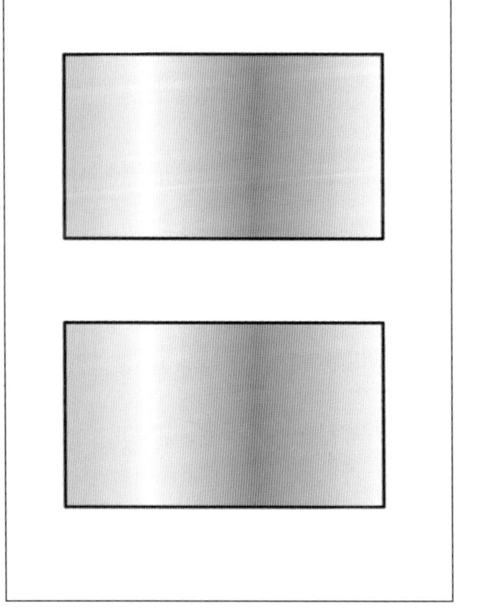

图2.3.3–31

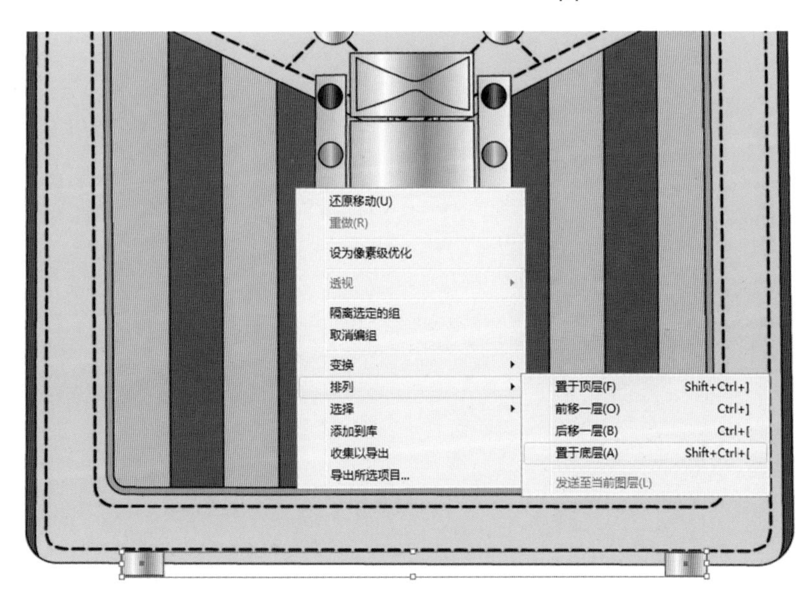

图2.3.3–32

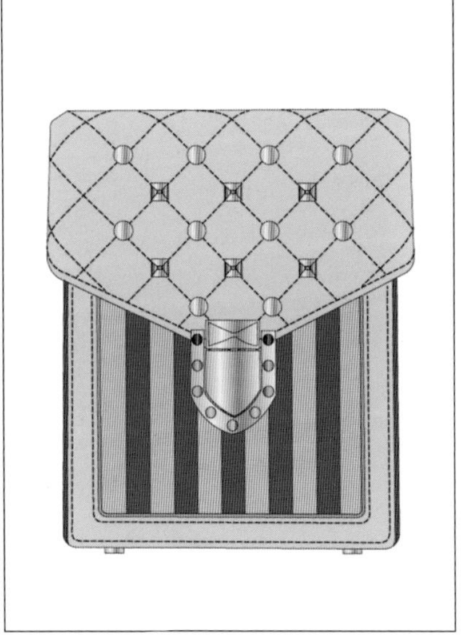

图2.3.3–33

（四）包带部分的绘制

1.选择“钢笔”工具（快捷键：P），设置描边颜色为黑色、描边粗细为1.5pt。画出包带的形状，填充合适的颜色，如图2.3.3-34所示。

2.画出包带与包身连接部位的金属连接扣形状，编组后填充“金”色，如图2.3.3-35所示。

3.选中编组好的金属连接扣，点击鼠标右键，选择【变换】/【镜像】，如图2.3.3-36所示。

4.接着上面操作步骤，弹出“镜像”窗口，选择“垂直”选项，点击“复制”，如图2.3.3-37所示。

5.通过镜像垂直复制，得到左右对称的一对金属连接扣，如图2.3.3-38所示。

6.将连接扣放到包身和包带的连接处，如图2.3.3-39所示。

7.画出金属铆钉和皮环套形状，填充颜色，并复制对称的形状，放到相应位置，如图2.3.3-40所示。

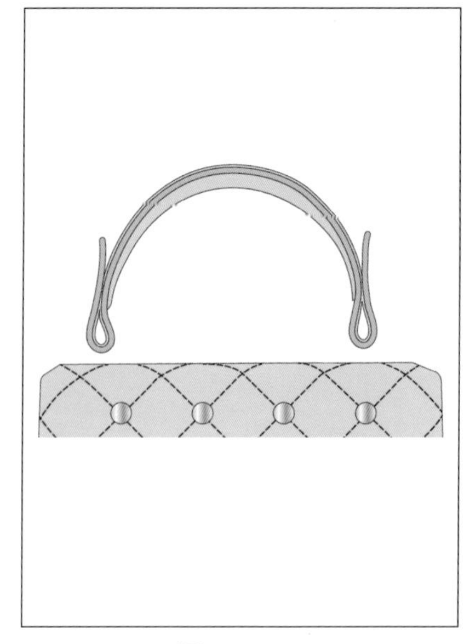

图2.3.3-34

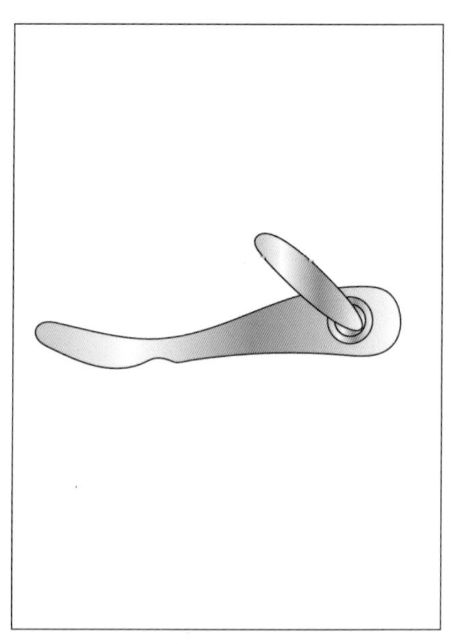

图2.3.3-35

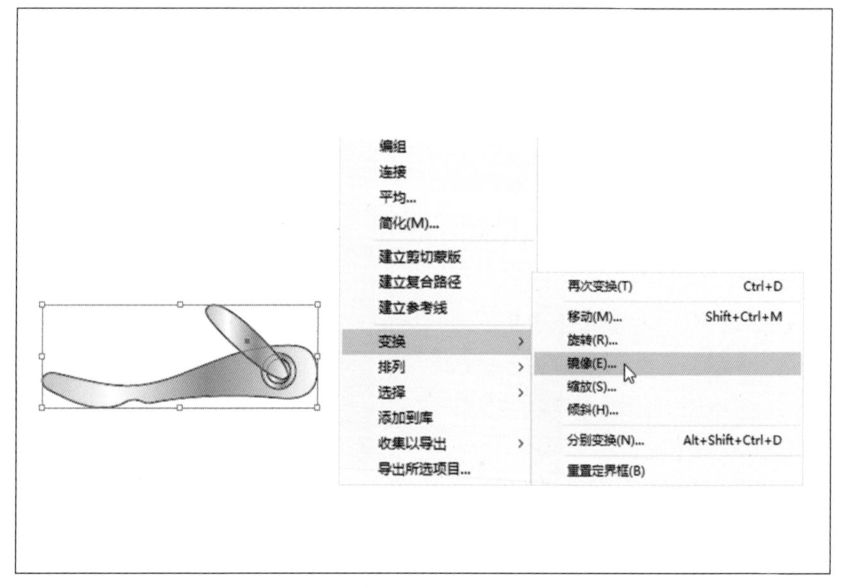

图2.3.3-36

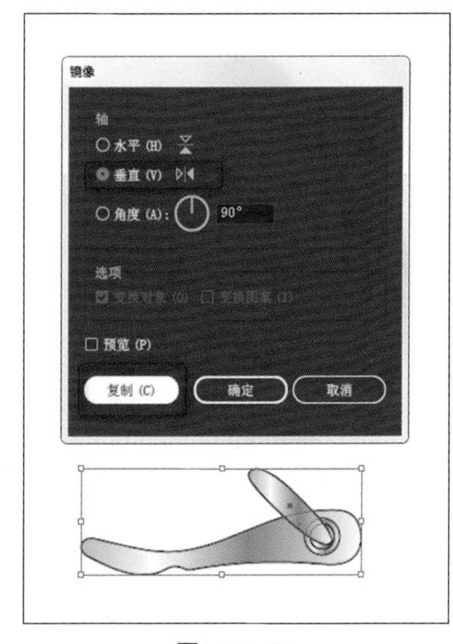

图2.3.3-37

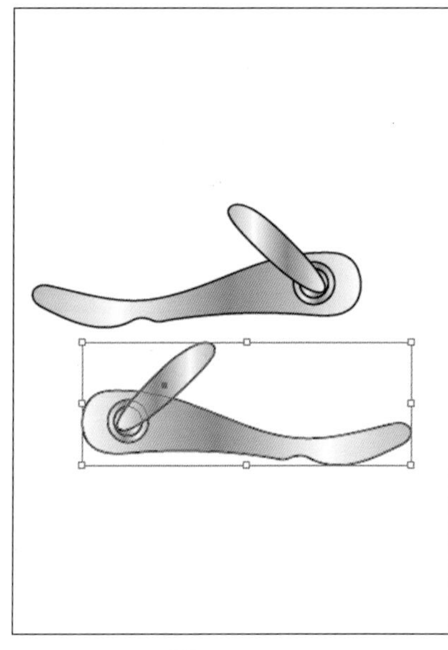

图2.3.3-38

图2.3.3-39

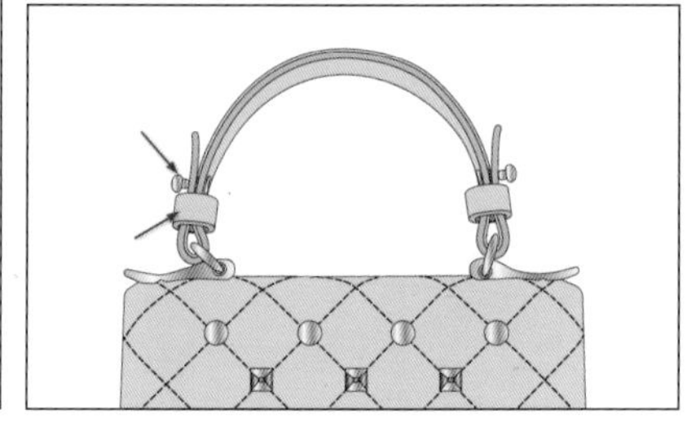

图2.3.3-40

8.参照包身明线的绘制方法，画出包带上所有明线，如图2.3.3-41所示。

9.在菜单栏，选择【对象】/【全部解锁】（快捷键：Alt+Ctrl+2），解锁所有锁定，如图2.3.3-42所示。将包全部选中，单击鼠标右键，选择“编组”（快捷键：Ctrl+G）。编组后，便于整体移动或调整大小。

10.最后包的完成图，如图2.3.3-43所示。

图2.3.3-41

图2.3.3-42

（五）存储格式

1.保存EPS格式：在菜单栏选择【文件】/【存储】（快捷键：Ctrl+s），弹出“存储为”对话框，选择保存路径、输入文件名，选择“Illustrator EPS（*.EPS）”格式并保存。再次弹出对话框，选择保存版本。如图2.3.3-44～图2.3.3-46所示。

2.保存JPG格式：在菜单栏选择【文件】/【导出】/【导出为】，弹出“导出”对话框，选择保存路径、输入文件名、选择“JPEG

图2.3.3-43

图2.3.3-44

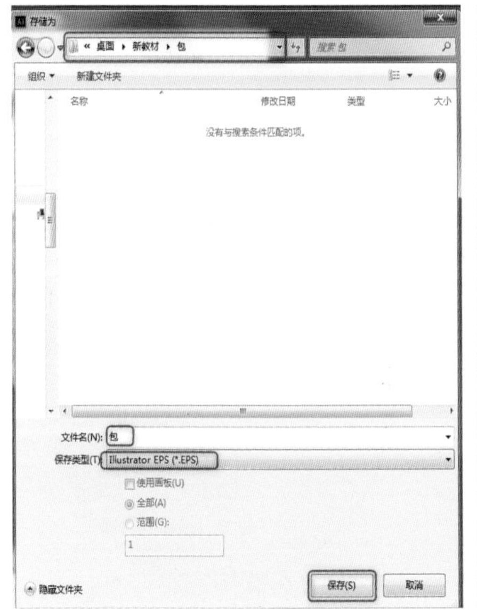

图2.3.3-45

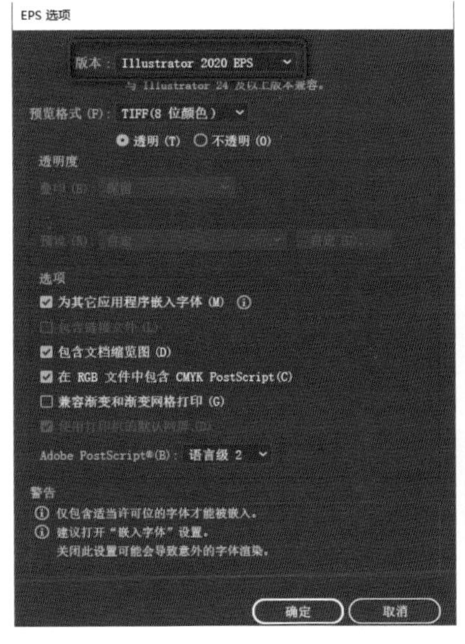

图2.3.3-46

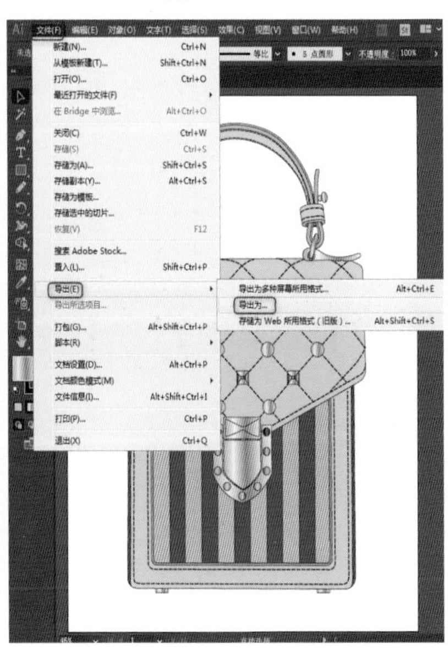

图2.3.3-47

（*.JPG）”格式，勾选“使用画板”。确定后再次弹出“JPEG选项对话框”，根据需要选择“颜色模型”“品质”“分辨率”等参数，如图2.3.3-47 ~ 图2.3.3-49所示。

3.保存在文件夹里的“.EPS”和“.JPG”格式的文件，如图2.3.3-50所示。

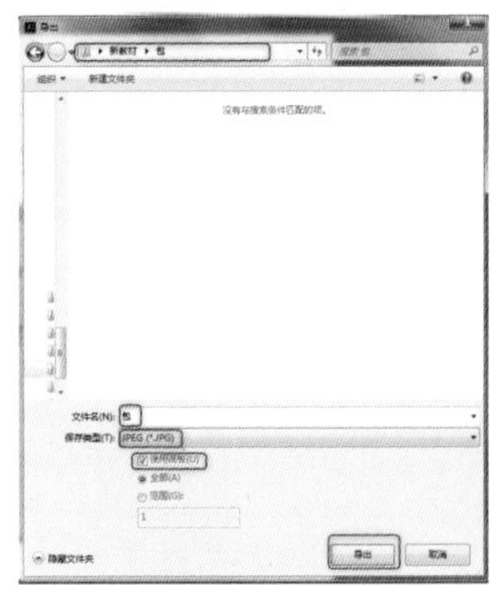

图2.3.3-48

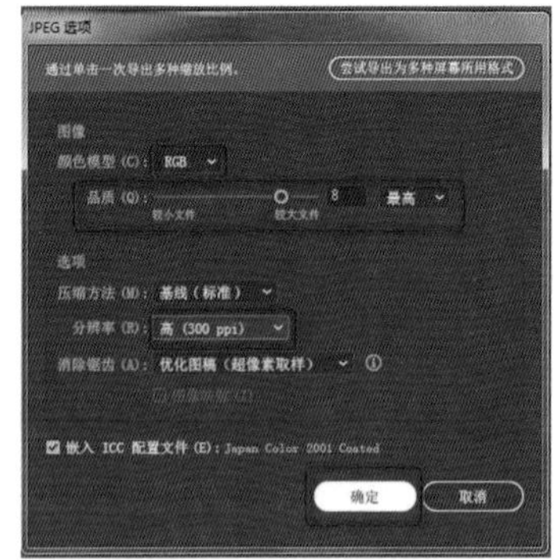

图2.3.3-49

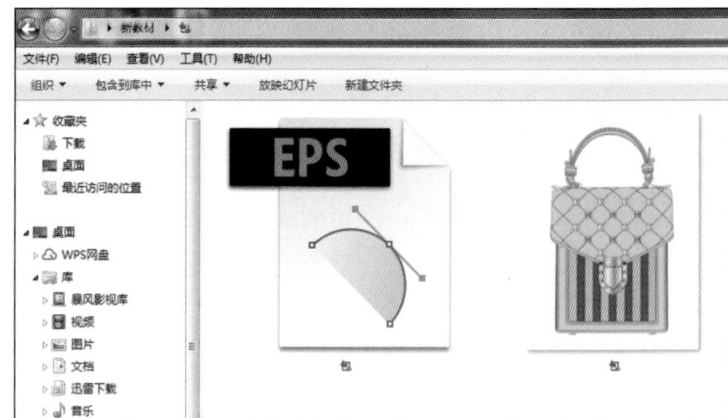

图2.3.3-50

四、学习评价

考核项目	考核标准	分值	得分
线稿绘制	绘制方法、粗细设置、线型设置	30%	
填色方法	封闭路径的方法、填色效果	10%	
并列条纹绘制	条纹的绘制与均匀分布效果	10%	
金属配件绘制	金属色和珠宝色的绘制效果	15%	
整体效果	结构准确、效果完整	30%	
存储	掌握各种格式存储方法	5%	
合计		100%	

五、巩固训练

图2.3.3-51是设计部收集的某品牌女式背包，根据本任务所学的技能，用Illustrator软件绘制出此款女包的款式图。

要求：

1. 包的造型、结构准确。
2. 能清楚地表现金属配件的质感。
3. 能熟练掌握线条粗细、类型和明线的绘制方法。
4. 绘制完成后，分别存储“.EPS”和“.JPG”两种格式的文件。

图2.3.3-51

任务四：鞋子的绘制表现

一、任务导入

鞋子是服装设计中常见的服饰品，鞋子根据性别、材质、功能、用途等不同分类，在服装设计中为服装整体搭配提供丰富的素材。

服装设计公司每季都会根据品牌的风格和流行趋势推出部分鞋类单品，为新品服装提供丰富的搭配素材。图2.3.4–1是KENZO一款系带单鞋，本任务要求根据此款单鞋元素并结合当季流行色，运用Illustrator软件进行再设计，绘制一款新的鞋子矢量图，如图2.3.4–2所示。通过掌握Illustrator绘制鞋子的方法，为设计师设计鞋类产品时提供帮助。

图2.3.4–1

图2.3.4–2

二、任务要求

1. 能够熟练地运用Illustrator工具绘制单鞋线稿。
2. 掌握“形状生成器”工具绘制封闭路径的方法。
3. 掌握明缉线的设置和绘制方法。
4. 掌握器眼和穿带钉的绘制和填色方法。
5. 掌握鞋带的穿插与层次关系的绘制。
6. 掌握使用“混合”工具“轮廓化描边”“剪切蒙版”的方法。

三、任务实施

1.打开Illustrator软件，在菜单栏选择【文件】/【新建】(快捷键：Ctrl+N)，弹出新建文档对话框。文档命名为“系带单鞋”，宽度1200像素，高度1200像素，设置颜色模式和分辨率，创建新文档，如图2.3.4–3所示。

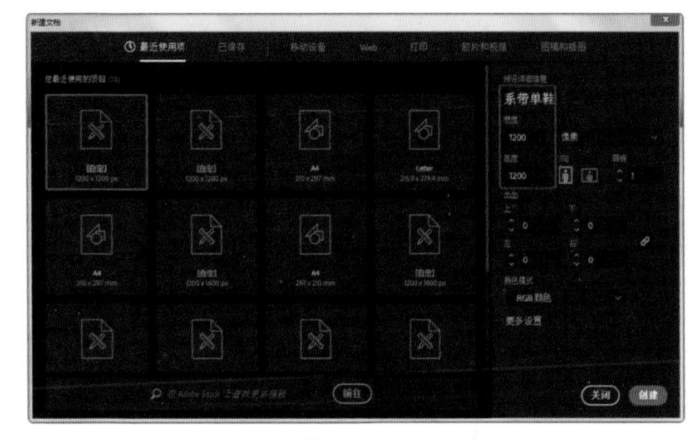

图2.3.4–3

2.在工具栏选择“钢笔”工具（快捷键：P），在属性栏设置描边颜色为“黑色”，粗细为1.5pt，勾画出鞋身的外轮廓，如图2.3.4-4所示。

3.用“钢笔”工具（快捷键：P）勾画出鞋底与鞋面的分界线，如图2.3.4-5所示。

4.选中所有形状，用“形状生成器”工具（快捷键：Shift+M），放在鞋面区域，鞋面区域显示灰色网状，点击灰色网状区域。此时，鞋底与鞋面已被分割成两个独立的形状，如图2.3.4-6所示。

5.切换“选择”工具（快捷键：V），选中多余线条，按“Delete”键删除，如图2.3.4-7和图2.3.4-8所示。

6.用同样方法，画出鞋底的结构形状，如图2.3.4-9所示。

7.用“钢笔”工具（快捷键：P）绘制鞋底的锯齿形状，用“形状生成器”工具（快捷键：Shift+M）让每个锯齿形状形成封闭路径。为了清楚表达锯齿形状的结构，图中已用红色填充标识，如图2.3.4-10所示。

8.用“钢笔”工具（快捷键：P）绘制鞋面的结构形状，如图2.3.4-11所示。

9.用“椭圆”工具（快捷键：L）画出器眼和穿带钉的形状。为了便于区分结构，用红色标识器眼和穿带钉部分，用蓝色标识器眼中间的孔，如图2.3.4-12所示。

10.用“钢笔”工具（快捷键：P）画出鞋带的形状，按照填充红色部分的标识，注意鞋带穿插和层次关系，如图2.3.4-13所示。

图2.3.4-4　图2.3.4-5

图2.3.4-6　图2.3.4-7

图2.3.4-8　图2.3.4-9

图2.3.4-10　图2.3.4-11

图2.3.4-12　图2.3.4-13

11.为方便下一步的选择操作，用“选择”工具（快捷键：V）将鞋子全部选中，暂时把所有形状填充为白色，如图2.3.4-14所示。

12.用“选择”工具（快捷键：V）选中鞋面形状，在工具栏点击“填色”图标，打开“拾色器”窗口，选择需要的蓝色，如图2.3.4-15所示。

13.用同样方法，给其他形状逐一填色，如图2.3.4-16所示。

14.用金属色填充器眼和穿带钉，用黑灰色填充鞋眼中间的孔，如图2.3.4-17所示。

15.鞋子填色完成，全部选中编成组。在菜单栏选择【对象】/【锁定】/【所选对象】（快捷键：Ctrl+2），将其锁定，便于下一步操作，如图2.3.4-18所示。

16.选择“钢笔”工具（快捷键：P），描边颜色设置为“红色”，粗细为1.5pt，勾画车线，如图2.3.4-19所示。

17.选中全部车线并编组，打开“描边”面板，选择“圆头端点”，勾选“虚线”选项，设置虚线参数，如图2.3.4-20所示。

18.车线与鞋带重叠的部分，用“剪刀”工具（快捷键：C）剪断并删除。形成鞋带遮盖车线的效果，如图2.3.4-21所示。

19.最后，把车线颜色改为“黑色”，车线完成，如图2.3.4-22所示。

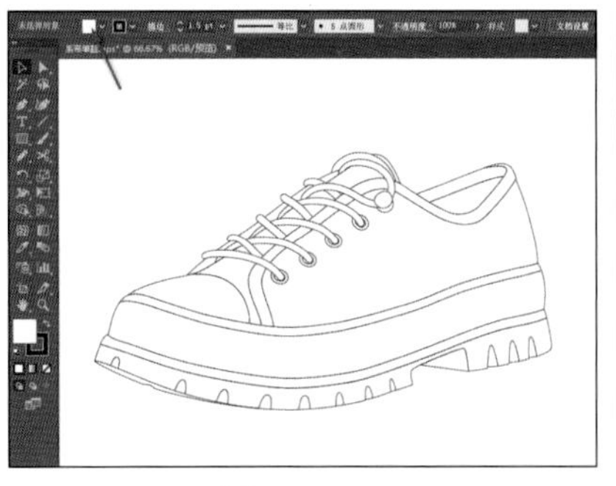

图2.3.4-14

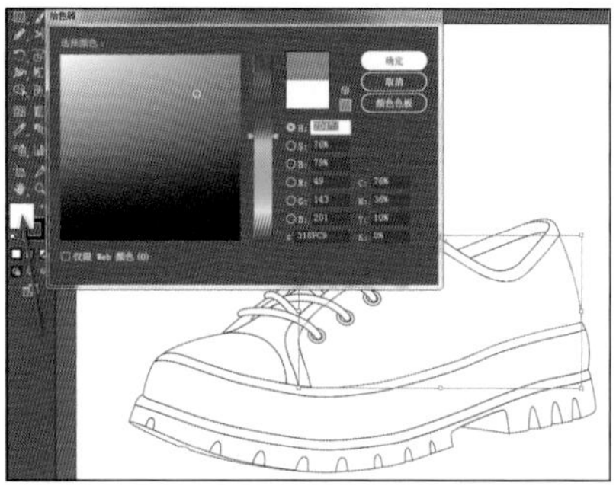

图2.3.4-15

图2.3.4-16

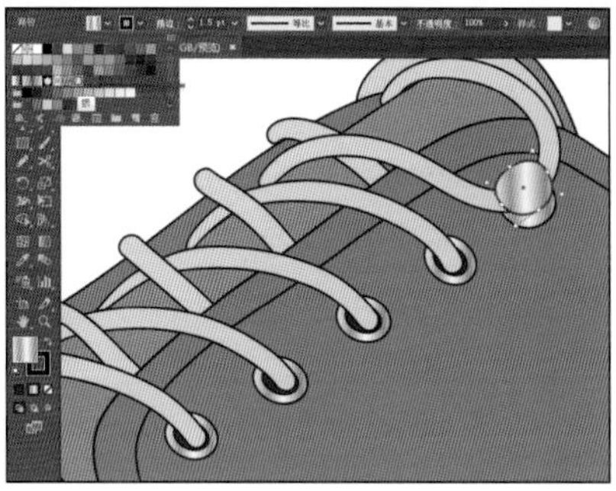

图2.3.4-17

图2.3.4-18

图2.3.4-19

图2.3.4-20

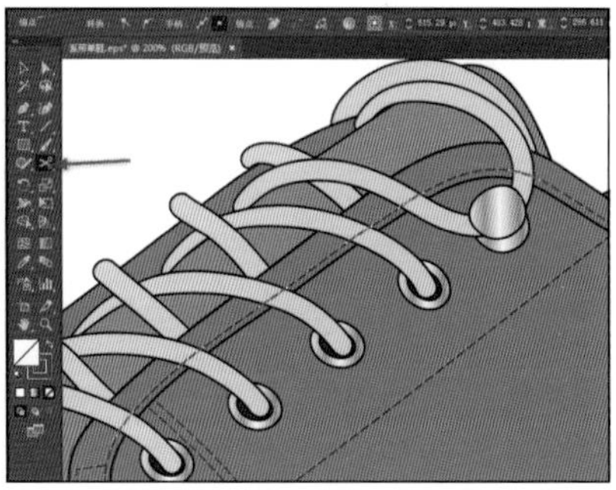

图2.3.4-21

图2.3.4-22

20.在菜单栏选择【对象】/【全部解锁】(快捷键：Alt+Ctrl+2)，解锁之前的锁定。用“直接选择”工具（快捷键：A），选中鞋底需要做纹路部分的形状，如图2.3.4-23所示。

21.在菜单栏选择【编辑】/【复制】(快捷键：Ctrl+C)，再选择【编辑】/【粘贴】(快捷键：Ctrl+V)，得到相同的形状，如图2.3.4-24所示。

22.选择“钢笔”工具（快捷键：P），描边颜色为“黑色”，粗细为10pt，如图所示，在此形状两端画出两段弧线，如图2.3.4-25所示。

23.选中两段弧线，双击“混合工具”图标，在混合选项对话框中，间距选择“指定的步数”，参数设为“30”，如图2.3.4-26所示，最后点击确定。

24.确定后，出现混合工具光标，点击左边一段弧线，再点击右边一段弧线后，混合图形出现，如图2.3.4-27所示。

25.混合图形保持选中状态，在菜单栏选择【对象】/【扩展】，弹出扩展对话框，勾选扩展选项，选择“确定”，如图2.3.4-28和图2.3.4-29所示。

26.继续在菜单栏选择【对象】/【路径】/【轮廓化描边】，混合图形变为可填色的一组形状，如图2.3.4-30所示。

27.用灰色填充，用黑色描边，描边为1.5pt，如图2.3.4-31所示。

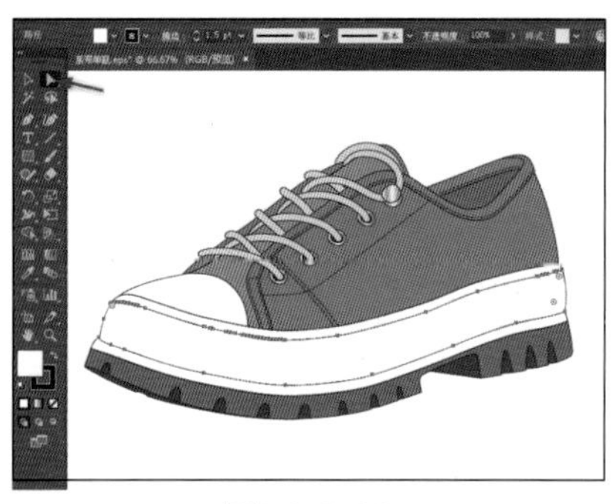

图2.3.4-23

图2.3.4-24

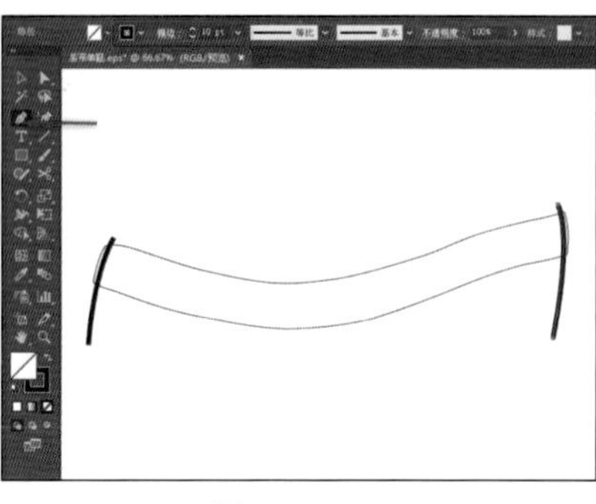

图2.3.4-25

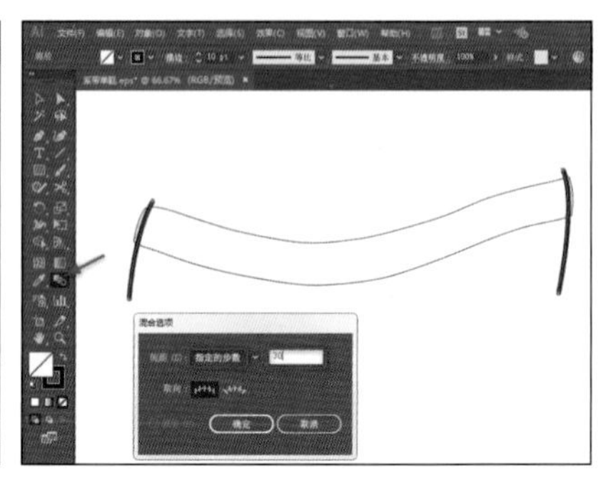

图2.3.4-26

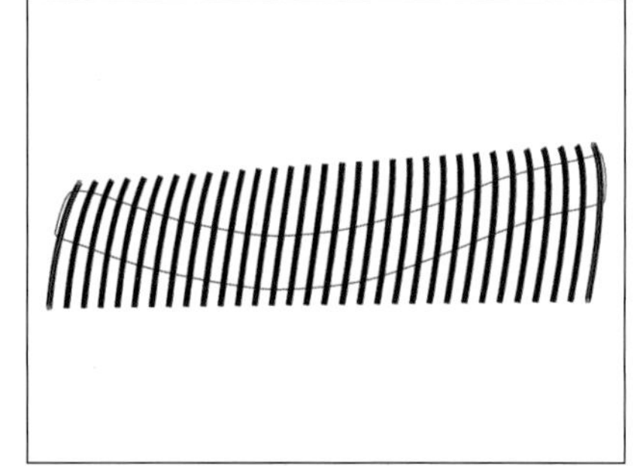

图2.3.4-27

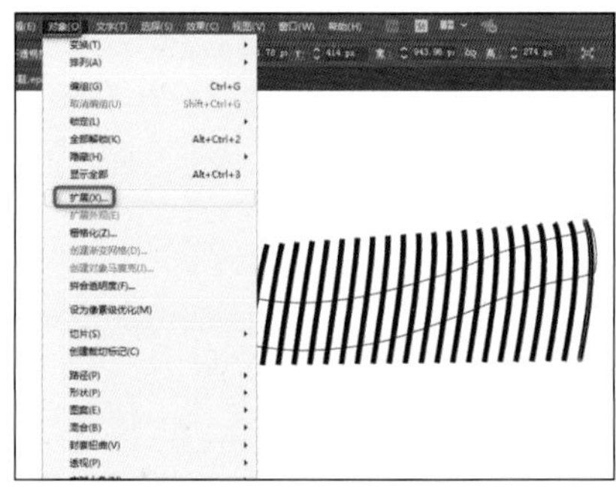

图2.3.4-28

图2.3.4-29

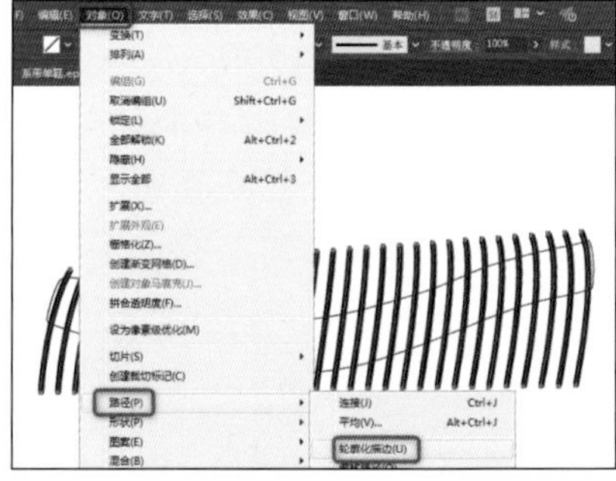

图2.3.4-30

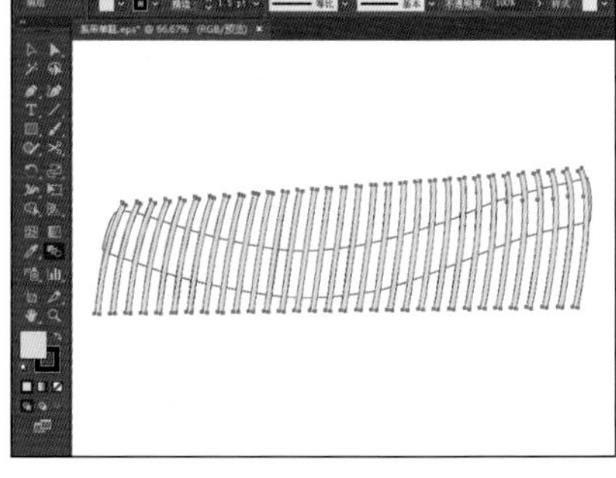

图2.3.4-31

28.继续保持选中状态，点击鼠标右键，选择【排列】/【后移一层】，如图2.3.4-32和图2.3.4-33所示。

29.切换“选择”工具（快捷键：V）。选中两组图形，点击鼠标右键，弹出菜单，选择“建立剪切蒙版”，完成鞋底周边的纹路绘制，如图2.3.4-34和图2.3.4-35所示。

30.最后，把绘制好的纹路图形放置到鞋的相应位置上，鞋子款式图完成，如图2.3.4-36所示。最后将鞋子全选编组。

31.为了让鞋子的外轮廓线清晰，可以将轮廓线加粗处理。选中全部鞋身组，在菜单栏选择【编辑】/【复制】（快捷键：Ctrl+C），如图2.3.4-37所示。

32.继续选择【编辑】/【贴在后面】（快捷键：Ctrl+B），如图2.3.4-38所示。

33.保持选中状态，在属性栏设置填色为无，描边为黑色，粗细为7pt。打开“路径查找器”面板，点击“联集”图标，多次点击，鞋身的轮廓线完成，如图2.3.4-39和图2.3.4-40所示。

34.选中所有形状并编组，系带单鞋绘制完成，如图2.3.4-41所示。

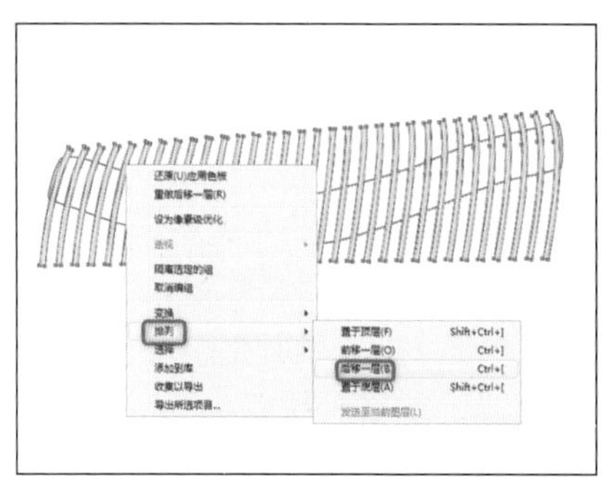

图2.3.4-32

图2.3.4-33

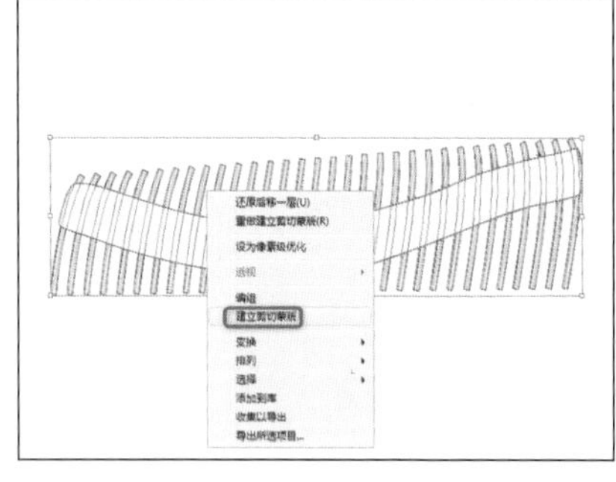

图2.3.4-34

图2.3.4-35

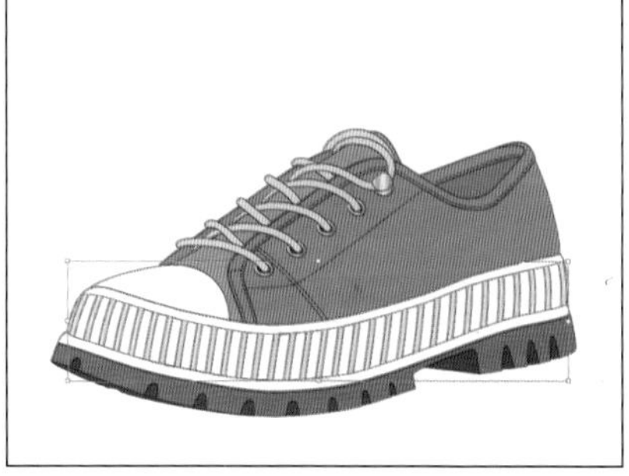

图2.3.4-36

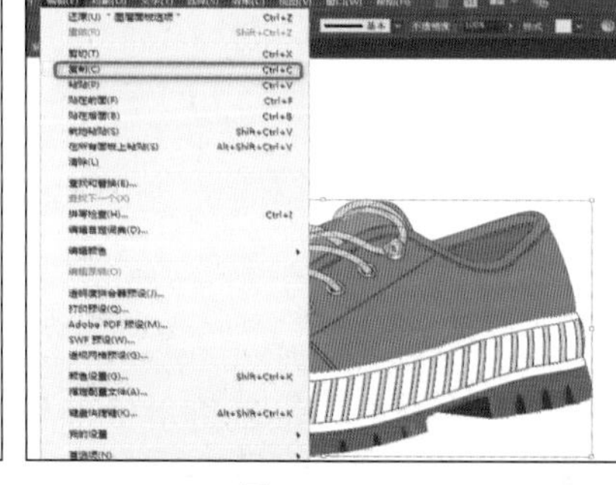

图2.3.4-37

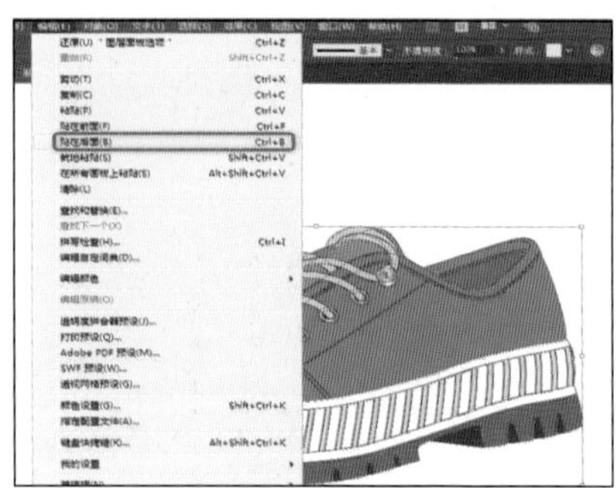

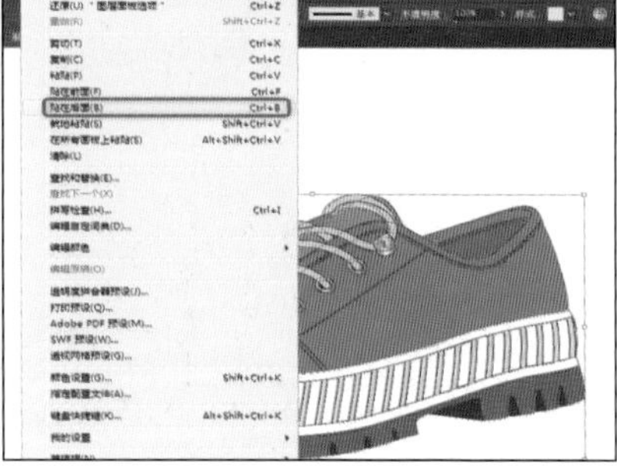

图2.3.4-38

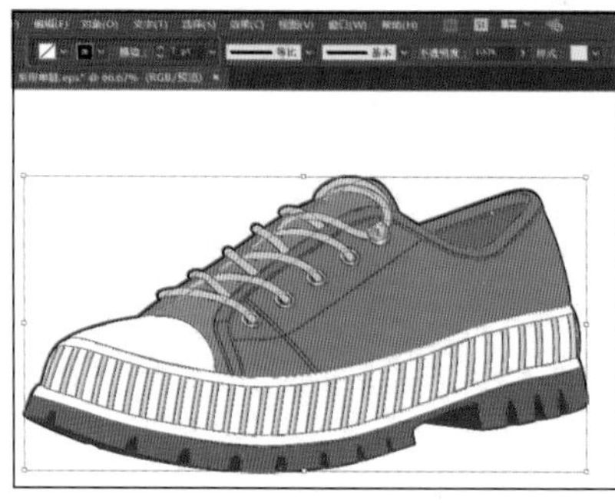

图2.3.4-39

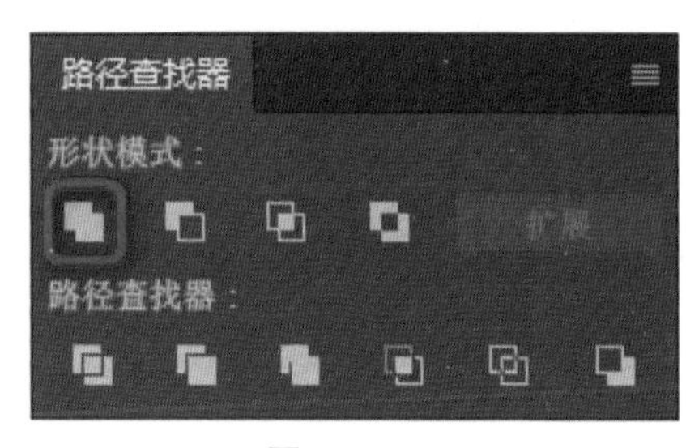

图2.3.4-40

图2.3.4-41

四、学习评价

考核项目	考核标准	分值	得分
结构线稿绘制	绘制方法、粗细设置、线型设置	20%	
填色方法	封闭路径的方法、填色效果	10%	
器眼和穿带钉绘制	造型准确、填色方法正确	15%	
鞋带的穿插与层次	鞋带穿插正确、层次清晰	10%	
鞋边的纹路绘制	混合工具、轮廓化描边和剪切蒙版的使用	20%	
整体效果	结构准确、效果完整	20%	
存储	掌握各种格式存储方法	5%	
合计		100%	

五、巩固训练

图2.3.4–42是我国著名品牌“李宁”运动鞋的图片，图2.3.4–43是产品设计师根据图片用Illustrator软件绘制的矢量图。根据本任务所学的技能，请用Illustrator软件绘制出相同款式的矢量图。

图2.3.4–42

图2.3.4–43

要求：

1. 运动鞋的造型、结构准确。
2. 能清楚地表现每个独立色块的封闭路径绘制方法。
3. 能熟练掌握线条粗细、虚实等不同类型的绘制方法。
4. 绘制完成后，分别存储“.EPS”和“.JPG”两种格式的文件。

项目四：Adobe Illustrator 服装款式表现与拓展设计

项目概述：

服装款式图是指以平面图形特征为表现的、含有细节说明的设计图。服装款式图一方面是服装设计师快速记录创意构思的表达，另一方面在企业生产中起着样图和规范指导的作用。

在服装款式图的绘制中，服装款式要求符合人体比例和结构；服装廓形、款式细节、部件结构表达明确；线条要清晰、流畅、虚实分明；填色自然或面料特征明显。

本项目主要培养学生运用 Illustrator 软件设计绘制各种服装款式图的能力。以所给的每一单品基本款式为基础，学生通过对软件使用方法和软件表现技巧的训练，熟练掌握 Illustrator 软件快速拓展设计表现的方法，为以后从事服装设计工作打下良好的电脑设计、绘图基础。

思维导图：

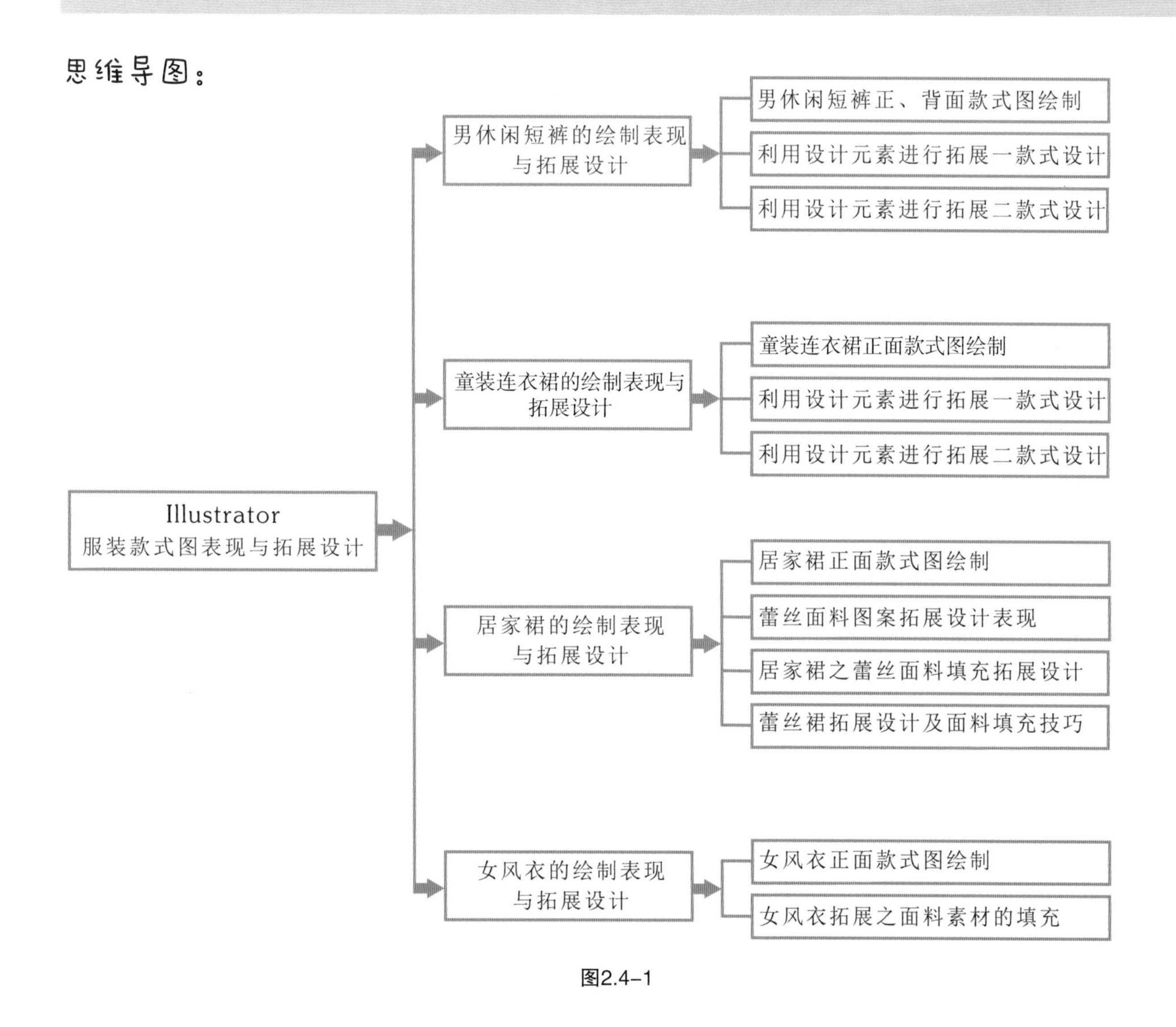

图2.4-1

学习目标：

◆知识目标

（1）掌握Illustrator软件各种工具使用的方法与技巧。
（2）掌握Illustrator软件绘制服装款式图线稿的方法与技巧。
（3）掌握Illustrator软件不同的填色方法与技巧。
（4）掌握Illustrator软件绘制四方连续和二方连续图案的方法。
（5）掌握Illustrator软件面料填充的几种方法。
（6）掌握Illustrator软件利用绘制好的设计元素进行拓展设计的方法。

◆能力目标

（1）培养用Illustrator软件设计、拓展系列男休闲短裤的能力；运用软件表现贴袋、拉链口袋、抽绳、辑压明线的技巧；运用软件绘制拉链的造型和金属色的填充技巧；利用绘制好的元素进行拓展设计的能力。
（2）培养用Illustrator软件设计、拓展系列童连衣裙的能力；运用软件表现面料图案的技巧；运用多种元素体现设计主题的能力。
（3）培养用Illustrator软件设计、拓展居家裙和蕾丝面料绘制和填充的能力；运用软件中“剪切蒙版”和“吸管工具”填充面料的方法；运用绘制好的蕾丝面料素材进行居家裙的拓展设计的能力。
（4）培养用Illustrator软件设计、拓展女风衣及与PS结合填充面料的能力；运用软件表现省道、褶线的粗细线条的方法；两种软件结合使用的能力与技巧。
（5）具备服装设计公司电脑绘图实战操作能力。

◆情感目标

（1）通过服装款式图的电脑绘制和拓展设计的技能培养，引导学生对专业技能的热爱。
（2）通过绘制服装款式造型美、色彩美和面料美，培养学生的审美能力和创新能力。
（3）通过设计公司实际项目的运作，激发学生的学习兴趣，用自己的技能为社会创造价值。
（4）通过培养学生软件的学习兴趣，让学生爱学习、爱专业、爱生活。

任务一：男休闲短裤的绘制表现与拓展设计

一、任务导入

广州市某男装休闲品牌公司计划在明年春夏服装单品中推出休闲短裤系列，根据明年男装流行趋势和设计主题，设计师LIDA提取贴袋、拉链口袋、抽绳、开衩等元素作为这一系列的设计参考。通过相关设计元素的应用去诠释本系列流行元素和品牌风格。要求设计师用电脑绘图软件设计表现出男休闲短裤正、背面款式图。

二、任务要求

1. 用Illustrator软件设计表现款式为男休闲短裤。
2. 用Illustrator软件表现贴袋、拉链口袋、抽绳、缉压明线等。
3. 用Illustrator软件表现拉链的造型和金属色的填充。
4. 用Illustrator软件，以绘制好的男休闲短裤款式图为基础，利用绘制好的元素进行拓展设计两款男休闲短裤。

三、任务实施

设计师LIDA，通过对本季主题、流行元素和品牌风格，确定男休闲短裤为五分裤，基本款式为：正面为贴袋和拉链口袋不对称造型；裤口为开衩和抽绳不对称造型；裤腰为宽腰抽绳结构；背面为育克分割并有拉链口袋作为装饰；整体色彩配以深棕色。拓展的两款休闲短裤主要在贴袋、拉链口袋、抽绳、开衩等元素的组合中进行变化。

设计师通过Illustrator软件准确表达自己的设计思想，通过设计元素的再利用和局部造型的调整快速完成休闲短裤的拓展设计，完成设计任务。

（一）男休闲短裤基础款绘制

1.打开Illustrator软件，在菜单栏选择【文件】/【新建】（快捷键：Ctrl+N），弹出新建文档对话框。文档命名为“男休闲短裤”，文档尺寸为A4，选择“横向”，设置颜色模式和分辨率，创建新文档，如图2.4.1–1所示。

图2.4.1–1

2.选择“铅笔”工具（快捷键：N），设置描边颜色为“黑色”，描边粗细为“1.5pt”，按住“Shift”键，画出直线，这里称为中心线，如图2.4.1–2所示。

3.在中心线右侧，画出男休闲短裤右边的结构线，松紧部分的曲线用“铅笔”工具（快捷键：N）绘制，其余用“钢笔”工具（快捷键：P）绘制。绘制与中心线相交的线条时，应保持与中心线夹角呈90°，保证对称后的左右线条能平滑衔接，如图2.4.1–3所示。

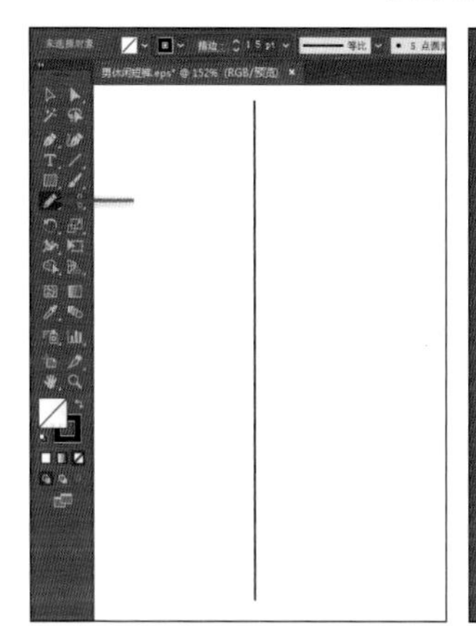
图2.4.1–2

图2.4.1–3

4.用“形状生成器”工具（快捷键：Shift+M），放在需要的区域，显示灰色网状后点击，生成独立的封闭路径形状，如图2.4.1–4所示。

5.用“选择”工具（快捷键：V）选中多出的小线段，按“Delete”键删除。框选全部右侧裤片，点击鼠标右键，弹出菜单，选择“编组”，右侧的结构图完成，如图2.4.1–5所示。

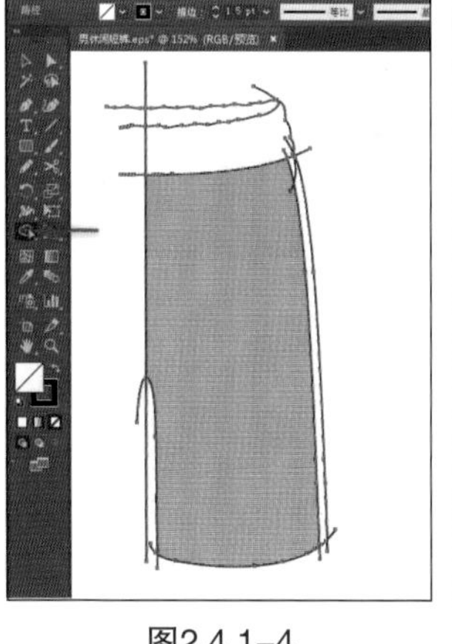
图2.4.1–4

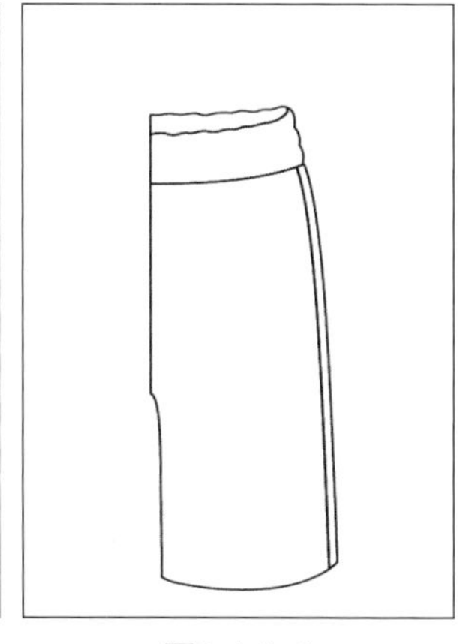
图2.4.1–5

6.保持裤片选中状态，点击鼠标右键，弹出菜单，选择【变换】/【镜像】，如图2.4.1–6所示。打开“镜像”窗口，选择“垂直”，点击“复制”，复制出左侧的结构图，如图2.4.1–7所示。

7.选中左侧的结构图，同时按住“Shift”键向左移动，保持平行，让左右结构图的中心线重叠，如图2.4.1–8和图2.4.1–9所示。

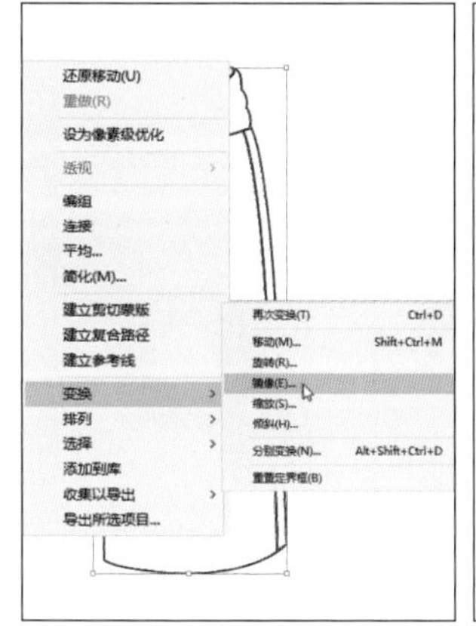

图2.4.1–6

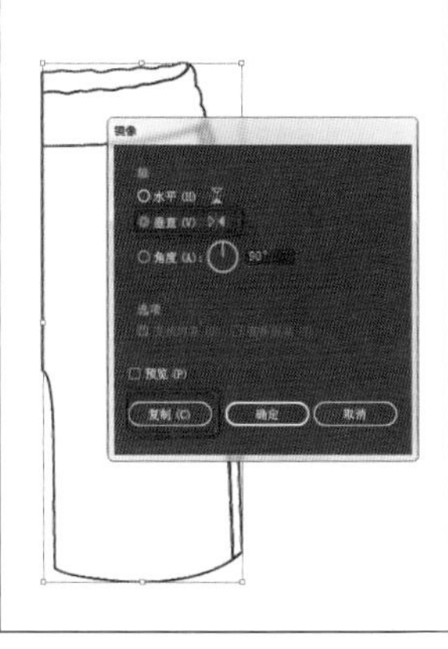

图2.4.1–7

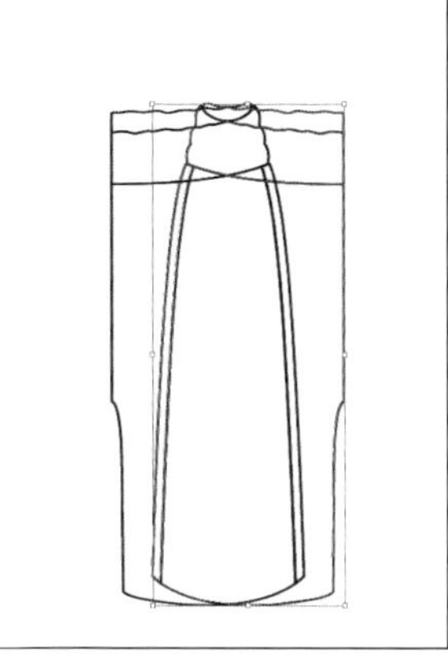
图2.4.1–8

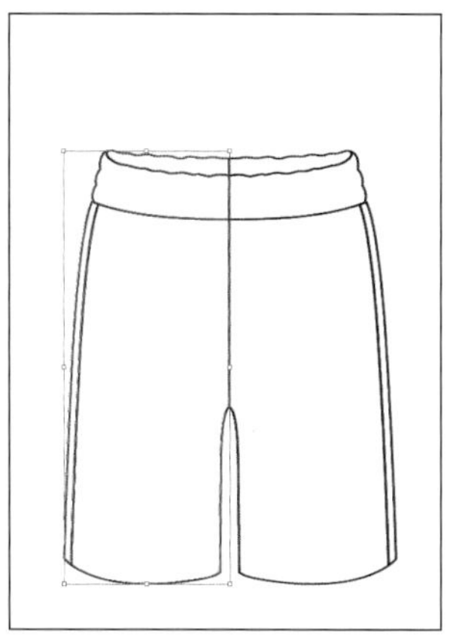
图2.4.1–9

8.选中左右裤片结构图，用“形状生成器”工具（快捷键：Shift+M），在左图中的腰部点击，按住鼠标不松手，向右图拖动，合并左右腰部。同样方法，合并后腰部（如腰的接缝在后中可以不合并），如图2.4.1-10和图2.4.1-11所示。

9.用“钢笔”工具（快捷键：P）绘制出右侧缝线和侧开衩、左侧缝线、左侧口袋和左侧裤腿自然曲线，如图2.4.1-12所示。

10.用“选择”工具（快捷键：V）框选全部图形，点击鼠标右键，弹出菜单，选择“编组”，如图2.4.1-13所示。

11.在工具栏点击“填色”图标，打开“拾色器”窗口，选择需要的颜色，点击确定，如图2.4.1-14和图2.4.1-15所示。

12.画出袋口，并编成组，画出拉链头并编组，如图2.4.1-16和图2.4.1-17所示。

13.把袋口和拉链头放置到裤片合适的位置，如图2.4.1-18所示。

14.选择“椭圆”工具（快捷键：L），在空白处单击，弹出“椭圆”对话框。设置宽度和高度参数为2.8 mm，点击确定，得到小圆，设置描边粗细为“3pt”，如图2.4.1-19和图2.4.1-20所示。

图2.4.1-10

图2.4.1-11

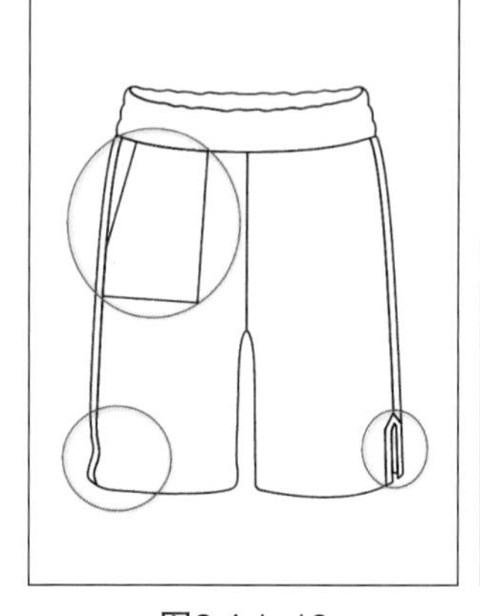

图2.4.1-12

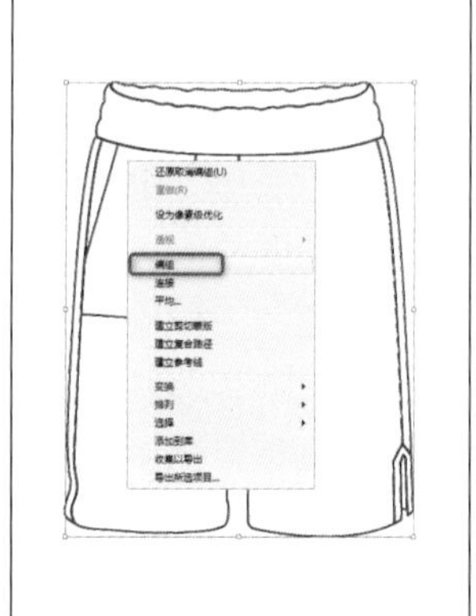

图2.4.1-13

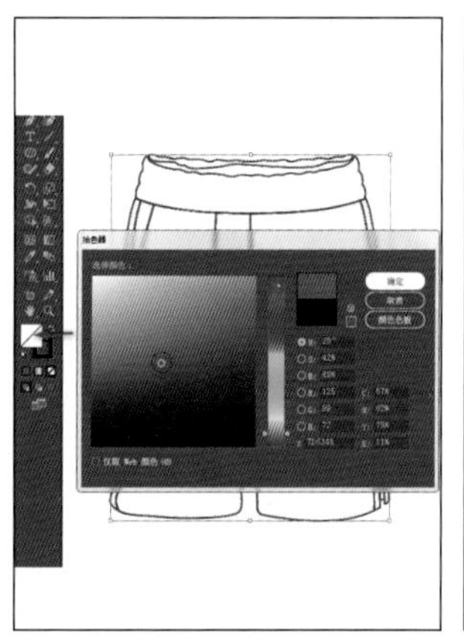

图2.4.1-14

图2.4.1-15

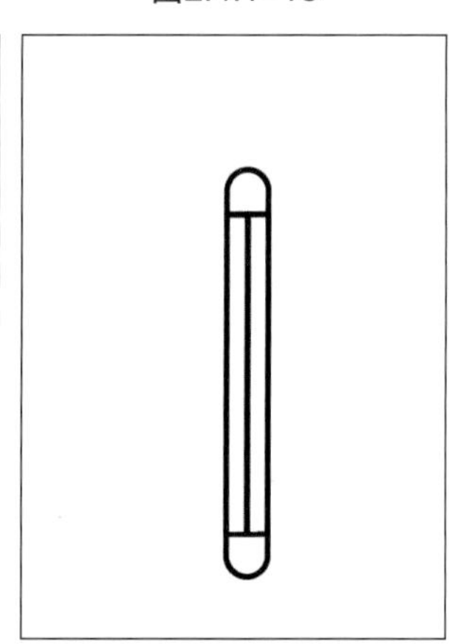

图2.4.1-16

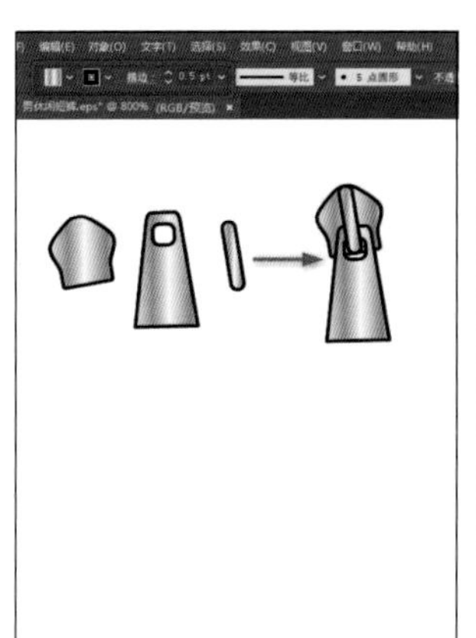

图2.4.1-17

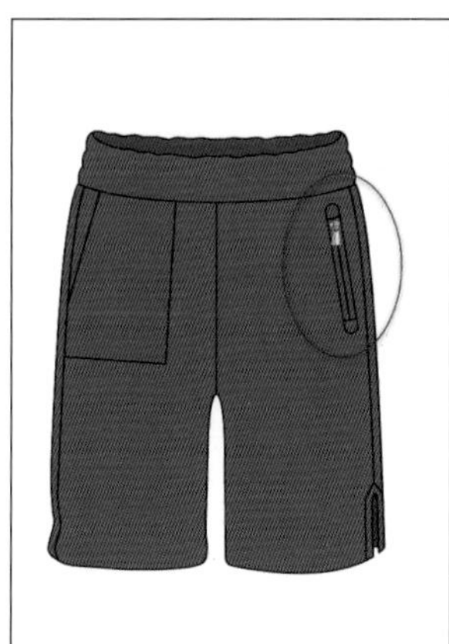

图2.4.1-18

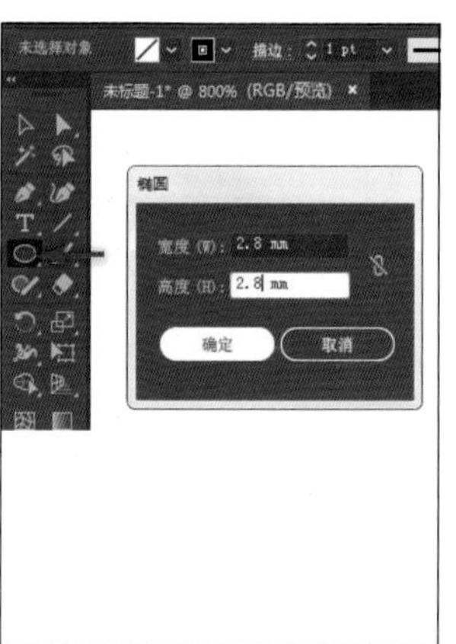

图2.4.1-19

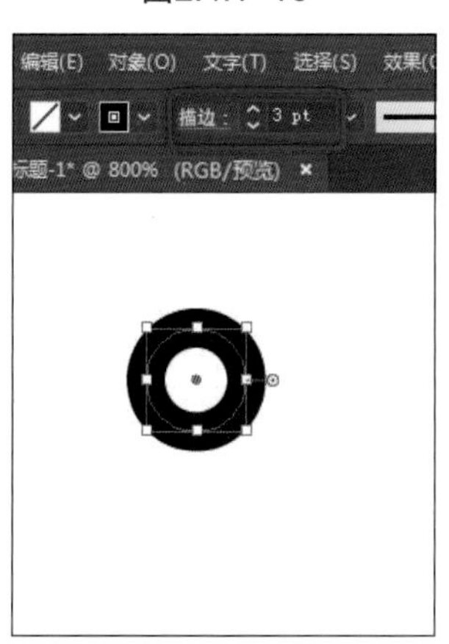

图2.4.1-20

15.保持小圆呈选中状态，在菜单栏选择【对象】/【扩展】，弹出“扩展”对话框，勾选“填充”和“描边”，点击确定，如图2.4.1–21和图2.4.1–22所示。给小圆环填充“银色”，设置描边颜色为“黑色”，描边粗细为“1pt”。穿带子的“器眼”绘制完成，如图2.4.1–23所示。

16.把绘制好的器眼放置到裤腰和脚口合适的位置，如图2.4.1–24所示。

17.以器眼为起点，画一条曲线段。打开描边面板，设置曲线粗细为“5pt”，选择“圆头端点”，如图2.4.1–25所示。

18.曲线段在选中状态下，在菜单栏选择【对象】/【扩展】，弹出“扩展”对话框，勾选“填充”和“描边”，点击确定。扩展后，给曲线填充“浅黑色”，设置描边颜色为“黑色”，描边粗细为“1.5pt”。再画出腰带绳头部分，穿过器眼的右边腰带绘制完成。用同样方法，再画出左边的腰带和脚口抽绳，如图2.4.1–26和图2.4.1–27所示。

19.画出脚口的抽绳锁扣三个部件并组合成锁扣，描边粗细为“0.75pt”。将锁扣放置到合适的位置，如图2.4.1–28和图2.4.1–29所示。

20.选中全部裤片并编组，可称为“前裤片组”，如图2.4.1–30所示。

21.用“铅笔”工具（快捷键：N）绘制波浪明线，用“钢笔”工具（快捷键：P）勾画其他车缉明线（明线用红色标识），然后选中所绘制的明线进行编组，可称为“前明线组”，如图2.4.1–31所示。

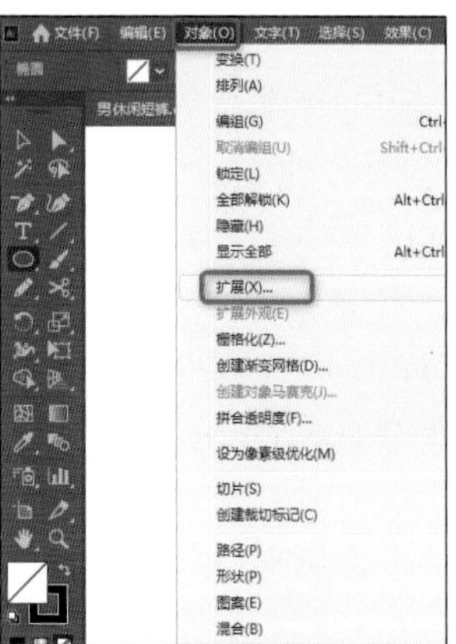

图2.4.1–21

图2.4.1–22

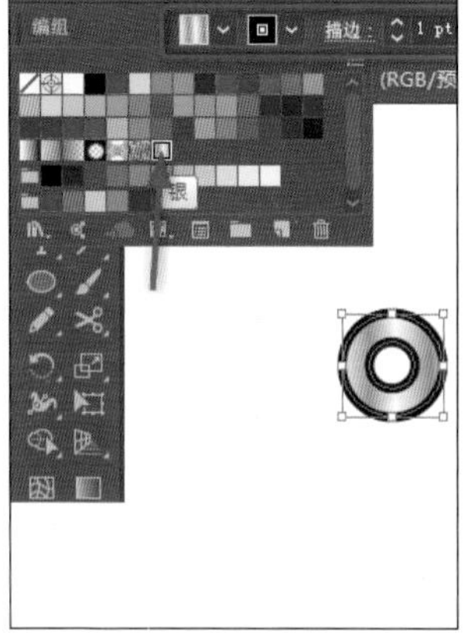
图2.4.1–23

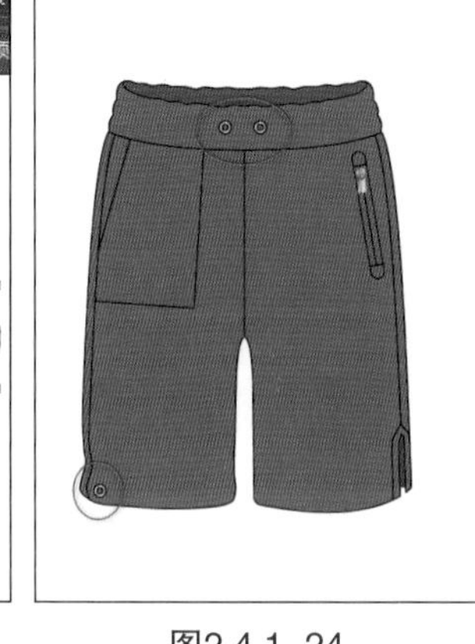
图2.4.1–24

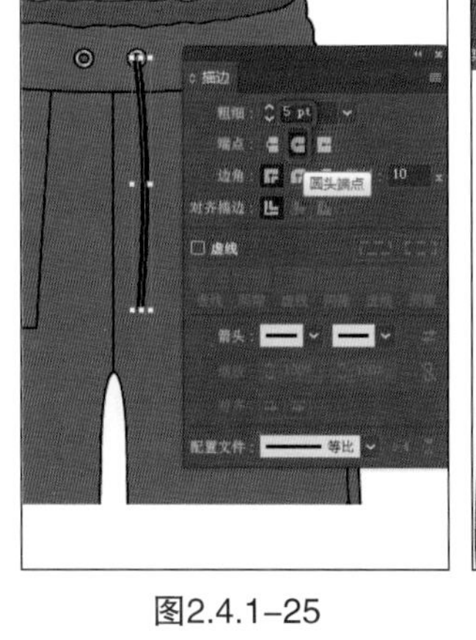
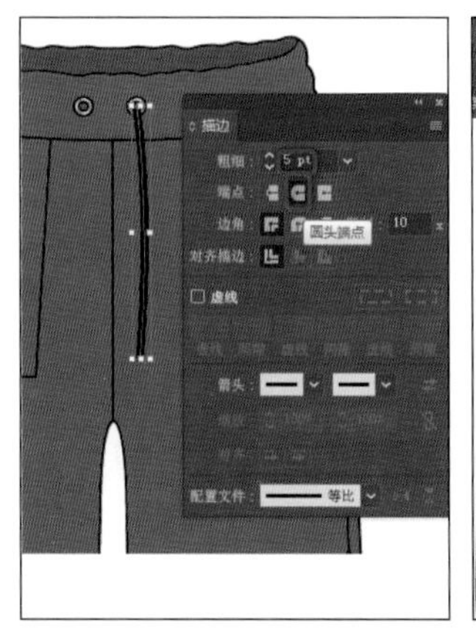
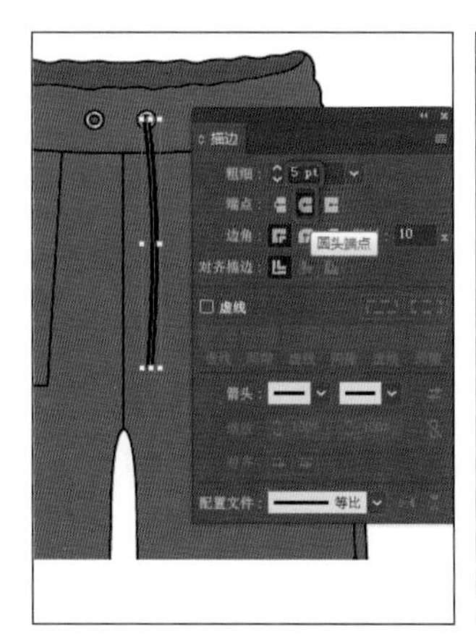
图2.4.1–25

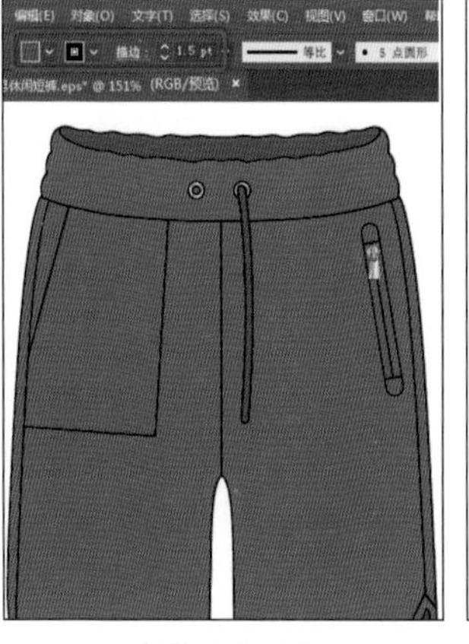
图2.4.1–26

图2.4.1–27

图2.4.1–28

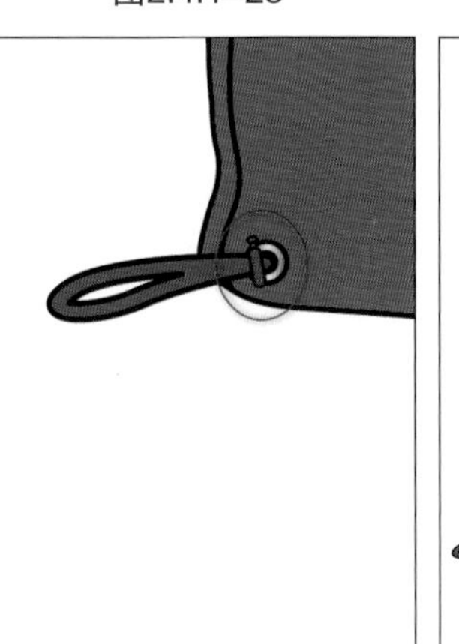
图2.4.1–29

图2.4.1–30

图2.4.1–31

22.打开描边面板，设置明线粗细为“1pt”，选择“圆头端点”，勾选“虚线”选项，设置虚线参数。明线与其他部位重叠的部分，用“剪刀”工具（快捷键：C）剪断并删除，如图2.4.1–32和图2.4.1–33所示。

23.最后，把红色明虚线颜色改为“黑色”，车缉明线绘制完成，如图2.4.1–34所示。

24.用“铅笔”工具（快捷键：N）绘制出红色标识的裤装褶线，然后全部选中并编组，可称为“前褶线组”，如图2.4.1–35所示。

25.将前褶线组全部选中，设置褶线粗细为“1pt”，选择“宽度配置文件1”，不透明度为“90%”。最后，把褶线颜色改为“黑色”，如图2.4.1–36所示。

26.男休闲短裤的正面款式图完成，如图2.4.1–37所示。

27.选中“前裤片组”，点击鼠标右键，弹出菜单，选择【变换】/【镜像】，打开“镜像”窗口，选择“垂直”，点击“复制”，复制出“前裤片组”，如图2.4.1–38所示。

28.用“直接选择”工具（快捷键：A），选中复制的“前裤片组”脚口的抽绳，选择菜单栏【对象】/【隐藏】/【所选对象】（快捷键：Ctrl+3），暂时隐藏抽绳，如图2.4.1–39所示。

29.选中复制的“前裤片组”，打开“路径查找器”面板，点击“联集”，合并所有形状。在属性栏，设置填色为“无”，设置描边颜色为“黑色”，粗细为1.5pt，如图2.4.1–40所示。

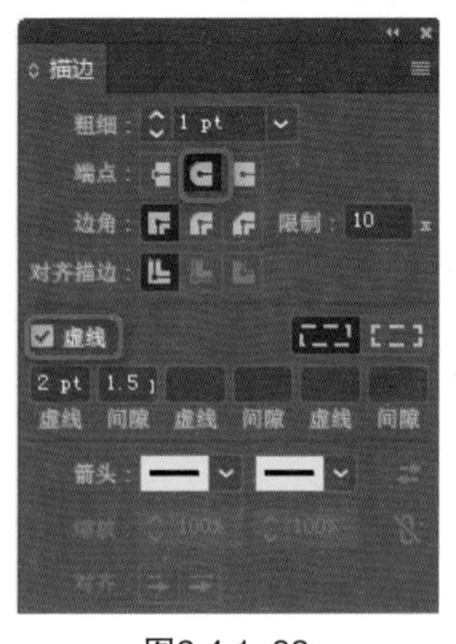

图2.4.1–32

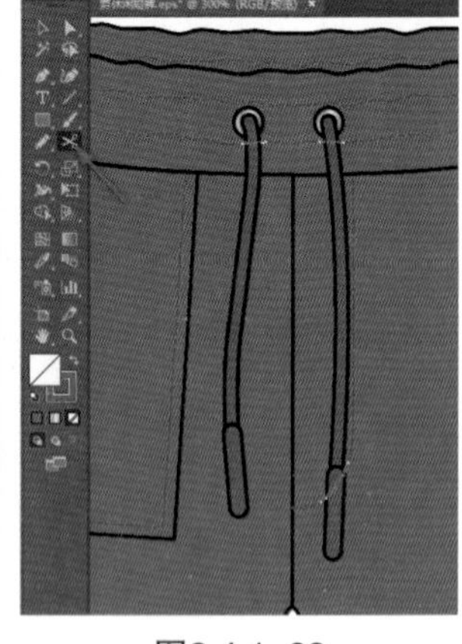

图2.4.1–33

图2.4.1–34

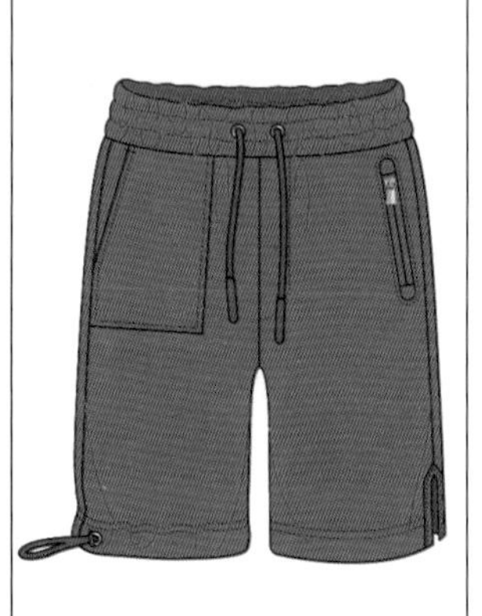

图2.4.1–35

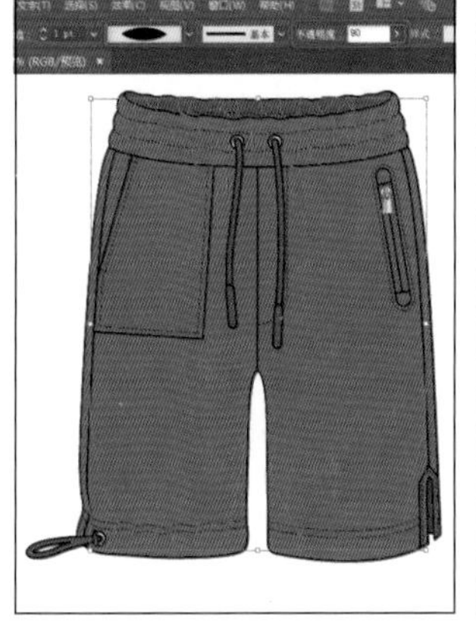

图2.4.1–36

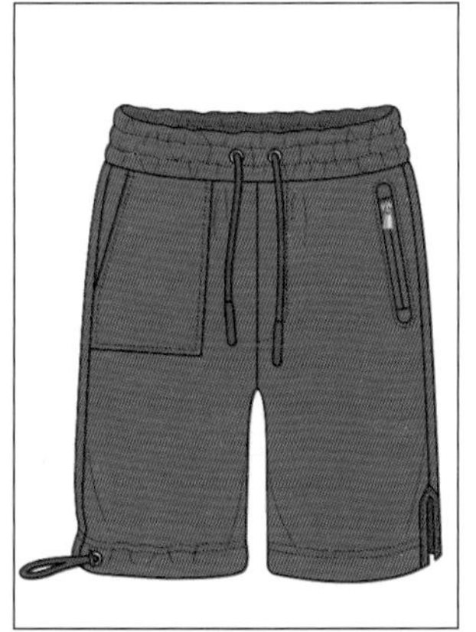

图2.4.1–37

图2.4.1–38

图2.4.1–39

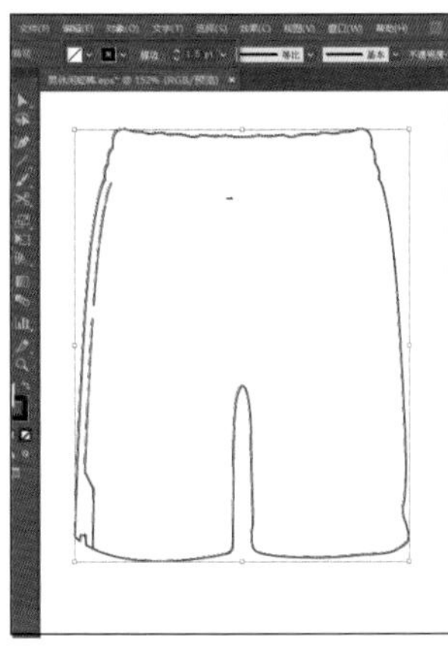

图2.4.1–40

30.用“套索”工具（快捷键：Q），选中多余线条并按“Delete”键删除。脚口开衩处修改成平滑的线条，休闲裤背面的外轮廓完成，如图2.4.1–41所示。

31.用“钢笔”工具（快捷键：P）绘制出中心线、腰线和后片育克分割线，用“形状生成器”工具（快捷键：Shift+M）分割成独立的封闭路径形状，并删除多余的线段，如图2.4.1–42所示。

32.用“钢笔”工具（快捷键：P）绘制出裤后片口袋，如图2.4.1–43所示。

33.选中全部后裤片，用“吸管”工具（快捷键：I），在正面款式图中吸取主要颜色，复制并填充到后裤片相同的颜色，如图2.4.1–44所示。

34.选择菜单栏【对象】/【显示全部】（快捷键：Alt+Ctrl+3），显示脚口抽绳。选中“抽绳”，点击鼠标右键，弹出菜单，选择【排列】/【置于底层】，如图2.4.1–45所示。

35.复制拉链头组，如图所示，改变方向，放置到合适的位置。然后选中全部后片并编组，可称为“后裤片组”，如图2.4.1–46和图2.4.1–47所示。

36.用绘制裤片正面明线的方法绘制后片明线并编组，可称为“后明线组”，如图2.4.1–48所示。

37.用前面相同的方法，画出后片褶线并编组，可称为“后褶线组”，完成短裤背面款式图的绘制，如图2.4.1–49所示。

38.最后，“男休闲短裤”正、背面款式图绘制完成，保存为“男休闲短裤.EPS”，如图2.4.1–50所示。

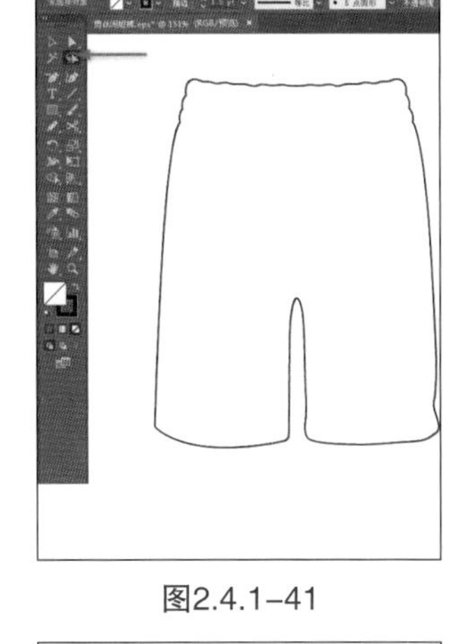

图2.4.1–41

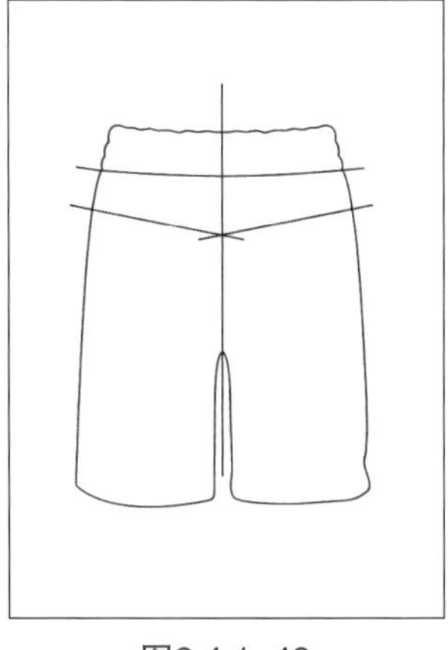

图2.4.1–42

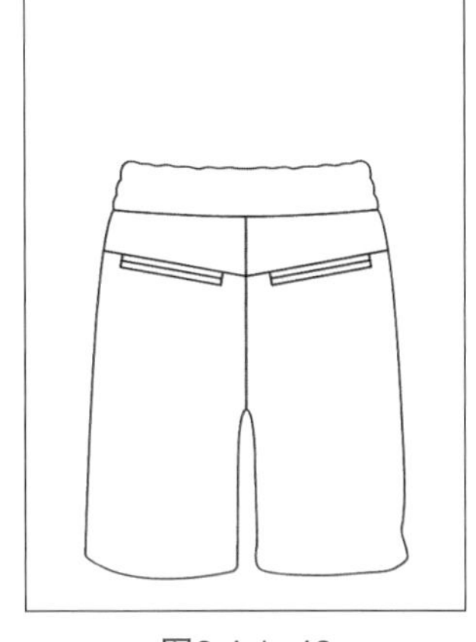

图2.4.1–43

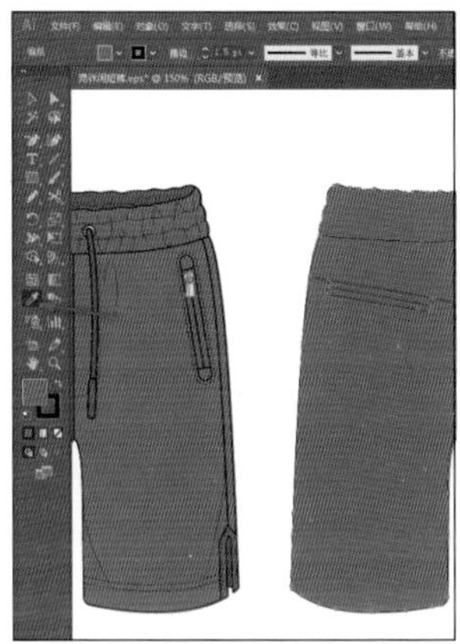

图2.4.1–44

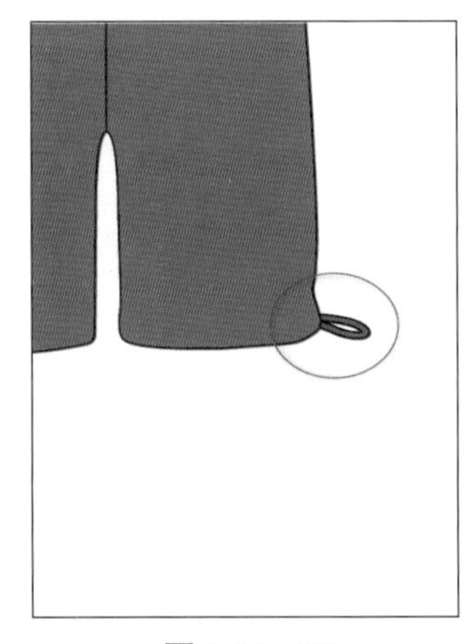

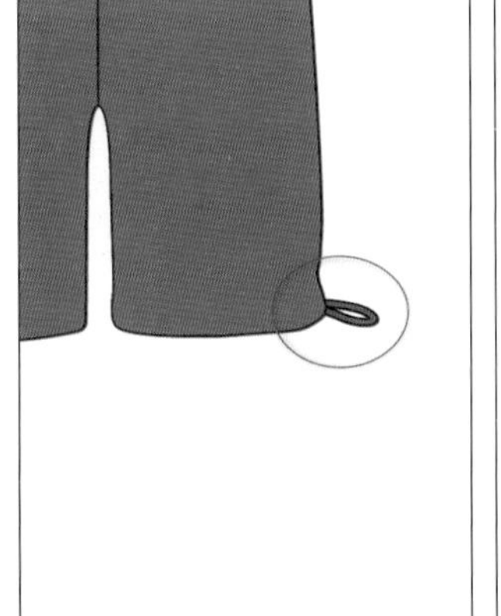

图2.4.1–45

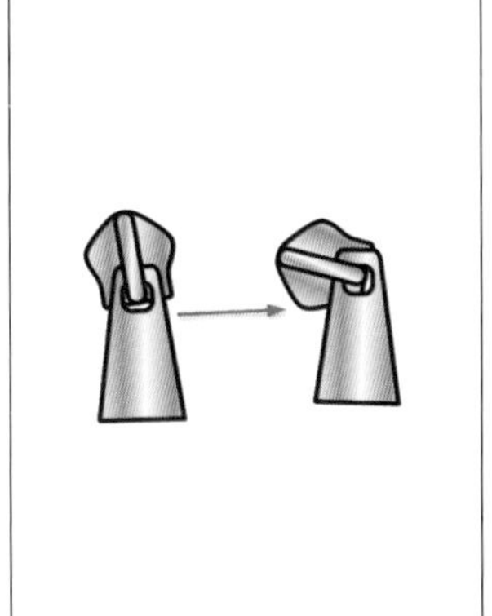

图2.4.1–46

图2.4.1–47

图2.4.1–48

图2.4.1–49

图2.4.1–50

（二）男休闲短裤拓展一的绘制

1.打开Illustrator软件，在菜单栏选择【文件】/【新建】（快捷键：Ctrl+N），弹出新建文档对话框。文档命名为“男休闲短裤拓展1”，文档尺寸为A4，选择“横向”，设置颜色模式和分辨率，创建新文档，如图2.4.1–51所示。

2.打开“男休闲短裤”文档，复制正面款式图到“男休闲短裤拓展1”文档，如图2.4.1–52所示。

3.选中“前明线组”和“前褶线组”，在菜单栏选择【对象】/【隐藏】/【所选对象】（快捷键：Ctrl+3），暂时隐藏，如图2.4.1–53所示。

4.选中“前裤片组”，点击鼠标右键，弹出菜单，选择“取消编组”。选中不需要的红色标识部分，按“Delete”键删除，如图2.4.1–54和图2.4.1–55所示。

5.选中左侧口袋，双击镜像工具图标，打开“镜像”窗口，选择“垂直”，点击“确定”，如图2.4.1–56所示。将镜像后的右口袋保持选中状态，用“选择工具”(快捷键：V）同时按住“shift”键向右移动，平移到合适的位置，如图2.4.1–57所示。

6.选中右侧裤腿所有形状，双击镜像工具图标，打开“镜像”窗口，点击“复制”，如图2.4.1–58所示。将镜像后的左侧裤腿形状保持选中状态，用“选择工具”(快捷键：V）同时按住“shift”键向左移动合适位置，让左、右图的中心线重叠，如图2.4.1–59所示。

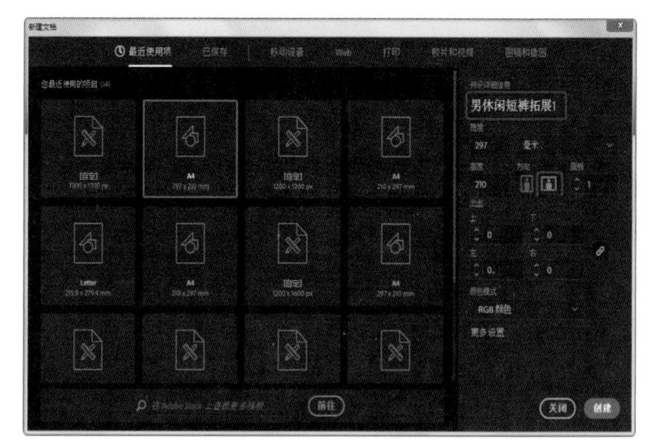

图2.4.1–51

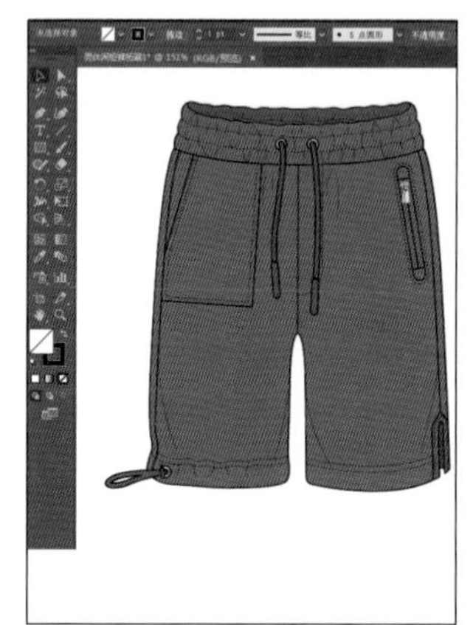

图2.4.1–52

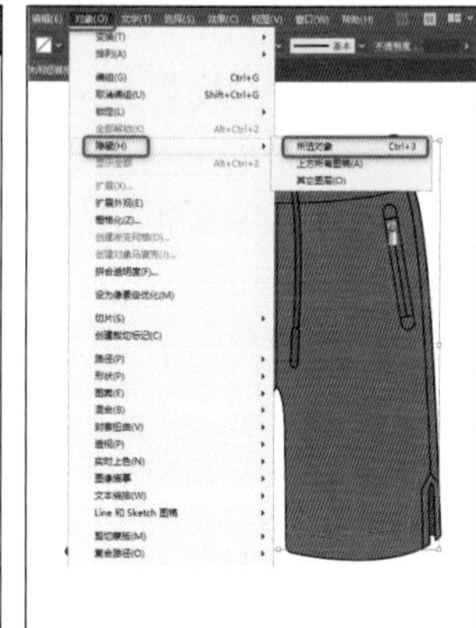

图2.4.1–53

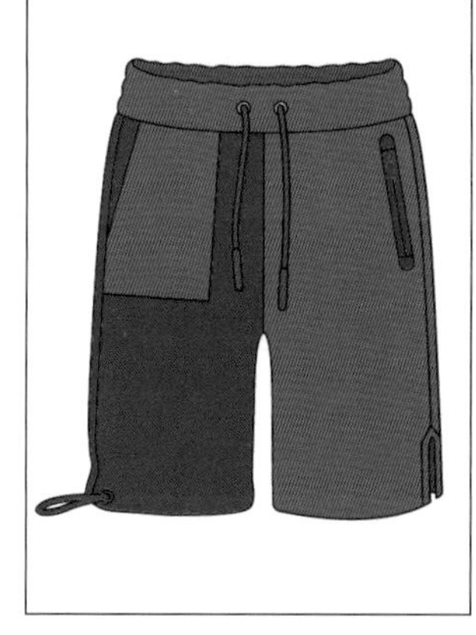

图2.4.1–54

图2.4.1–55

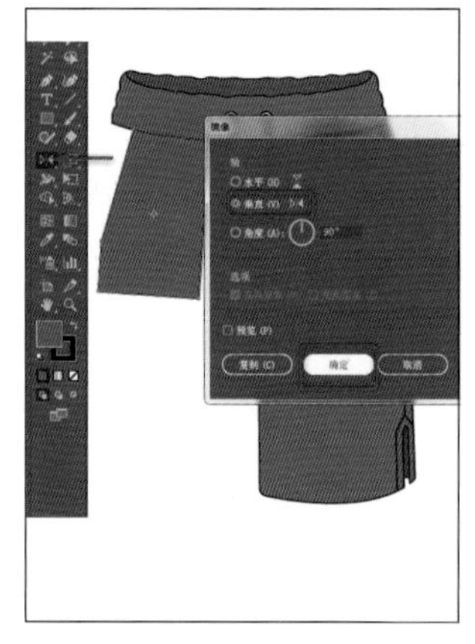

图2.4.1–56

图2.4.1–57

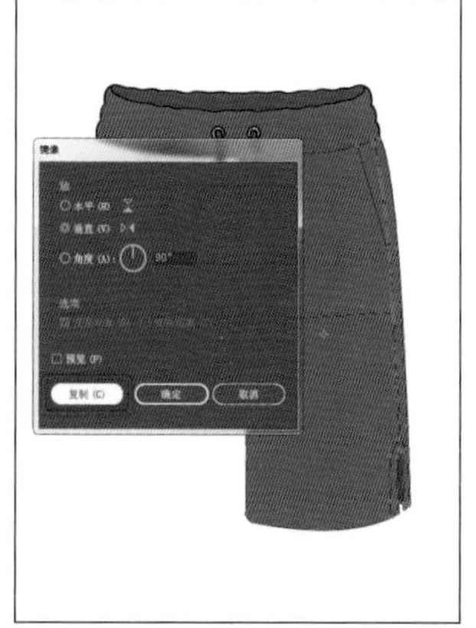

图2.4.1–58

图2.4.1–59

7.选中绘制好的全部图形并编组，如图2.4.1–60所示。

8.在菜单栏选择【对象】/【显示全部】(快捷键：Alt+Ctrl+3)，显示隐藏的对象。将“前褶线组”再次隐藏，选择“前明线组”，点击鼠标右键，选择“取消编组”，选中红色标识不需要的部分，按“Delete”键删除，如图2.4.1–61所示。

9.选中左侧口袋的明线，垂直镜像复制一组，向右平移到合适的位置。同样的方法，垂直镜像复制右裤口的明线到左侧。选中全部明线并编组，如图2.4.1–62和图2.4.1–63所示。

10.显示“前褶线组”，删除左裤脚不需要的褶线。调整腰口红色标识的褶线位置，选中全部褶线并编组，如图2.4.1–64和图2.4.1–65所示。

11.男休闲短裤拓展一的正面款式图完成，如图2.4.1–66所示。

12.从“男休闲短裤”文档复制背面款式图到“男休闲短裤拓展1”文档，如图2.4.1–67所示。

13.隐藏“后明线组”和“后褶线组”。选中“后裤片组”右边红色标识不需要的部分，按“Delete”键删除，如图2.4.1–68所示。

14.用“选择”工具(快捷键：V)选中左侧裤腿(拉链头除外)，打开“路径查找器”面板，点击“联集”，合并所有形状，如图2.4.1–69所示。

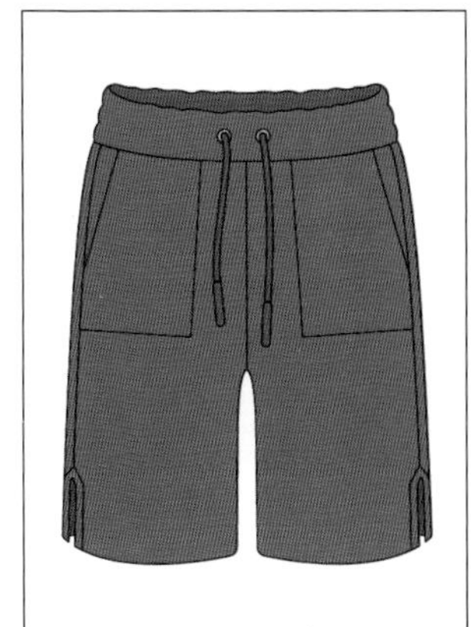

图2.4.1–60

图2.4.1–61

图2.4.1–62

图2.4.1–63

图2.4.1–64

图2.4.1–65

图2.4.1–66

图2.4.1–67

图2.4.1–68

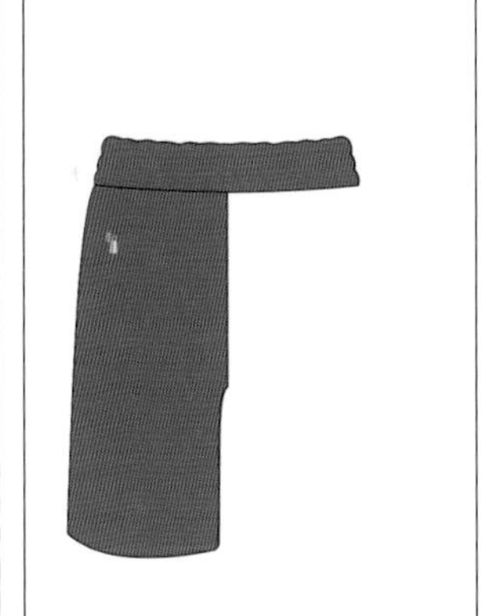

图2.4.1–69

15.从“男休闲短裤”文档复制袋口和明线到左裤片，并放置到合适的位置，如图2.4.1–70所示。

16.用“选择工具”(快捷键：V）选中左侧裤腿所有形状，垂直镜像复制一组，向右平移到合适的位置，如图2.4.1–71所示。

17.选中全部图形并编组，如图2.4.1–72所示。

18.显示“后明线组”，删除红色标识不需要的部分，垂直镜像复制左裤腿口的明线到右侧，选中全部明线并编组，如图2.4.1–73和图2.4.1–74所示。

19.显示“后褶线组”，删除红色不需要的部分，如图2.4.1–75所示。在腰口加上红色标识的褶线，选中全部褶线并编组，完成“男休闲短裤拓展一”的背面款式图，如图2.4.1–76所示。

20.“男休闲短裤拓展一”的正、背面款式图完成，保存为“男休闲短裤拓展1.EPS”，如图2.4.1–77所示。

图2.4.1–70

图2.4.1–71

图2.4.1–72

图2.4.1–73

图2.4.1–74

图2.4.1–75

图2.4.1–76

图2.4.1–77

（三）男休闲短裤拓展二的绘制

1.打开Illustrator软件，在菜单栏选择【文件】【新建】（快捷键：Ctrl+N），弹出新建文档对话框。文档命名为“男休闲短裤拓展2”，文档尺寸为A4，选择“横向”，设置颜色模式和分辨率，创建新文档，如图2.4.1–78所示。

2.打开“男休闲短裤”文档，复制正面款式图到“男休闲短裤拓展2”文档，并隐藏“前明线组”和“前褶线组”，如图2.4.1–79所示。

3.选中“前裤片组”右裤片、腰头器眼和抽绳，按“Delete”键删除，如图2.4.1–80所示。

4.用“选择”工具（快捷键：V）选中左侧裤腿和口袋，打开“路径查找器”面板，点击“联集”，合并所有形状，如图2.4.1–81和图2.4.1–82所示。

5.选中右侧袋口和拉链头，在“镜像”窗口，选择“垂直”并确定，改变袋口和拉链头方向后，用“选择”工具（快捷键：V）向左平移到合适的位置，如图2.4.1–83所示。

6.选中左侧裤腿所有形状，在“镜像”窗口，选择“垂直”并“复制”，向右平移到合适的位置，如图2.4.1–84所示。

7.按照本任务绘制抽绳的方法，画出腰部抽绳的形状，如图2.4.1–85所示。

8.选中全部图形并编组，显示“前明线组”，删除不需要的部分，如图2.4.1–86所示。

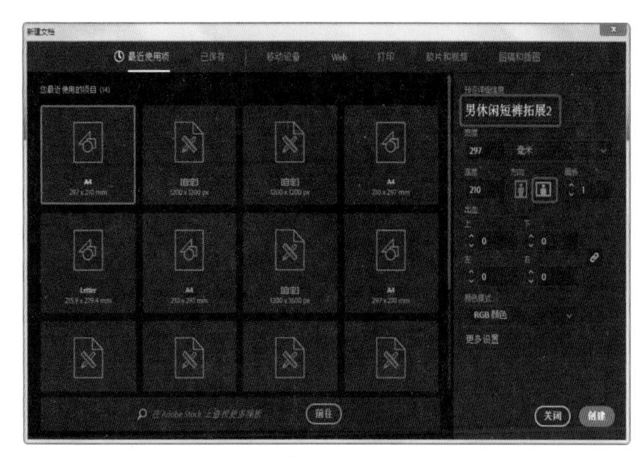

图2.4.1–78

图2.4.1–79

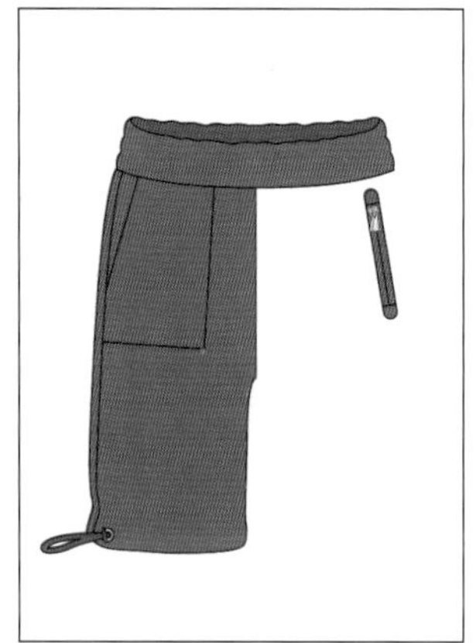

图2.4.1–80

图2.4.1–81

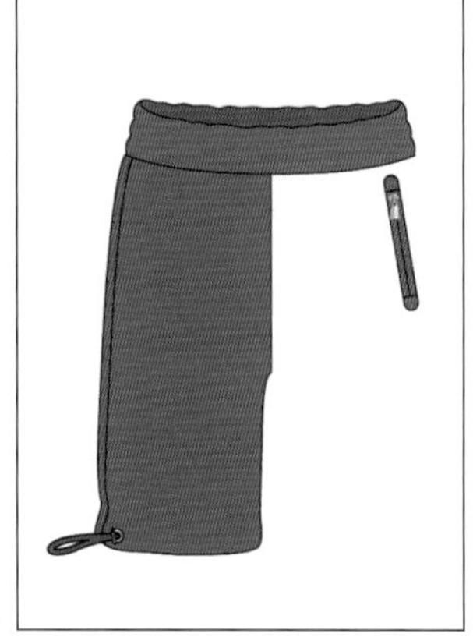

图2.4.1–82

图2.4.1–83

图2.4.1–84

图2.4.1–85

图2.4.1–86

9.选中裤子门襟处断开的两段明线，点击鼠标右键，弹出菜单，选择“连接”，再用“平滑”工具来平滑这段明线，如图2.4.1–87和图2.4.1–88所示。

10.在“镜像”窗口，选择“垂直”并“复制”袋口和裤腿口的明线到另一侧，然后选中全部明线并编组，如图2.4.1–89所示。

11.显示“前褶线组”，保留左裤口褶线，删除不需要的褶线，如图2.4.1–90所示。

12.在“镜像”窗口，选择“垂直”并“复制”左裤口的褶线到另一侧，如图2.4.1–91所示。

13.用“铅笔”工具（快捷键：N）绘制出红色标识的裤装褶线，然后与裤口褶线一起全部选中并编组，如图2.4.1–92所示。

14.男休闲短裤拓展二的正面款式图绘制完成，如图2.4.1–93所示。

15.从“男休闲短裤”文档复制背面款式图到“男休闲短裤拓展2”文档，如图2.4.1–94所示。

16.隐藏“后明线组”和“后褶线组”，删除“后裤片组”不需要的部分，如图2.4.1–95所示。

17.合并右侧除抽绳以外裤腿所有形状，如图2.4.1–96所示。

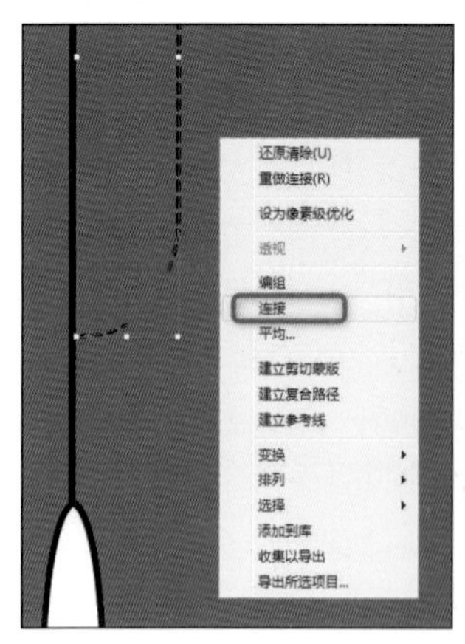

图2.4.1–87

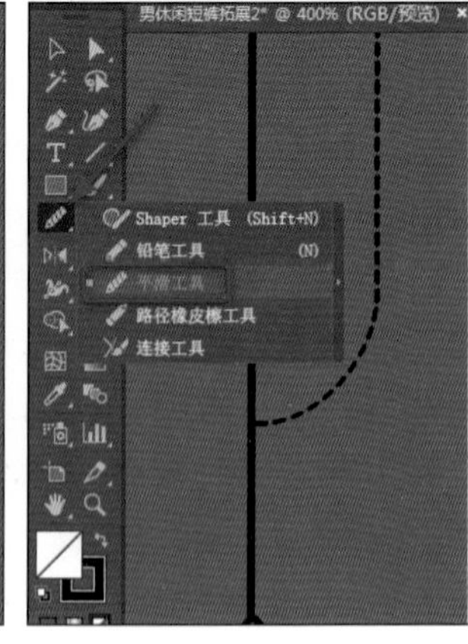

图2.4.1–88

图2.4.1–89

图2.4.1–90

图2.4.1–91

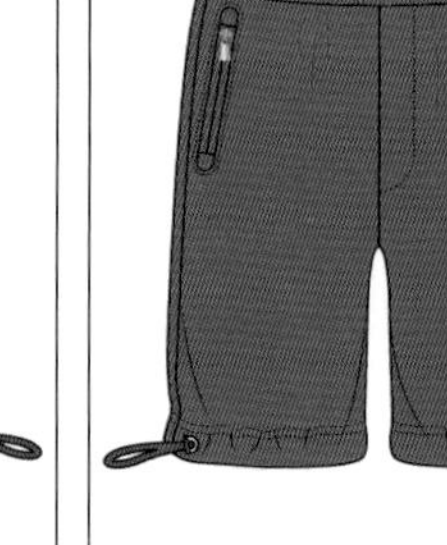

图2.4.1–92

图2.4.1–93

图2.4.1–94

图2.4.1–95

图2.4.1–96

18.用“钢笔”工具（快捷键：P）画出后口袋造型，然后选中右侧裤腿所有形状，在“镜像”窗口，选择“垂直”并“复制”，向左平移到合适的位置，如图2.4.1–97所示。

19.选择正面款式图中的腰部抽带形状，垂直镜像复制后，放置到背面款式图的合适位置，全部选中并编组，如图2.4.1–98所示。

20.显示“后明线组”，删除不需要的部分，用红色标识画出后口袋的明线，如图2.4.1–99所示。选中右侧所有明线，垂直镜像复制到左侧，如图2.4.1–100所示。选中全部明线并编组，如图2.4.1–101所示。

21.显示“后褶线组”，删除不需要的部分，垂直镜像复制裤腿口的褶线到另一侧，如图2.4.1–102所示。

22.再将正面腰头褶线复制到后面腰头，并在腰口下添加褶线，选中全部褶线并编组，完成“男休闲短裤拓展二”的背面款式图，如图2.4.1–103所示。

23.“男休闲短裤拓展二”的正、背面款式图完成，保存为“男休闲短裤拓展2.EPS”，如图2.4.1–104所示。

图2.4.1–97

图2.4.1–98

图2.4.1–99

图2.4.1–100

图2.4.1–101

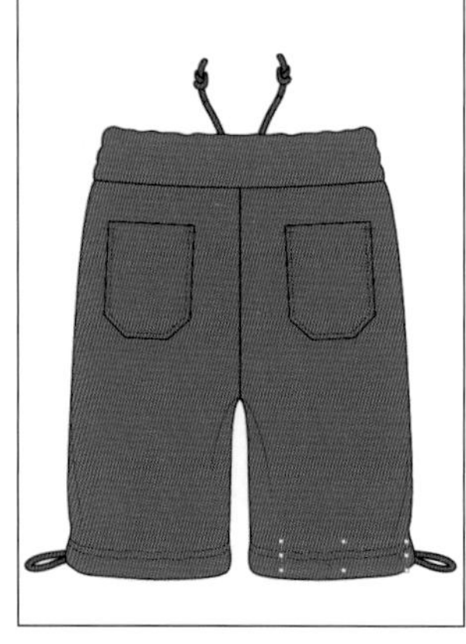

图2.4.1–102

图2.4.1–103

图2.4.1–104

（四）男休闲短裤拓展设计展示

如图2.4.1–105所示。

图2.4.1–105

四、学习评价

考核项目	考核标准	分值	得分
短裤线稿绘制	绘制方法、粗细设置	15%	
拉链头和抽绳的绘制	拉链头和抽绳绘制准确	15%	
褶线和明线的绘制	掌握褶线和明线绘制方法	15%	
拓展款式一设计	运用已有设计元素进行第二款设计	20%	
拓展款式二设计	运用已有设计元素进行第三款设计	20%	
整体效果	绘制完整，拓展效果统一	10%	
存储	掌握各种格式存储方法	5%	
合计		100%	

五、巩固训练

图2.4.1–106是一款“无袖运动服”款式图，根据本任务所学的技能，用Illustrator软件绘制出“无袖运动服”的矢量图并配色。根据“无袖运动服”的设计元素再拓展设计两款运动服，用Illustrator软件绘制出拓展运动服的款式图。

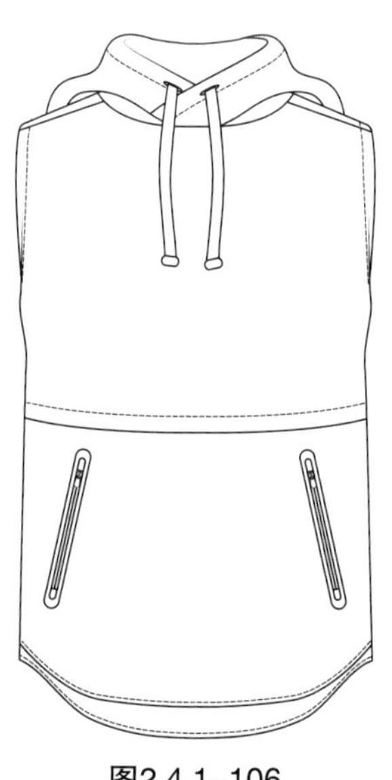

图2.4.1–106

要求：

1. 拓展运动服的造型、结构准确，色彩搭配合理，系列感强。
2. 能将每个设计元素与拓展的服装款式结合起来。
3. 软件使用熟练，快速绘图能力强。
4. 绘制完成后，分别存储“.EPS”和“.JPG”两种格式的文件。

任务二：童装连衣裙的绘制表现与拓展设计

一、任务导入

上海市XX童装设计有限公司计划在2021年的服装单品中推出夏季儿童装连衣裙系列，“重塑复古”是这一系列的主题。设计师晓云根据服装品牌风格、设计主题和流行趋势，提出用体现“重塑复古”主题的相关设计元素去诠释本系列流行趋势和文化内涵。设计图要求用电脑绘图软件表现出系列连衣裙的款式图。

二、任务要求

1. 用Illustrator软件设计表现款式为6 ~ 12周岁女童装连衣裙。

2. 用Illustrator软件表现面料图案，根据主题，面料图案为格子。

3. 要求运用抽褶、蝴蝶结、格子图案并配以复古的色彩等元素体现设计主题，用Illustrator软件绘制设计儿童装连衣裙款式图。

4. 用Illustrator软件，以绘制好的儿童装连衣裙款式图为基础拓展设计两款新连衣裙。

三、任务实施

设计师晓云通过对本季主题、流行元素和品牌风格，确定童装连衣裙基本款式：腰节有横向分割的短袖连衣裙；领子为双层双色翻领，领口有圆形开口并系扎蝴蝶结；裙子底摆和袖口加抽褶；面料以复古色调的格子图案织物为主，在胸部分割处和上层领子配以白色。拓展的两款连衣裙主要在领型、领开口、袖子、裙底摆和蝴蝶结的位置上进行变化。

设计师通过Illustrator软件准确表达自己的设计思想，通过调整局部的设计元素快速完成连衣裙的拓展设计，完成设计任务。

（一）童装连衣裙线稿绘制

1.打开Illustrator软件，在菜单栏选择【文件】/【新建】(快捷键：Ctrl+N)，弹出新建文档对话框。文档命名为“线稿”，文档尺寸设置为A4，颜色模式为“RGB颜色”，创建新文档，如图2.4.2-1所示。

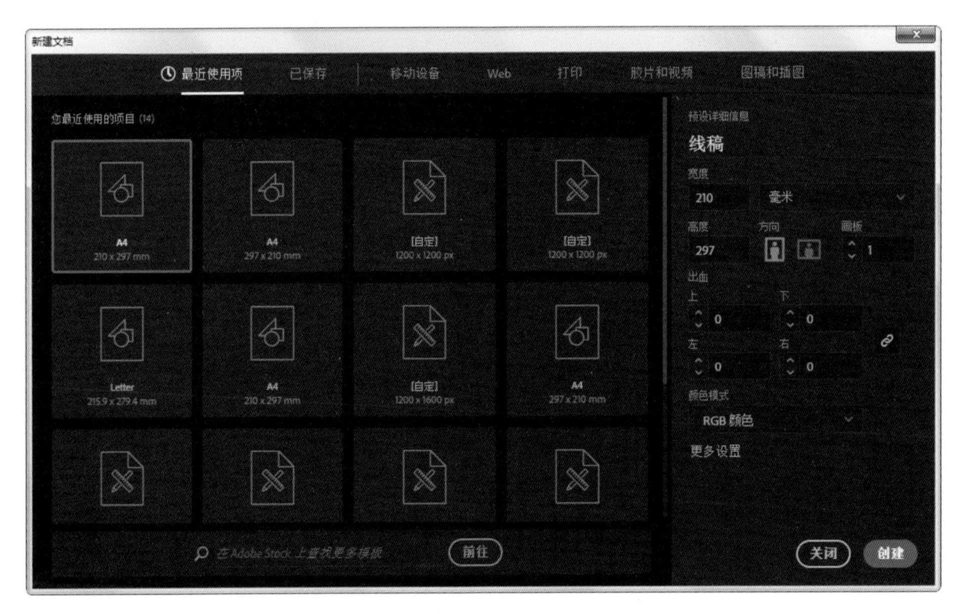

图2.4.2-1

2.选择“钢笔”工具（快捷键：P），设置描边颜色为黑色，描边粗细为1.5pt。在画板上画第一个锚点，按住“Shift”键，再画第二个锚点，画出垂直线，这里称中心线，如图2.4.2-2所示。

3.用“钢笔”工具（快捷键：P），在中心线右侧（或左侧），画出女童装连衣裙右半身（或左半身）的款式图。用“形状生成器”工具绘制成封闭路径，注意所有路径必须是独立的，便于填色，如图2.4.2-3所示。

4.删除中心线左边不需要的线段。用“选择”工具（快捷键：V）框选连衣裙右半身款式图，点击鼠标右键，弹出菜单，选择“编组”，如图2.4.2-4所示。

5.保持选中状态，点击鼠标右键，弹出菜单，选择【变换】/【镜像】，如图2.4.2-5所示。

6.打开“镜像”窗口，选择“垂直”，点击“复制”，如图2.4.2-6所示。

7.复制出左半身的款式图，如图2.4.2-7所示。

图2.4.2-2

图2.4.2-3

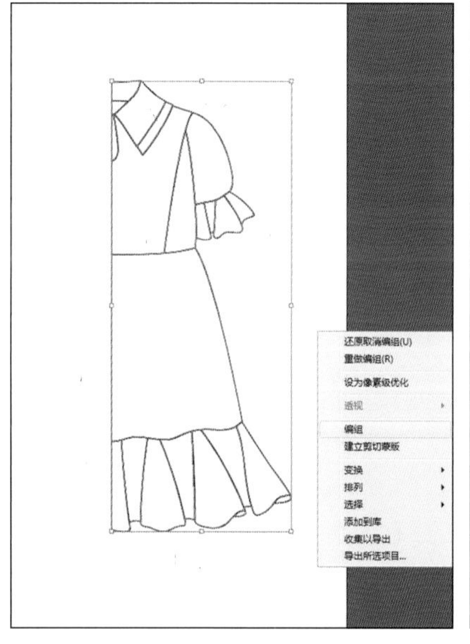

图2.4.2-4

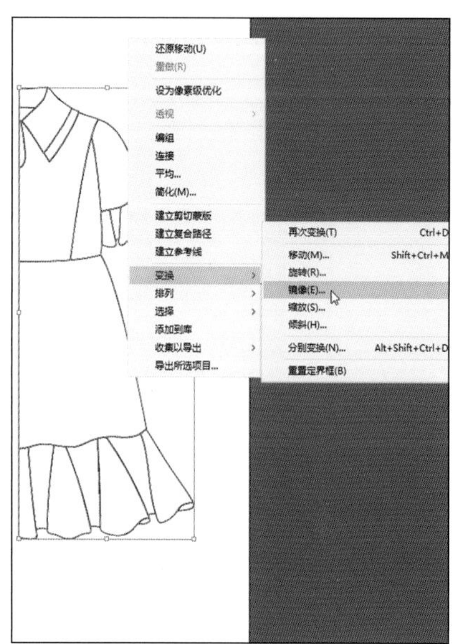

图2.4.2-5

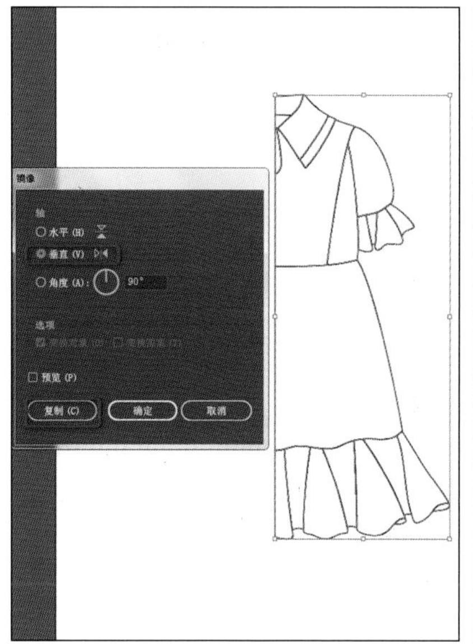

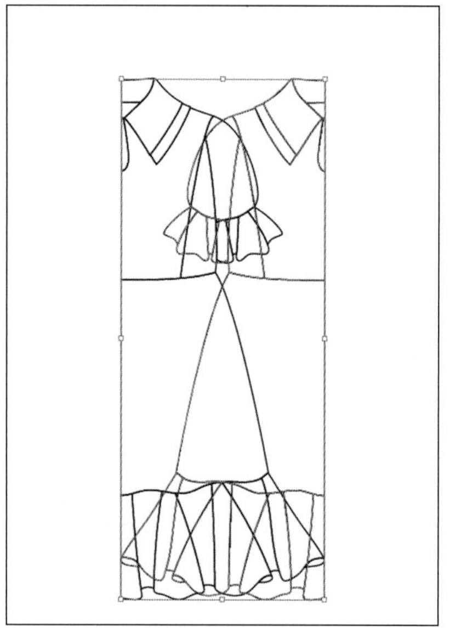

图2.4.2-6

图2.4.2-7

8.用“选择”工具（快捷键：V）选中左半身款式图，按住“Shift”键向左移动，平移到合适位置，让左右款式图的中心线重叠，如图2.4.2–8所示。

9.同时选中款式图左右两边，找出需要合并的形状，用“形状生成器”工具（快捷键：Shift+M），在左图中点击，按住鼠标向右图拖动，合并形状，如图2.4.2–9所示。

10.框选所有童装连衣裙线稿，对童装连衣裙衣身进行编组，如图2.4.2–10所示。

11.用“钢笔”工具（快捷键：P）画出蝴蝶结的形状，完成后编组，如图2.4.2–11所示。

12. 把蝴蝶结填充白色，调整到相应位置，如图2.4.2–12所示。

13. 选择“铅笔”工具（快捷键：N），设置描边颜色为“黑色”，描边粗细为“1.5pt”，变量宽度配置文件选择“宽度配置文件1”，不透明度为“70%”，画裙子的褶线，如图2.4.2–13所示。

14.绘制裙子的褶线时，包括袖口、裙身、荷叶边的衣褶等。褶线可以左右不对称，根据表现需要，自由勾画。完成后，所有

图2.4.2–8

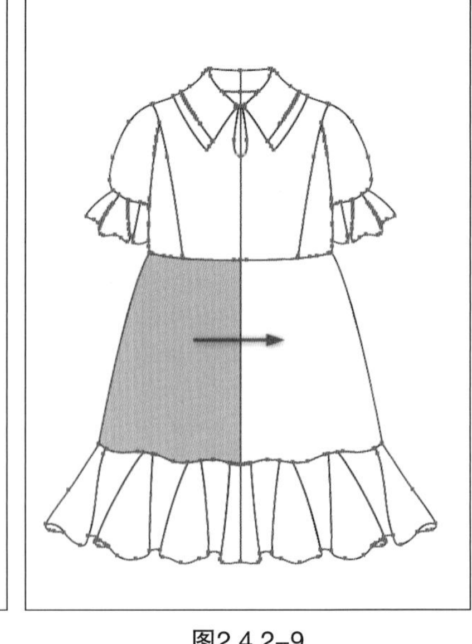

图2.4.2–9

图2.4.2–10

图2.4.2–11

图2.4.2–12

图2.4.2–13

图2.4.2–14

褶线编组。童装连衣裙的线稿完成并保存为“童装连衣裙.EPS”格式，如图2.4.2-14所示。

（二）格子图案绘制

1.在菜单栏选择【文件】/【新建】(快捷键：Ctrl+N)，新建文档命名为“格子图案”，文档尺寸设置为A4，颜色模式为“RGB颜色”，如图2.4.2-15所示。

2.选择“矩形”工具(快捷键：M)，根据需要画出一矩形，如图2.4.2-16所示。

3.选择“铅笔”工具(快捷键：N)，按住“Shift”键，画出水平直线，如图2.4.2-17所示。

4.用同样方法再画出5根水平直线。选中全部6根直线，在属性栏选择“垂直居中分布”，如图2.4.2-18所示。

5.选中所有矩形和直线，打开“路径查找器”窗口，点击“分割”，如图2.4.2-19所示。

6.分割后的图形，会自动编组。点击鼠标右键，弹出菜单，选择“取消编组”，如图2.4.2-20所示。

7.删除矩形外两端线条，保留5个大小相同的条形。按住“Shift”键，同时选中第一、第三、第五个条形，设置填充为“黑色”、无描边、不透明度设置为“55%”，如图2.4.2-21所示。

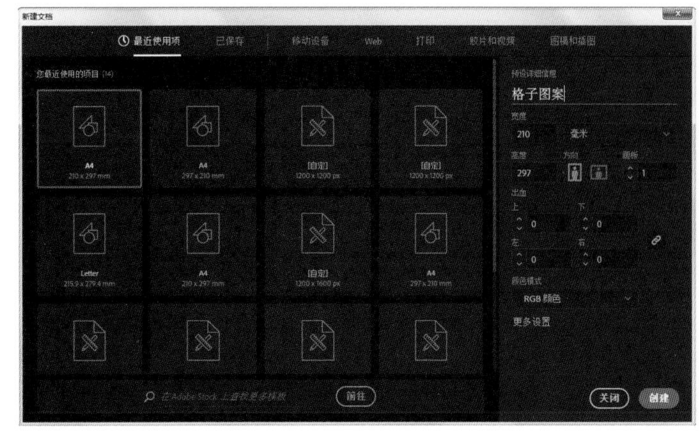

图2.4.2-15

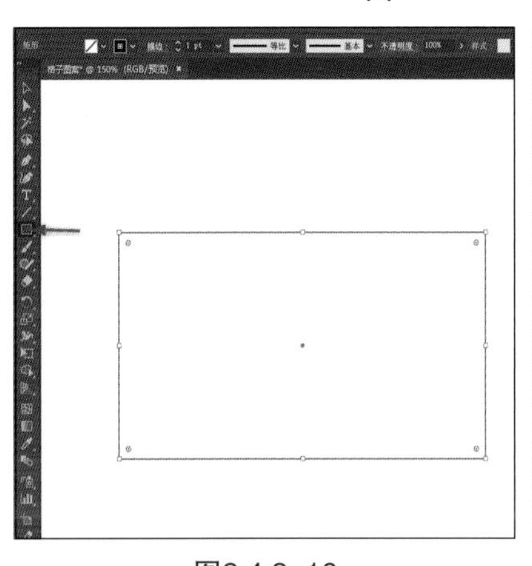

图2.4.2-16

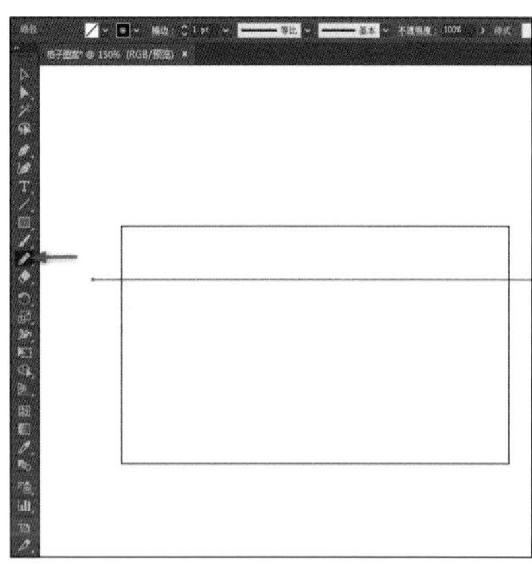

图2.4.2-17

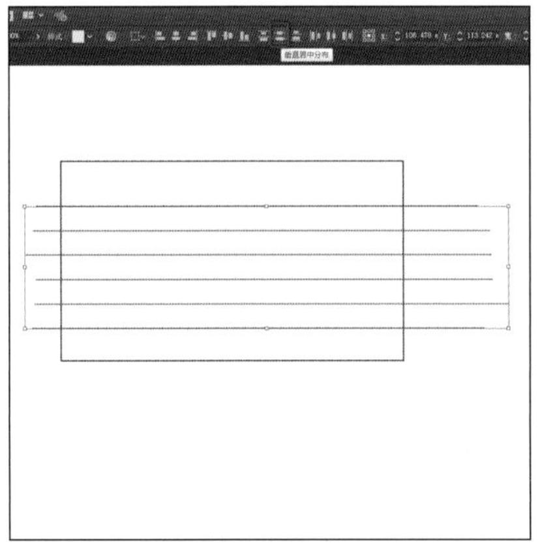

图2.4.2-18

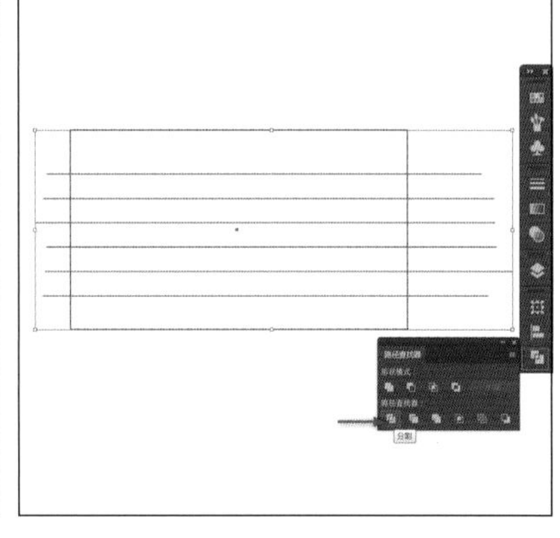

图2.4.2-19

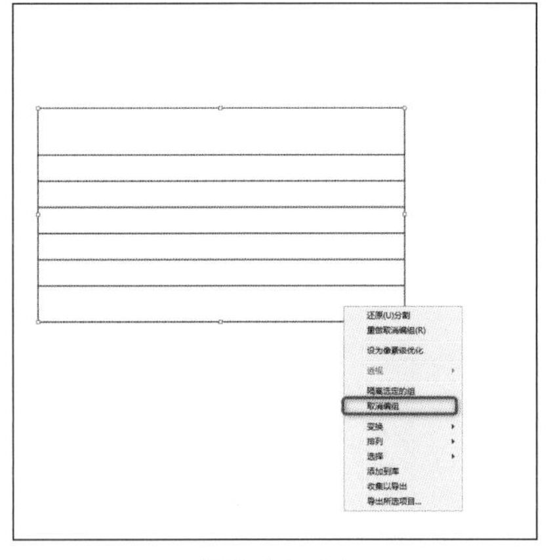

图2.4.2-20

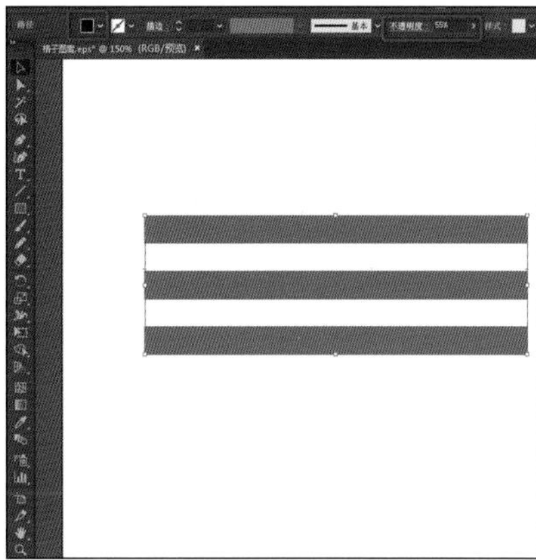

图2.4.2-21

8.按住“Shift”键，同时选中第二、第四个条形，填充“白色”、无描边，不透明度设置为“55%”，如图2.4.2-22所示。

9.用“选择”工具（快捷键：V）将全部灰、白条形选中并编组，如图2.4.2-23所示。

10.用“直接选择”工具（快捷键：A）在组里任选一个条形，复制（快捷键：Ctrl+C），粘贴（快捷键：Ctrl+V），复制出一个条形。填充“红色”、无描边、不透明度设置为“75%”，并压缩高度，如图2.4.2-24所示。

11.红条形保持选中状态，点击鼠标右键，弹出菜单，选择【变换】/【旋转】，如图2.4.2-25所示。

12.打开“旋转”对话框，角度设置为“90°”，点击“确定”，如图2.4.2-26所示。

13.确定后，红条形变为垂直方向，如图2.4.2-27所示。

14.同时选中灰、白组和红条形，在属性栏选择“对齐所选对象”“水平左对齐”“垂直居中对齐”，然后编成组，命名为“组1”，如图2.4.2-28所示。

15.将“组1”保持选中状态，点击鼠标右键，弹出菜单，选择【变换】/【旋转】，打开“旋转”窗口，角度设置为“90°”，点击“复制”，如图2.4.2-29所示。

图2.4.2-22

图2.4.2-23

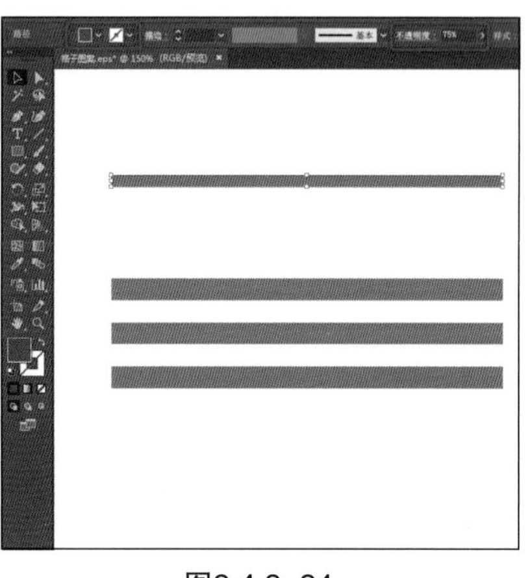

图2.4.2-24

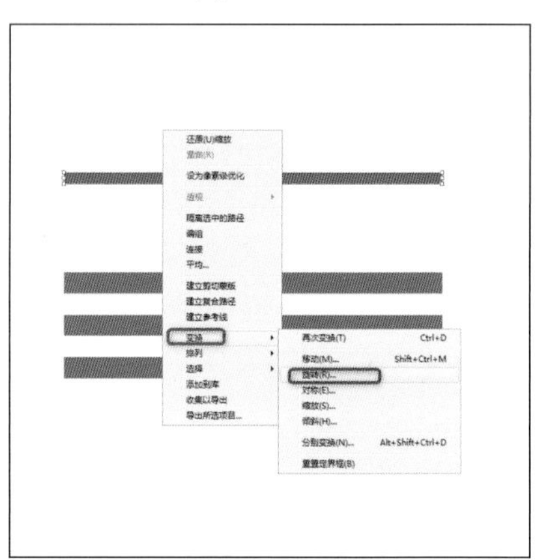

图2.4.2-25

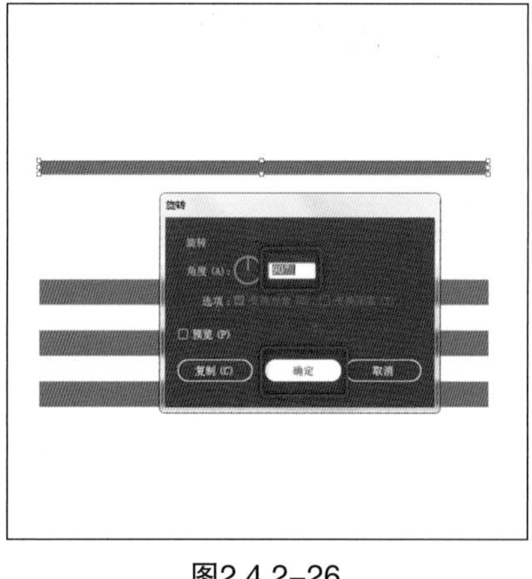

图2.4.2-26

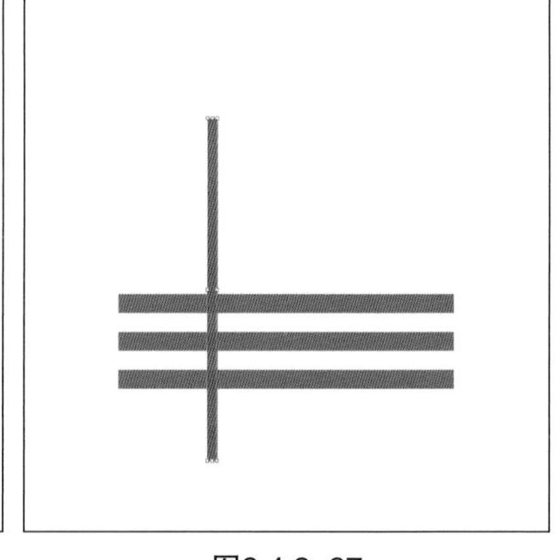

图2.4.2-27

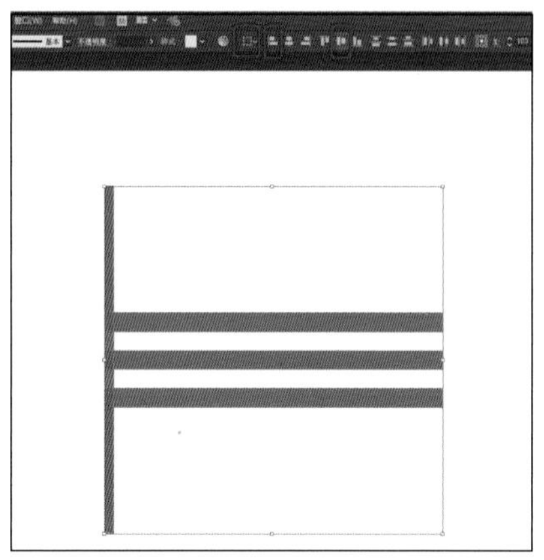

图2.4.2-28

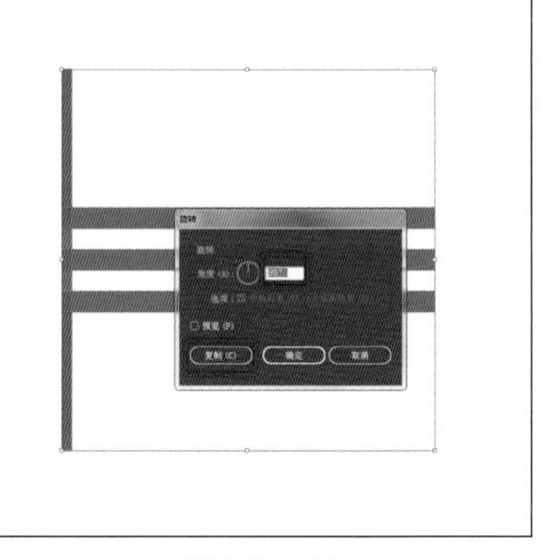

图2.4.2-29

16.复制后，形成相互垂直的两组，将两个相互垂直的组选中，再编成组，命名为“组2”，如图2.4.2–30所示。

17.选择“矩形”工具(快捷键：M)，在“组2”图形上绘制一矩形，设置填充色，无描边，如图2.4.2–31所示。

18.填色的矩形保持选中状态，点击鼠标右键，弹出菜单，选择【排列】/【置于底层】，如图2.4.2–32所示。

19.查看菜单栏【视图】/【智能参考线】，“智能参考线”要保持勾选状态，如图2.4.2–33所示。

20.将填色的矩形4条边中间的锚点向“组2”逐一移动，填色的矩形会与“组2”边缘自动对齐，如图2.4.2–34所示。

21.最后，调整填色矩形与“组2”外轮廓的大小一致。用“选择”工具(快捷键：V)框选所有的形状进行编组，调整大小，格子图案基本元素完成，如图2.4.2–35所示。

22.将图案基本元素保存为“格子图案.EPS”或“格子图案.AI”格式，如图2.4.2–36所示。

图2.4.2–30

图2.4.2–31

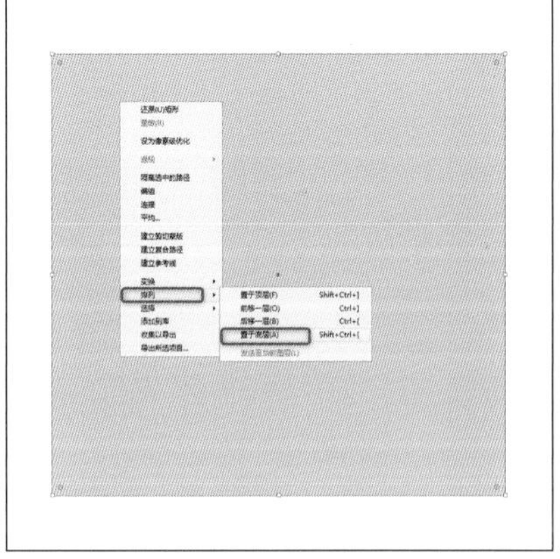

图2.4.2–32

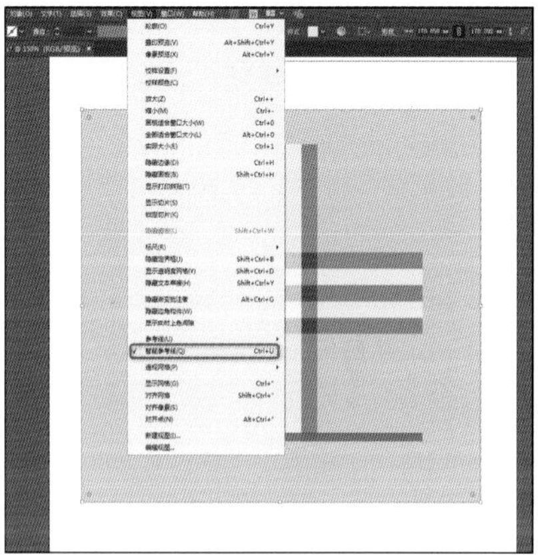

图2.4.2–33

图2.4.2–34

图2.4.2–35

图2.4.2–36

（三）格子图案童装连衣裙绘制

1.在菜单栏选择【文件】/【新建】（快捷键：Ctrl+N），命名为“童装连衣裙”，文档尺寸设置为A4，颜色模式为“RGB颜色”，如图2.4.2-37所示。

2.同时打开“线稿”和“格子图案”文档，复制线稿和格子图案到新文档，如图2.4.2-38所示。

3.用“选择”工具（快捷键：V）拖动格子图案到“色板”窗口空白处，创建“格子图案”为新色板，如图2.4.2-39所示。

4.用“选择”工具（快捷键：V）选中童装连衣裙衣身，点击新建的格子图案色板，连衣裙被格子图案填充，如图2.4.2-40所示。

5.用“直接选择”工具（快捷键：A），按住“Shift”键，同时选中领子和前衣片需填充白色的部分，改为白色填充，如图2.4.2-41所示。

6.用“选择”工具（快捷键：V）选中“蝴蝶结”组，填充格子图案，如图2.4.2-42所示。

7.选择“直接选择”工具（快捷键：A），按住“Shift”键，同时选中领口上下后衣片的反面部分，复制（快捷键：Ctrl+C），粘贴在前面（快捷键：Ctrl+F），填充颜色改为同色系的深色，不透明度为“30%”，让后衣片反面颜色稍深，如图2.4.2-43所示。

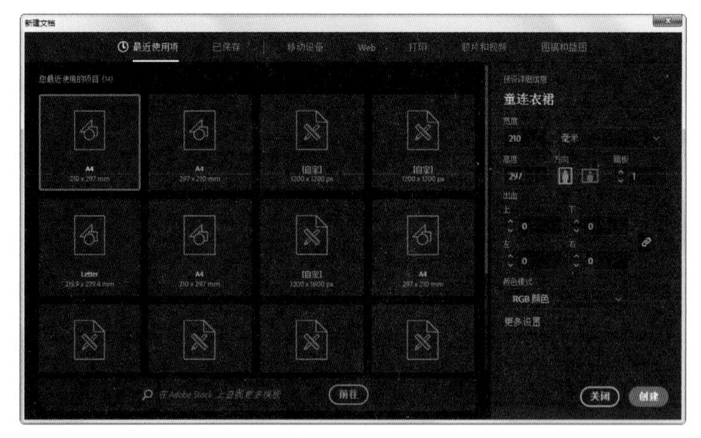

图2.4.2-37

图2.4.2-38

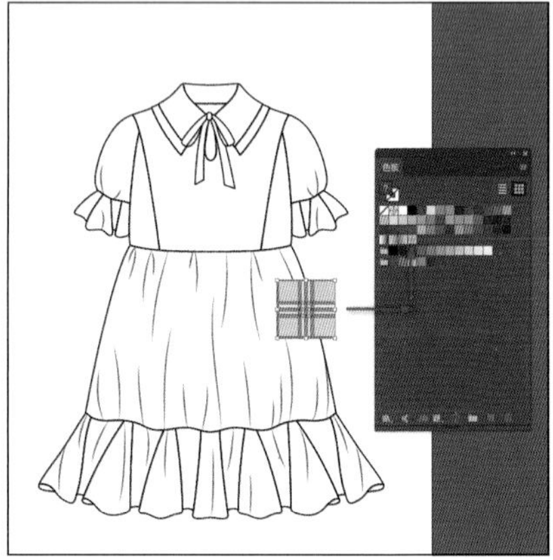
图2.4.2-39

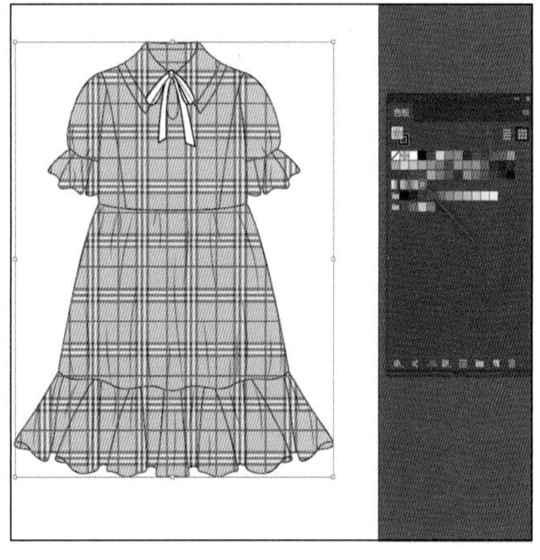

图2.4.2-40

图2.4.2-41

图2.4.2-42

图2.4.2-43

8.用“选择”工具（快捷键：V）选中领子的格子部分，按住键盘上“~”（波浪键）不放，用鼠标轻移图案，让领子与衣片的格子图案错位，如图2.4.2-44所示。

9.用上述同样方法，让蝴蝶结各部分的格子图案错位，如图2.4.2-45所示。

10.用同样的方法，让荷叶边褶的图案形成起伏关系的错位，如图2.4.2-46所示。

11.用“选择”工具（快捷键：V）选中“童装连衣裙衣身”组，复制（快捷键：Ctrl+C），粘贴在后面（快捷键：Ctrl+B），保持选中状态，填充改为无，描边粗细为5pt。打开“路径查找器”窗口，点击“联集”，可点击多次，连衣裙的轮廓线会越来越清晰，如图2.4.2-47所示。

12.格子图案的童装连衣裙基本款式绘制完成，保存为“童装连衣裙.EPS”，如图2.4.2-48所示。

（四）童装连衣裙拓展设计款式一

1.新建文档，命名为“拓展1”，文档尺寸设置为A4，颜色模式为“RGB颜色颜色”。打开“线稿”和“格子图案”文档，复制线稿和格子图案到新文档。拖动格子图案到“色板”窗口，创建新色板，如图2.4.2-49所示。

2.用“选择”工具（快捷键：V）选中“蝴蝶结”组和“衣褶”组，选择菜单栏【对象】/【隐藏】/【所选对象】（快捷键：Ctrl+3），暂时隐藏，如图2.4.2-50所示。

3.用“选择”工具（快捷键：V）选中“童装连衣裙衣身”组，点击鼠标右键，弹出菜单，选择“取消编组”，取消所有编组，如图2.4.2-51所示。

图2.4.2-44

图2.4.2-45

图2.4.2-46

图2.4.2-47

图2.4.2-48

图2.4.2-49

图2.4.2-50

图2.4.2-51

4.选中“U形”的领开口形状，选择菜单栏【对象】/【隐藏】/【所选对象】（快捷键：Ctrl+3），暂时隐藏，如图2.4.2–52所示。

5.根据拓展设计思路，选中领子和衣片中需要改变的部分，打开“路径查找器”窗口，点击“联集”，合并形状，如图2.4.2–53所示。

6.平滑肩部的线条，根据设计思路画出新的领型线条，如图2.4.2–54所示。

7.选中线条和衣片部分，用“形状生成器”工具（快捷键：Shift+M），在图中点击，分割需要的形状，如图2.4.2–55所示。

8.根据设计需求，删除领口处不需要的造型和线条，如图2.4.2–56所示。

9.选择菜单栏【对象】/【显示全部】（快捷键：Alt+Ctrl+3），显示全部隐藏的对象。除“U形”形状外，将“蝴蝶结”组和“衣褶”组再次隐藏。将“U形”开口移到合适的位置，选中“U形”开口、领子及衣片，用“形状生成器”工具（快捷键：Shift+M）在图中点击，分割需要的形状，合并不需要的部分，如图2.4.2–57所示。

10.选中下摆荷叶边，按“Delete”键删除，如图2.4.2–58所示。

11.根据拓展设计思路，画出裙子部分新款的线条，用“形状生成器”工具（快捷键：Shift+M），在图中点击拖动，分割需要的形状，删除多余线条，如图2.4.2–59所示。

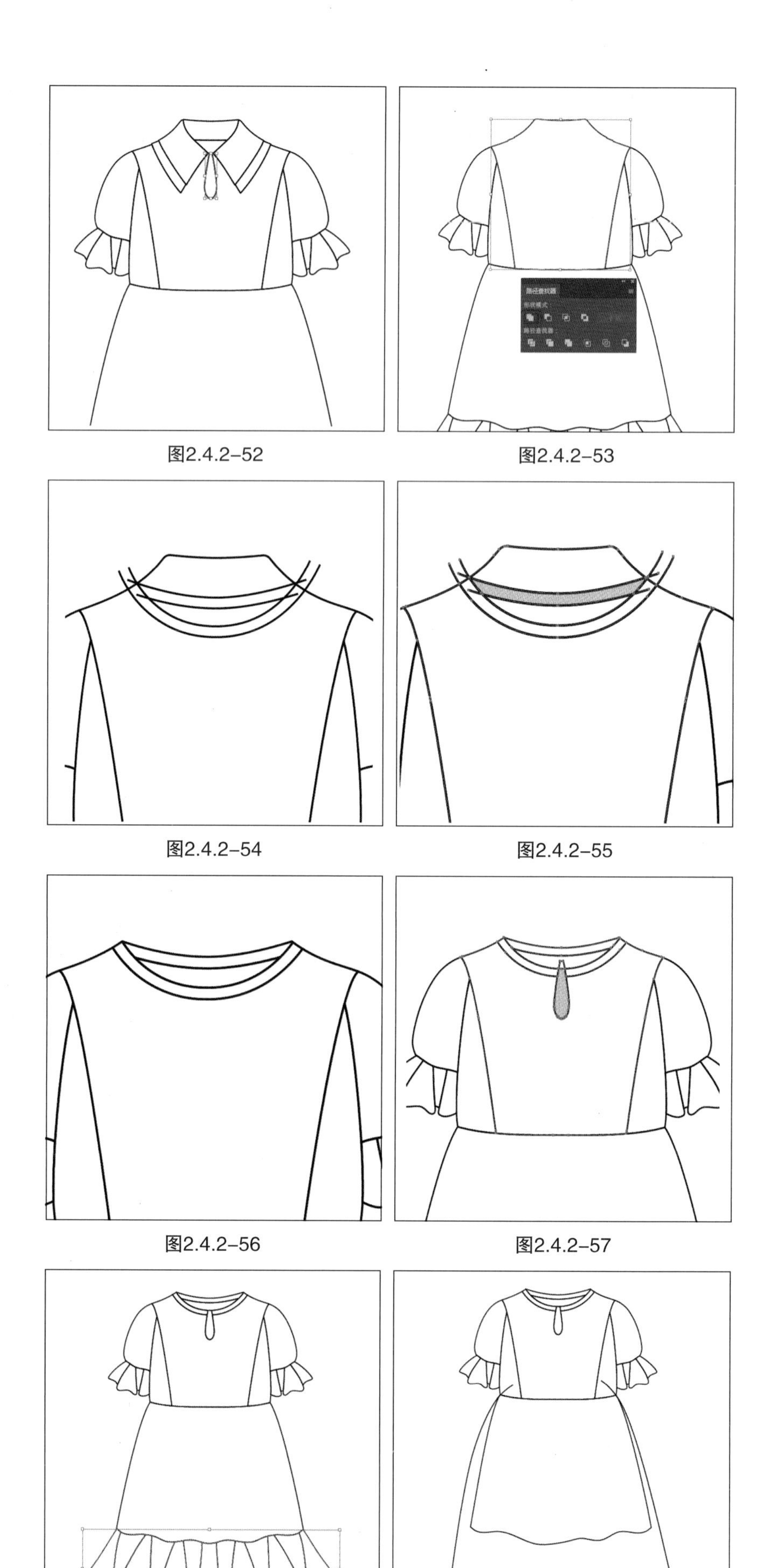

图2.4.2–52 图2.4.2–53

图2.4.2–54 图2.4.2–55

图2.4.2–56 图2.4.2–57

图2.4.2–58 图2.4.2–59

12.完成后，选中全部衣身编组，如图2.4.2–60所示。

13.选择菜单栏【对象】/【显示全部】(快捷键：Alt+Ctrl+3)，显示“蝴蝶结”组和“衣褶”组。选中蝴蝶结，点击鼠标右键，弹出菜单，选择【排列】/【置于顶层】。将蝴蝶结移到合适的位置。删除衣褶中裙子部分的褶线，保留袖子上的衣褶，如图2.4.2–61所示。

14.在裙子部分，根据新的款式特点重新画出褶线并编组，如图2.4.2–62所示。

15.选中“童装连衣裙衣身”组和“蝴蝶结”组，点击新建的色板，填充格子图案，如图2.4.2–63所示。

16.用“直接选择”工具(快捷键：A)选中款式中需填充白色的部分直接填充白色，如图2.4.2–64所示。

17.用“选择”工具分别选中领子、蝴蝶结和荷叶边褶的部分，按住键盘上“~”(波浪键)不放，用鼠标轻移图案，让格子图案错位，如图2.4.2–65所示。

18.按住“Shift”键，用“直接选择”工具同时选中后衣身反面的部分，复制(快捷键：Ctrl+C)，粘贴在前面(快捷键：Ctrl+F)，填充颜色改为同色系的深色，不透明度为“30%”，让后衣身反面颜色稍深，如图2.4.2–66所示。

19.选中“衣身”组，复制(快捷键：Ctrl+C)，粘贴在后面(快捷键：Ctrl+B)，保持选中状态，填充改为无，描边粗细为5pt。打开“路径查找器”窗口，点击“联集”，连衣裙的轮廓线清晰可见，如图2.4.2–67所示。

图2.4.2–60

图2.4.2–61

图2.4.2–62

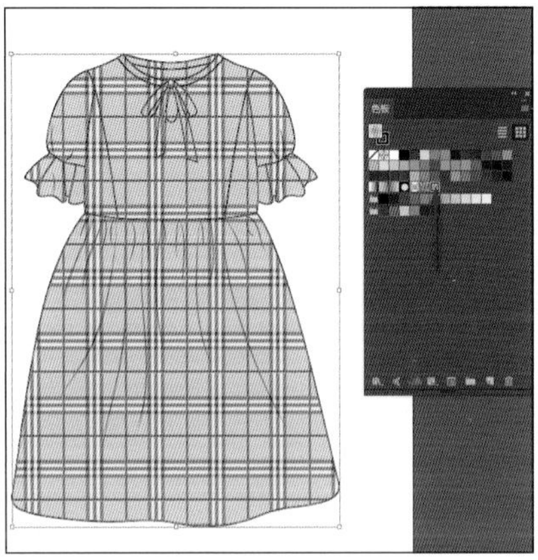

图2.4.2–63

图2.4.2–64

图2.4.2–65

图2.4.2–66

图2.4.2–67

20.童装连衣裙拓展设计款式一完成，保存为“拓展1.EPS”，如图2.4.2-68所示。

（五）童装连衣裙拓展设计款式二

1.新建文档，命名为“拓展2”，文档尺寸设置为A4，颜色模式为“RGB颜色颜色”。打开线稿和格子图案文档，复制线稿和格子图案到新文档。拖动格子图案到“色板”窗口，创建新色板，如图2.4.2-69所示。

2.在打开的线稿中，根据拓展设计需要，删除不需要的款式线条，如图2.4.2-70所示。

3.用“选择”工具（快捷键：V）选中需要合并的部分，用“形状生成器”工具（快捷键：Shift+M），在图中点击拖动，合并形状，如图2.4.2-71所示。

4.平滑肩部的线条，用“钢笔”工具（快捷键：P）画出新领型、门襟和扣子，如图2.4.2-72所示。

5.用“钢笔”工具（快捷键：P）画出新袖口，如图2.4.2-73所示。

6.打开“拓展1.EPS”文档，复制裙子形状到“拓展2”文档，如图2.4.2-74所示。

7.将复制的裙子改为无填充，与上衣部分对齐，画出腰带。衣身所有形状编成组，并放置于底层，如图2.4.2-75所示。

图2.4.2-68

图2.4.2-69

图2.4.2-70

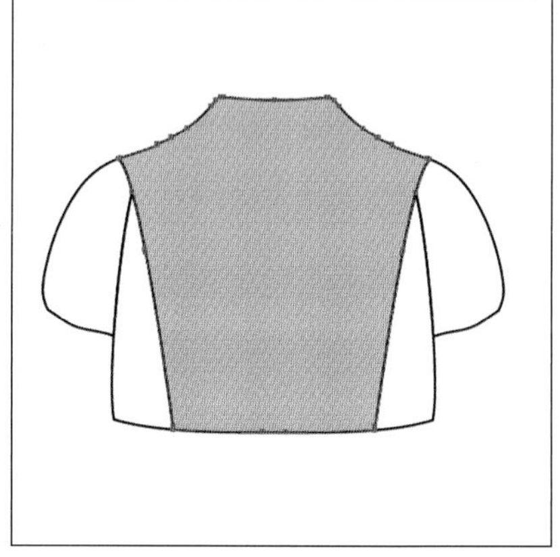

图2.4.2-71

图2.4.2-72

图2.4.2-73

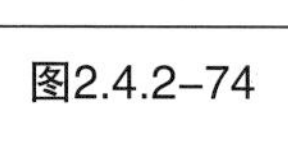

图2.4.2-74

图2.4.2-75

8.复制“拓展1”裙子部分的“褶线”组到“拓展2”新文档，放到新款裙子相应位置，删除不需要的褶线，如图2.4.2-76所示。

9.选中“衣身”组，点击新建的色板，填充格子图案。根据拓展设计的需要，用“直接选择”工具（快捷键：A）选中需填充白色的部分，将填充色改为白色，如图2.4.2-77所示。

10.用“直接选择”工具（快捷键：A）选中后衣身反面的部分，复制（快捷键：Ctrl+C，粘贴在前面（快捷键：Ctrl+F），填充颜色改为同色系的深色，不透明度为“30%”，让后衣身反面颜色稍深，如图2.4.2-78所示。

11.复制“拓展1”中的“蝴蝶结”组到“拓展2”新文档，如图2.4.2-79所示。

12.为保证调整蝴蝶结大小时，格子的大小不改变，打开“首选项”窗口，确认不勾选“变化图案拼贴”，如图2.4.2-80所示。

13.调整“蝴蝶结”大小，放到设计所需要的位置，如图2.4.2-81所示。

14.选中“衣身”组，复制（快捷键：Ctrl+C），粘贴在后面（快捷键：Ctrl+B），保持选中状态，填充改为无，描边粗细为5pt。打开“路径查找器”窗口，根据需要多次点击“联集”，连衣裙的轮廓线清晰可见，如图2.4.2-82所示。童装连衣裙拓展设计款式二完成，保存为“拓展2.EPS”。

图2.4.2-76

图2.4.2-77

图2.4.2-78

图2.4.2-79

图2.4.2-80

图2.4.2-81

图2.4.2-82

（六）童装连衣裙拓展设计展示

如图2.4.2–83所示。

图2.4.2–83

四、学习评价

考核项目	考核标准	分值	得分
连衣裙线稿绘制	绘制方法、粗细设置	15%	
格子图案绘制	形成四方连续格子图案	20%	
格子图案填充方法	图案填充正确，部件图案错位自然	10%	
拓展款式一设计	运用已有设计元素进行第二款设计	20%	
拓展款式二设计	运用已有设计元素进行第三款设计	20%	
整体效果	绘制完整，拓展效果统一	10%	
存储	掌握各种格式存储方法	5%	
合计		100%	

五、巩固训练

图2.4.2–83是设计师用Illustrator软件设计表现的系列童装连衣裙正面款式图，根据本任务所学的技能，请你用Illustrator软件设计并绘制出童装连衣裙系列的背面款式图。

要求：

1. 每款连衣裙背面款式图的造型、结构与正面款式形成呼应。
2. 能熟练运用绘制好的设计元素进行组合。
3. 童装连衣裙背面款式图绘制完成后，将每一款连衣裙的正、背面款式图排列组合在一起，形成完整的系列组合。
4. 分别存储“.EPS”和“.JPG”两种格式的文件。

任务三：居家裙的绘制表现与拓展设计

一、任务导入

上海市XX内衣设计公司推出了系列居家服。设计师LISA根据品牌风格和品类，在现有的居家裙单品基础上，结合近几年内衣流行趋势，拓展出蕾丝系列居家裙。要求设计师用电脑绘图软件表现出居家裙的款式图，同时拓展设计和绘制蕾丝面料并运用到设计图中。

二、任务要求

1. 用Illustrator软件设计表现居家裙款式图。
2. 用Illustrator软件表现蕾丝中四方连续和二方连续图案的绘制方法。
3. 掌握Illustrator软件中“剪切蒙版”和“吸管”工具填充面料的方法。
4. 通过Illustrator软件，以绘制好的蕾丝面料素材进行居家裙的拓展设计。

三、任务实施

设计师LISA通过对本公司今年推出的居家服设计方案，确定单品居家裙基本款式：露肩吊带裙；胸前与肩部连为一体为装饰宽边；裙底摆的宽边装饰与上面形成呼应；居家裙色彩为黄色系列。蕾丝为网状底纹和花型结合；裙身为四方连续蕾丝图案，宽边为二方连续图案；蕾丝为黑色。拓展的蕾丝裙主要在胸部、腰节进行变化。面料填充方法主要使用“剪切蒙版”和“吸管”工具进行填充。

设计师通过Illustrator软件准确表达自己的设计思想和软件使用技巧，通过蕾丝面料的拓展绘制和居家裙的拓展设计，完成设计任务。

（一）居家裙绘制

1.打开Illustrator软件，在菜单栏选择【文件】/【新建】(快捷键：Ctrl+N)，弹出新建文档对话框。文档命名为“居家裙”，文档尺寸为A4，设置颜色模式和分辨率，创建新文档，如图2.4.3–1所示。

图2.4.3–1

2.选择“钢笔”工具（快捷键：P），设置描边颜色为“黑色”，描边粗细为“1pt”，画出中心线，再画出居家裙右半身的线稿款式图，保持绘制的所有形状都是封闭的路径，如图2.4.3–2所示。

3.选中右半身款式图，点击鼠标右键，弹出菜单，选择【变换】/【镜像】，打开“镜像”窗口，选择“垂直”并“复制”，复制出左半身的款式图，平移左半身的款式图到合适位置，让左右款式图的中心线重叠，如图2.4.3–3所示。

4.选中左右结构图，用“形状生成器”工具（快捷键：Shift+M），在左图中点击，按住向右图拖动，合并需要的形状，如图2.4.3–4所示。

5.居家裙线稿款式图完成，如图2.4.3–5所示。

6.分别选中各部分的形状，打开“拾色器”窗口，选择需要的颜色，给各部分填充颜色，如图2.4.3–6所示。

7.居家裙填充颜色完成图，如图2.4.3–7所示。

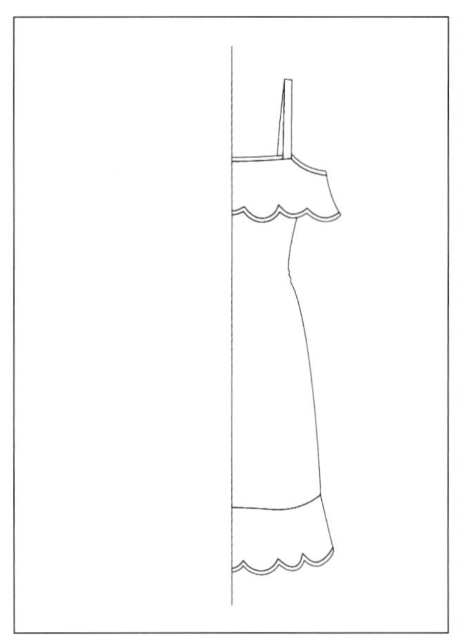

图2.4.3–2

图2.4.3–3

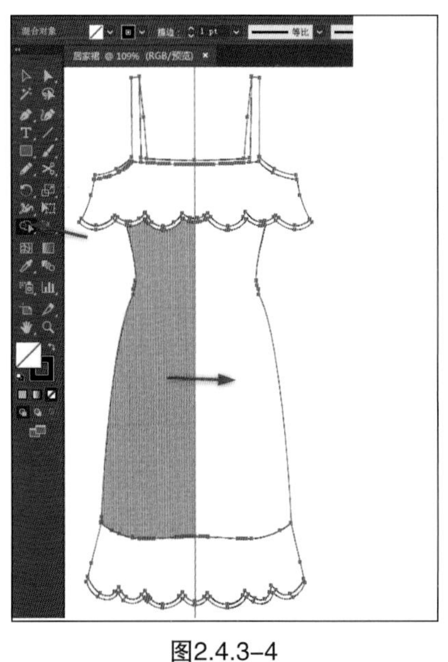

图2.4.3–4

图2.4.3–5

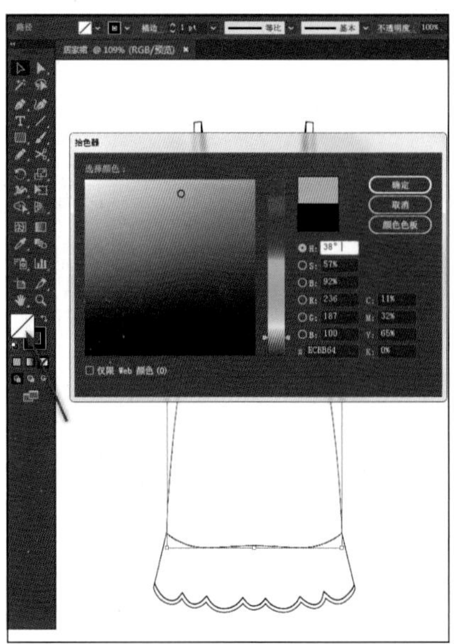

图2.4.3–6

图2.4.3–7

8.用红色标识线勾画明线，然后全部选中并编组，如图2.4.3–8所示。打开描边面板，设置明线粗细为“0.5pt”，选择“圆头端点”，勾选“虚线”选项，设置虚线参数，完成明线绘制，如图2.4.3–9和2–3–3–10所示。

9.选择“铅笔”工具（快捷键：N），用红色标识线画出衣褶线，全部选中并编组，如图2.4.3–11所示。设置衣褶颜色为“黑色”，线粗细为“1pt”，选择“宽度配置文件1”，如图2.4.3–12所示。

10.居家裙款式图绘制完成，存储为“居家裙.EPS”格式，如图2.4.3–13所示。

（二）居家裙拓展设计之蕾丝面料的绘制

1.在左边工具栏找出“多边形”工具，然后用鼠标在画布上点击一下，出现多边形对话框，设置半径为“0.8mm”，边数为“6”，点击“确定”，得到六边形，并设置六边形的描边为“0.25pt”（绘制时图形较小，书中为放大显示），如图2.4.3–14 ~ 图2.4.3–16所示。

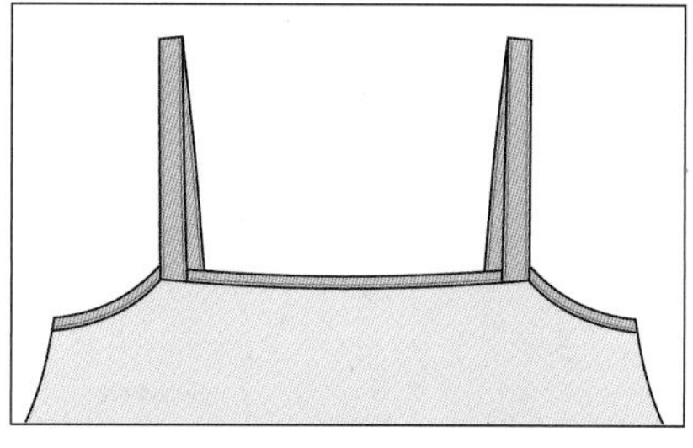

图2.4.3–8

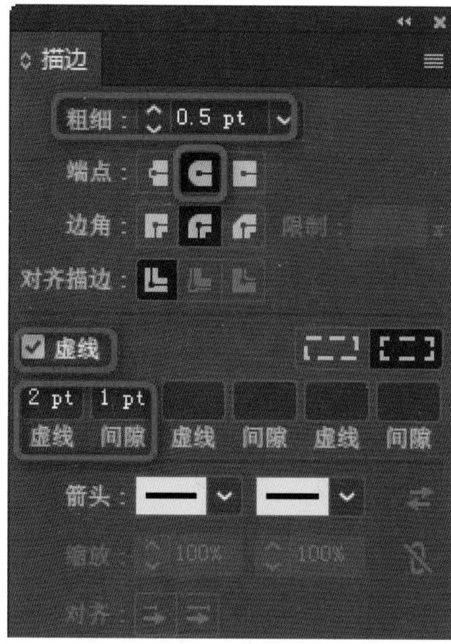

图2.4.3–9

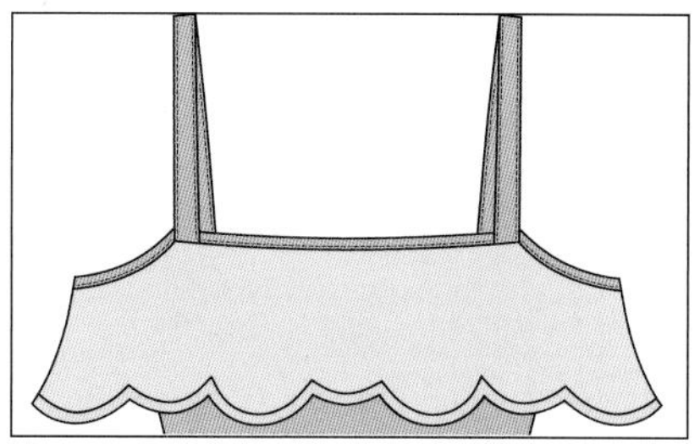

图2.4.3–10

图2.4.3–11

图2.4.3–12

图2.4.3–13

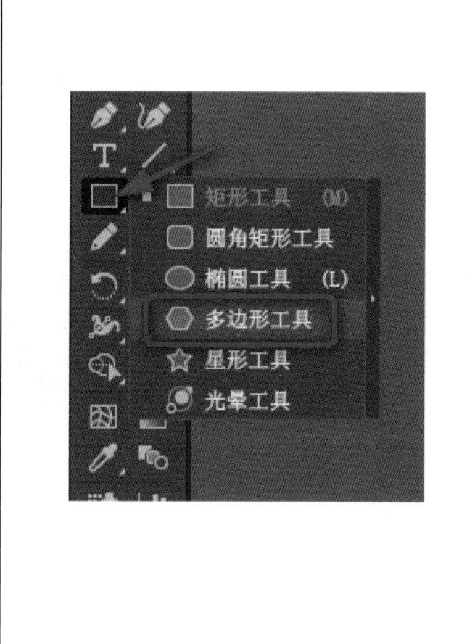

图2.4.3–14

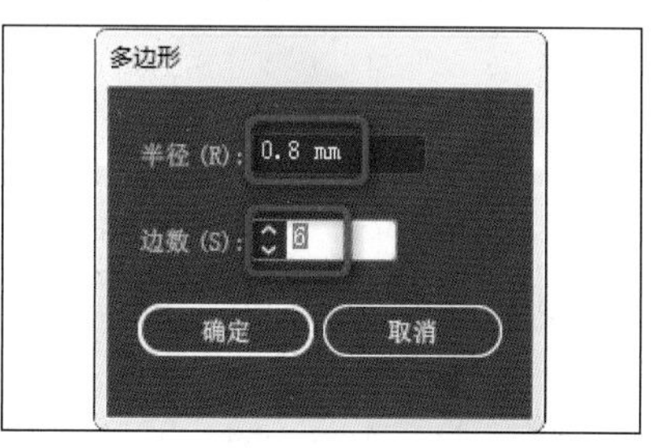

图2.4.3–15

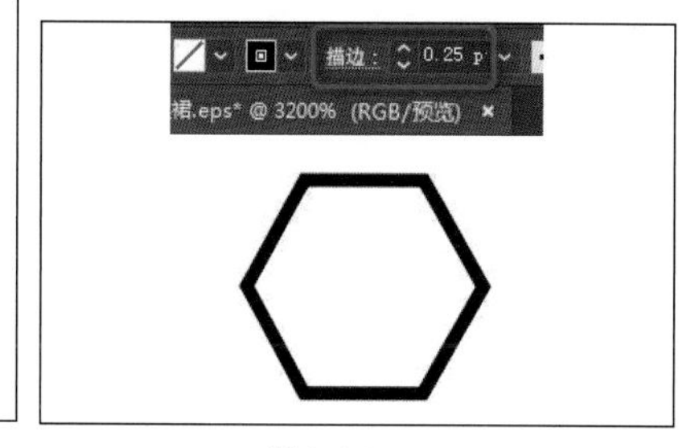

图2.4.3–16

2.选中六边形，在菜单栏选择【对象】/【图案】/【建立】，切换到新界面，如图2.4.3–17所示。

3.在“图案选项”对话框，点击“图案拼贴”工具，命名为“纹样1”，拼贴类型选择“十六进制（按列）”，勾选“将拼贴与图稿一起移动”，“副本变暗至”设为“50%”，如图2.4.3–18所示。

4.移动锚点，让六边形与副本上下左右吻合，如图2.4.3–19所示。

5.最后点击“完成”，如图2.4.3–20所示。

6.在色板面板，可以看到“纹样1”色板，如图2.4.3–21所示。

7.选择“钢笔”工具（快捷键：P）和“铅笔”工具（快捷键：N），设置描边颜色为“黑色”，画出如图所示封闭的花纹图案，如图2.4.3–22所示。

8.选中花纹图案并编组，在左边工具栏点击“互换填色和描边”（快捷键：Shift+X）箭头，切换为黑色填色，如图2.4.3–23所示。

9.将此组花纹图案垂直镜像复制一组，按住“Shift”键，等比例缩小图案，并放置到合适的位置，然后选中两组图案并编组，称为“基本图案1”，如图2.4.3–24和图2.4.3–25所示。

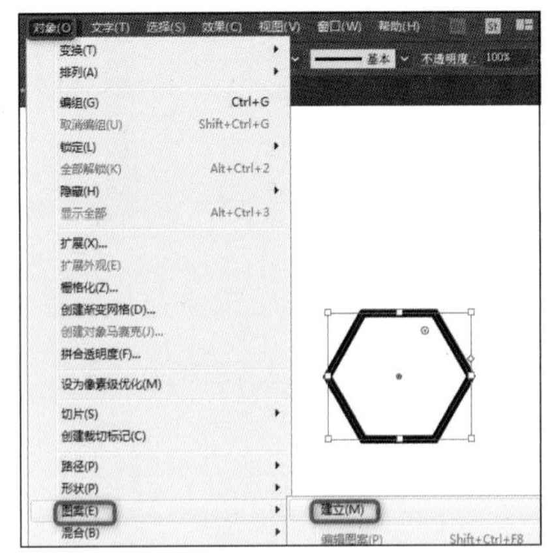

图2.4.3–17

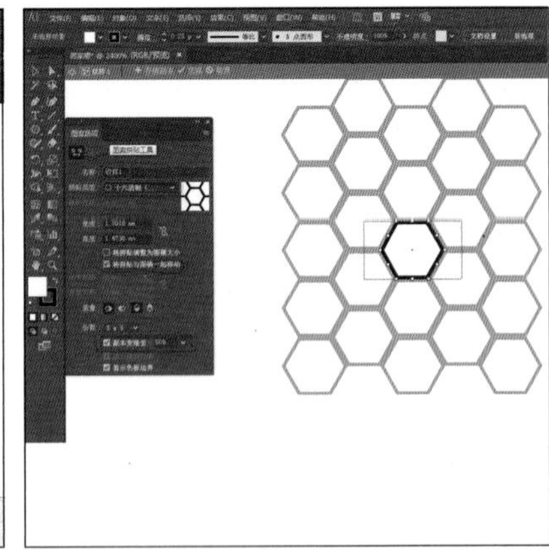
图2.4.3–18

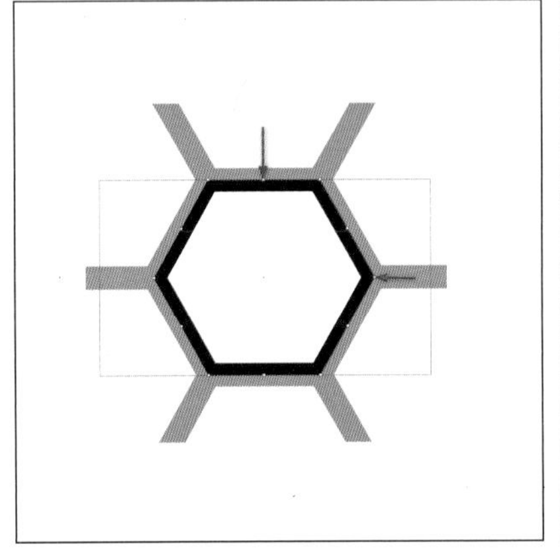
图2.4.3–19

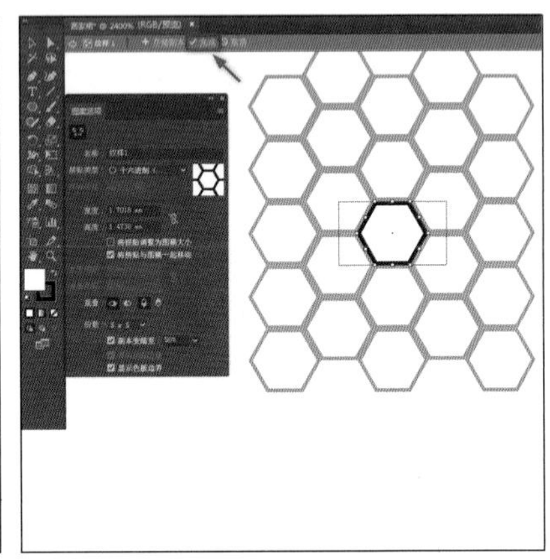
图2.4.3–20

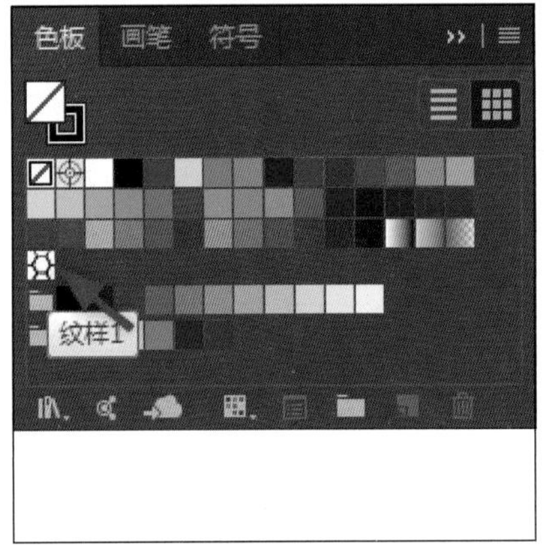

图2.4.3–21

图2.4.3–22

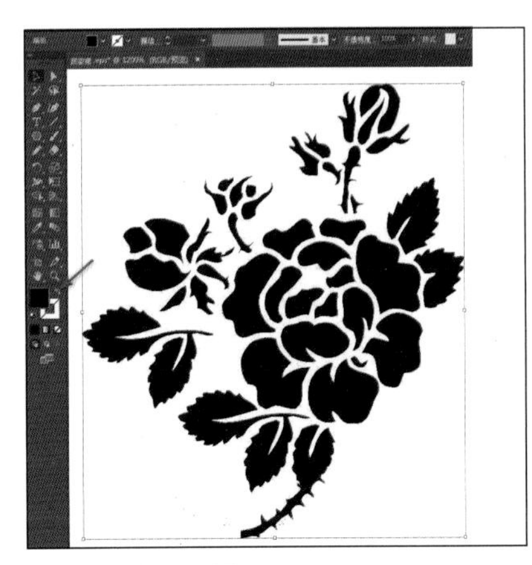
图2.4.3–23

图2.4.3–24

图2.4.3–25

10.最后，将“基本图案1”放置到居家裙衣身上，等比例调整到合适的大小，如图2.4.3–26所示。

11.选中“基本图案1”，在菜单栏选择【对象】/【图案】/【建立】，切换到新界面。在“图案选项”对话框，点击“图案拼贴”工具，命名为“纹样2”，拼贴类型选择“砖形（按列）”，砖形位移选择“2/3”，如图2.4.3–27所示。

12.移动锚点，调整“基本图案1”与副本的距离，最后点击“完成”，如图2.4.3–28所示。

13.在色板面板，可以看到“纹样2”色板，如图2.4.3–29所示。

14.将“基本图案1”垂直镜像复制一组，等比例缩小后，放置到合适的位置。选中两组图案并编组，称为“基本图案2”，如图2.4.3–30所示。

15.最后，将“基本图案2”放置到居家裙胸部的装饰宽边上，等比例调整到合适的大小，如图2.4.3–31所示。

16.选中“基本图案2”，打开画笔面板，点击“新建画笔”，弹出“新建画笔”对话框，选择“图案画笔”，点击确定后，如图2.4.3–32和图2.4.3–33所示。

图2.4.3–26

图2.4.3–27

图2.4.3–28

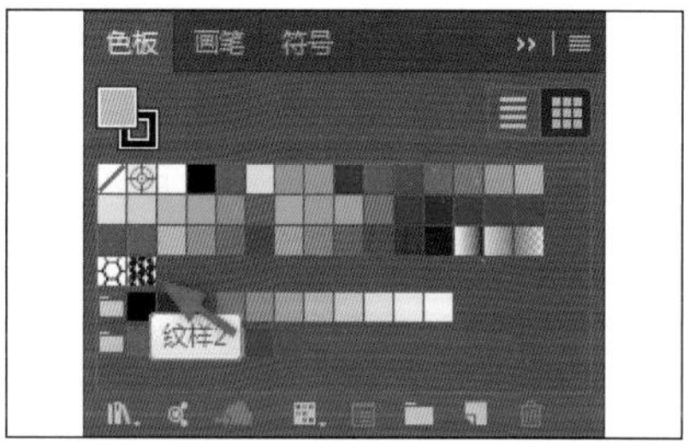

图2.4.3–29

图2.4.3–30

图2.4.3–31

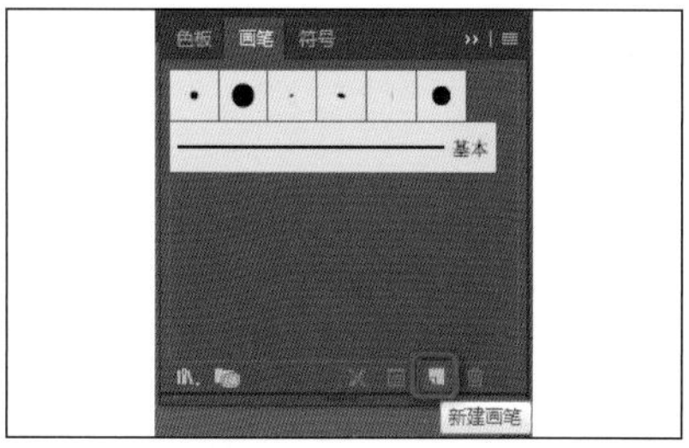

图2.4.3–32

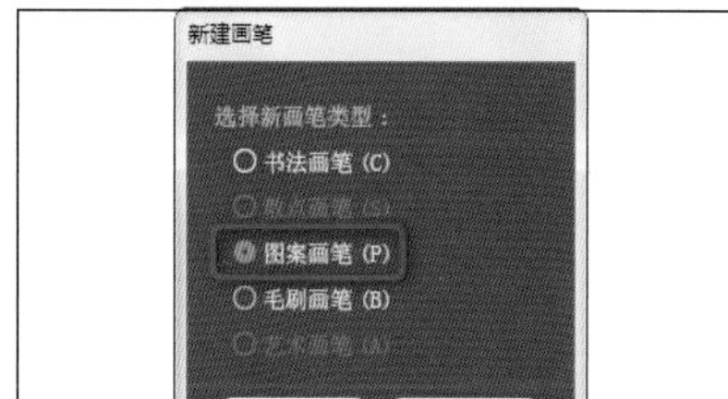

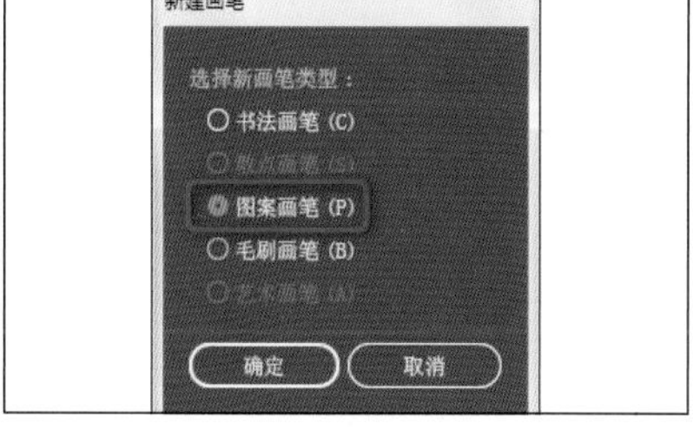

图2.4.3–33

17.弹出“图案画笔选项”对话框，命名为“纹样3”，点击确定。在画笔面板上，可以看到“纹样3”画笔，如图2.4.3-34和图2.4.3-35所示。

18.选中居家裙衣身，复制（快捷键：Ctrl+C）并粘贴在前面（快捷键：Ctrl+F），如图2.4.3-36所示。

19.保持选中状态，点击“纹样1”色板填充，继续粘贴在前面（快捷键：Ctrl+F），点击色板“纹样2”填充，如图2.4.3-37和图2.4.3-38所示。

20.同样方法，用“纹样1”色板填充裙子胸部的装饰宽边，如图2.4.3-39所示。

21.画一条直线，保持选中状态，点击“纹样3”画笔，得到一个二方连续的花边，如图2.4.3-40和图2.4.3-41所示。

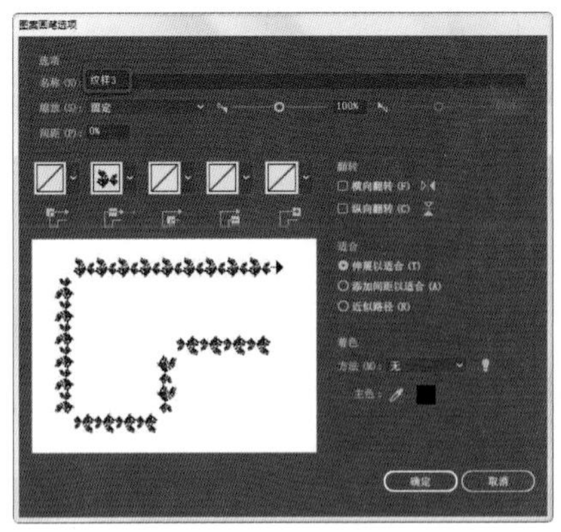

图2.4.3-34

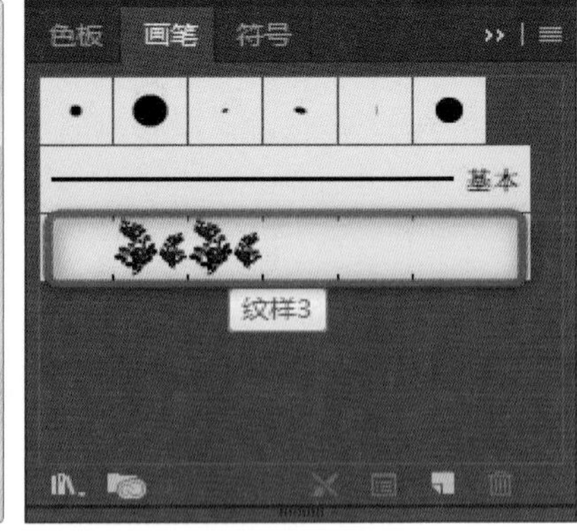

图2.4.3-35

图2.4.3-36

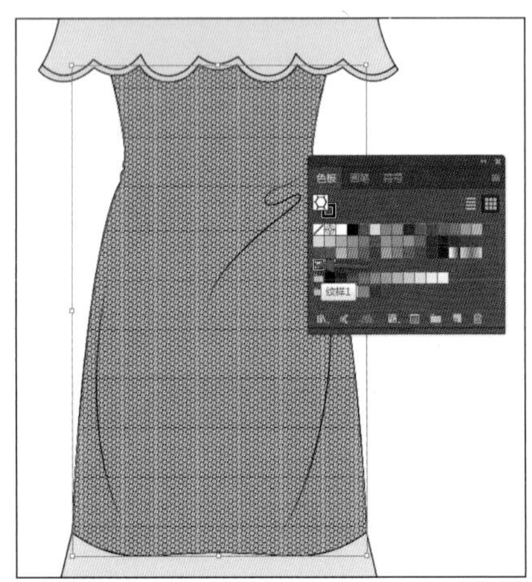

图2.4.3-37

图2.4.3-38

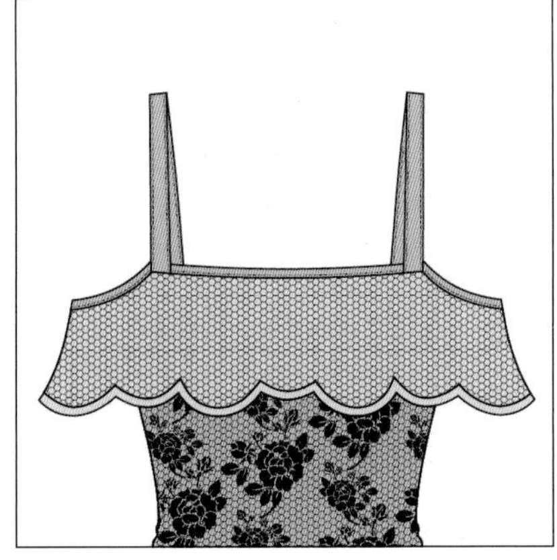

图2.4.3-39

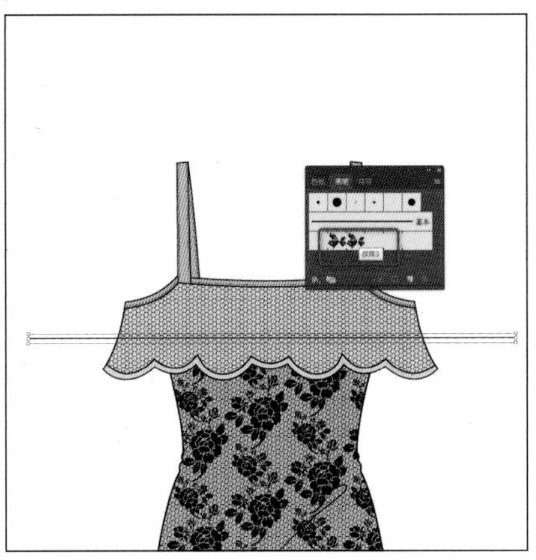

图2.4.3-40

图2.4.3-41

22.选中胸部的装饰宽边，复制（快捷键：Ctrl+C）并粘贴在前面（快捷键：Ctrl+F）。保持选中状态，点击鼠标右键，弹出菜单，选择【排列】/【置于顶层】，如图2.4.3–42和图2.4.3–43所示。

23.在胸部的装饰宽边保持选中状态下，按住“Shift”键，同时选中二方连续的花边，右击鼠标弹出菜单，选择“建立剪切蒙版”，完成二方连续图案填充效果，如图2.4.3–44和图2.4.3–45所示。

24.以同样方法，用“纹样1”色板填充裙子底摆的装饰宽边。画一条曲线，点击“纹样3”画笔，重复第20步的方法，得到如图2.4.3–46和图2.4.3–47所示。

25.最后，拓展的蕾丝居家裙完成，存储为“蕾丝居家裙.EPS”格式，如图2.4.3–48所示。

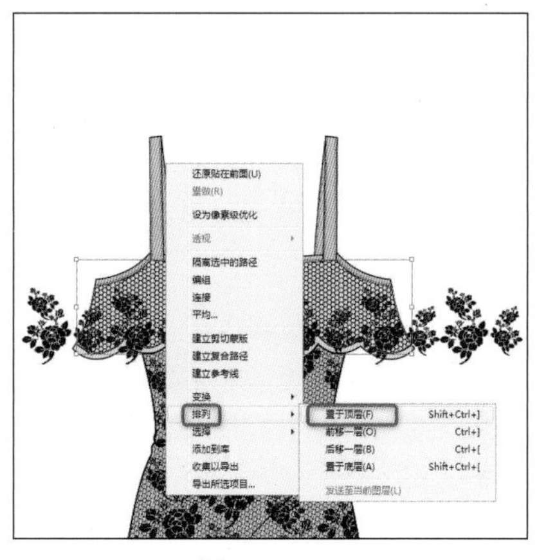

图2.4.3–42

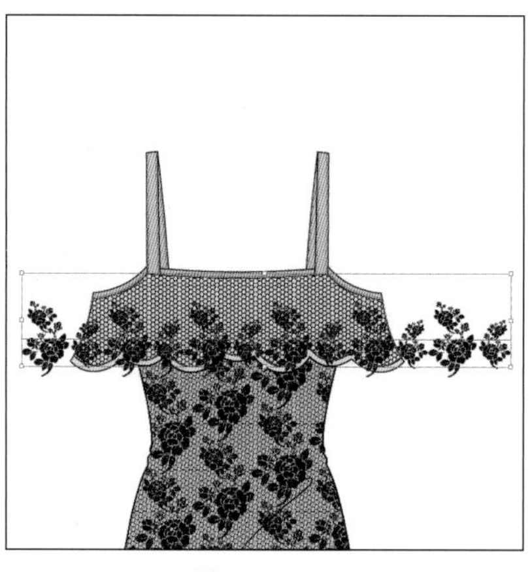

图2.4.3–43

图2.4.3–44

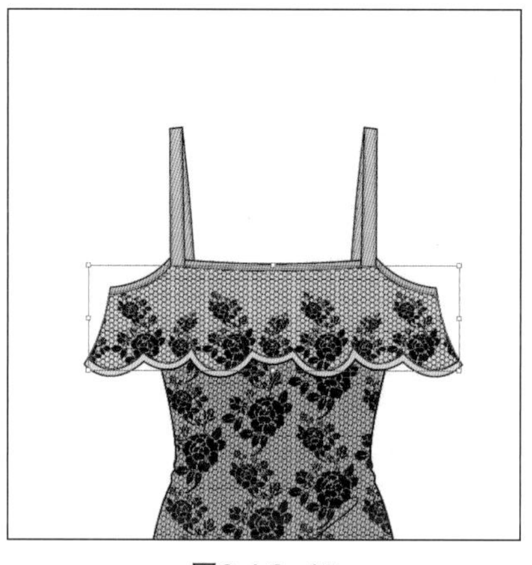

图2.4.3–45

图2.4.3–46

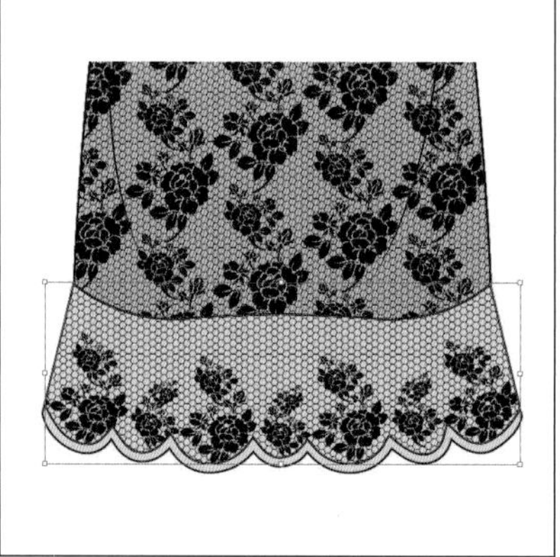

图2.4.3–47

图2.4.3–48

（三）居家裙拓展设计之蕾丝居家裙的绘制

1.打开Illustrator软件，在菜单栏选择【文件】/【新建】(快捷键：Ctrl+N)，弹出新建文档对话框。文档命名为“拓展蕾丝裙”，文档尺寸为A4，设置颜色模式和分辨率，创建新文档，如图2.4.3–49所示。

2.设置描边颜色为“黑色”，描边粗细为“1pt”，画出中心线，再画出蕾丝裙左半身的线稿款式图，如图2.4.3–50所示。

3.点击鼠标右键，弹出菜单，选择【变换】/【镜像】，打开“镜像”窗口，选择“垂直”并“复制”，复制出右半身的款式图并平移到合适位置，让左右款式图的中心线重叠，用“形状生成器”工具（快捷键：Shift+M）合并需要合并的形状，如图2.4.3–51所示。

4.选择“钢笔”工具（快捷键：P）和“铅笔”工具（快捷键：N）用红色标识线勾画明线，然后全部选中并编组，如图2.4.3–52所示。

5.用“钢笔”工具（快捷键：P）画出褶线，然后全部选中并编组，如图2.4.3–53所示。

6.设置褶线粗细为“2pt”，选择“宽度配置文件4”，需要改变方向的线条形状，在描边面板点击“纵向翻转”图标，如图2.4.3–54所示。

7.拓展蕾丝裙线稿图完成，如图2.4.3–55所示。

8.打开“蕾丝居家裙”文档，复制“蕾丝居家裙”完成图（以下称“原图”）到“拓展蕾丝裙”（以下称“新图”）文档，如图2.4.3–56所示。

图2.4.3–49

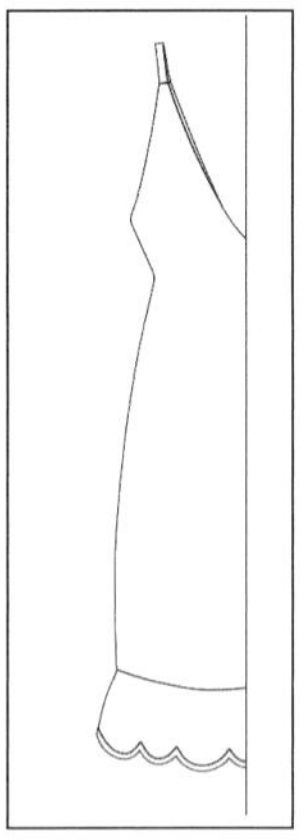

图2.4.3–50

图2.4.3–51

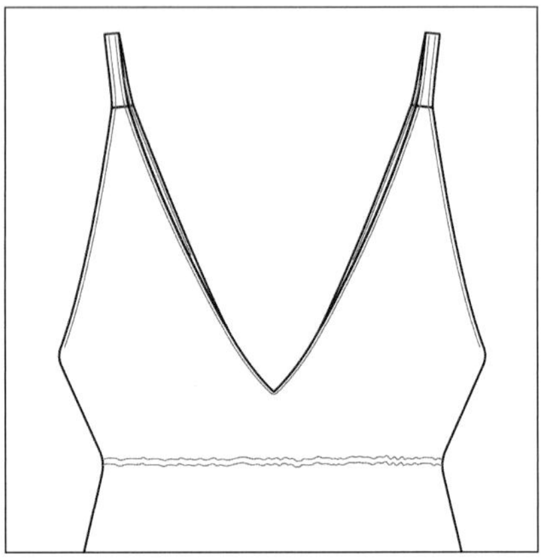

图2.4.3–52

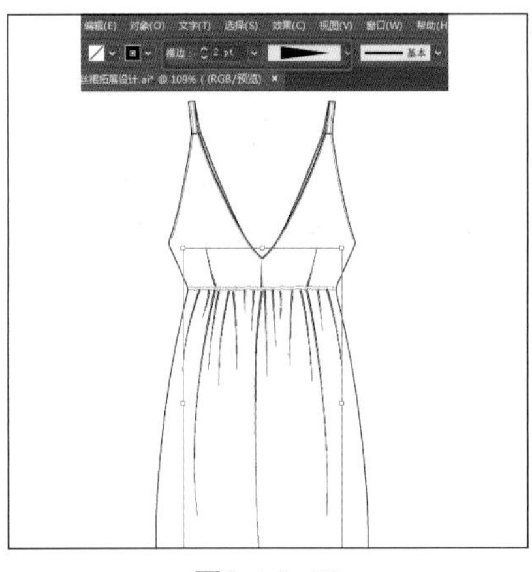

图2.4.3–53

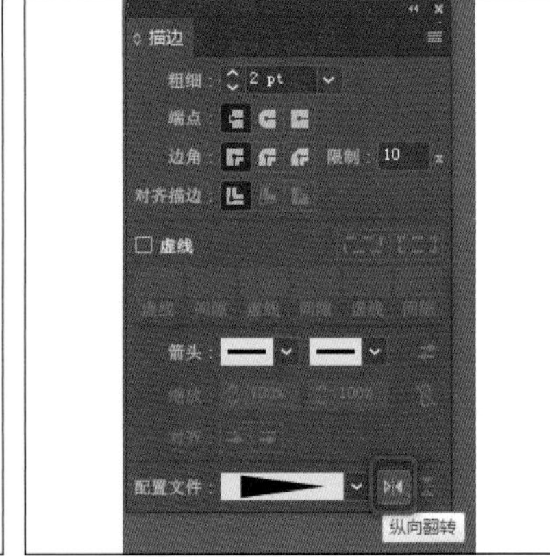

图2.4.3–54

图2.4.3–55

图2.4.3–56

9.选中“蕾丝居家裙”，取消编组，将原图衣身的“纹样2”填充层和“纹样1”填充层分别错位移动，如图2.4.3-57所示。

10.选中“新图”的衣身，用“吸管”工具（快捷键：I），在“原图”颜色层点击吸取颜色，复制颜色到新图，如图2.4.3-58所示。

11.保持衣身选中状态，复制（快捷键：Ctrl+C）并粘贴在前面（快捷键：Ctrl+F），用“吸管”工具在“原图”的“纹样1”填充层点击吸取，复制“纹样1”填充到新图。继续粘贴在前面（快捷键：Ctrl+F），用相同的方法，复制“纹样2”填充到新图，如图2.4.3-59和图2.4.3-60所示。

12.选中“原图”底摆的“剪切蒙版”层，右击鼠标弹出菜单，选择“释放剪切蒙版”，还原二方连续的花边，如图2.4.3-61和图2.4.3-62所示。

13.移动二方连续花边到“新图”合适的位置。用“蕾丝居家裙”底摆的制作方法，给“新图”下摆填充颜色和“纹样1”，并做“剪切蒙版”层，如图2.4.3-63和图2.4.3-64所示。

图2.4.3-57

图2.4.3-58

图2.4.3-59

图2.4.3-60

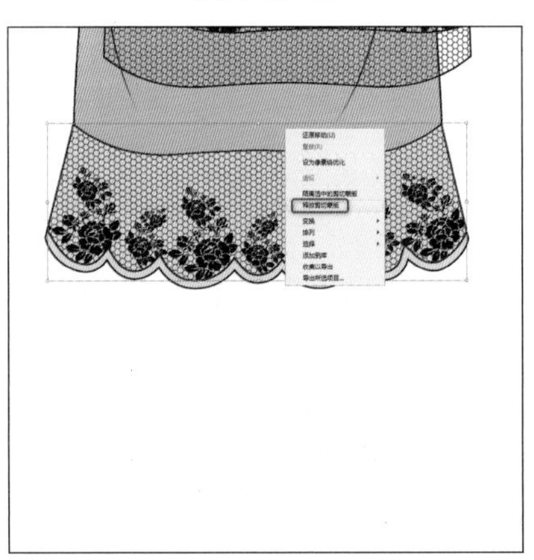

图2.4.3-61

图2.4.3-62

图2.4.3-63

图2.4.3-64

13.选中“新图”明线组，用“吸管”工具在“原图”明线上点击，复制明线的设置和参数到“新图”。用同样方法在“新图”其他部位复制填充颜色，如图2.4.3-65所示。

14.“拓展蕾丝裙”绘制完成，存储为“拓展蕾丝裙.EPS”格式，如图2.4.3-66所示。

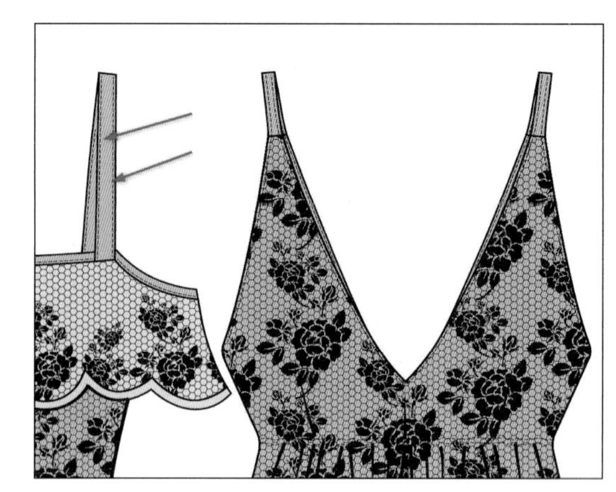

图2.4.3-65

图2.4.3-66

（四）居家裙及蕾丝居家裙拓展设计展示

如图2.4.3-67所示。

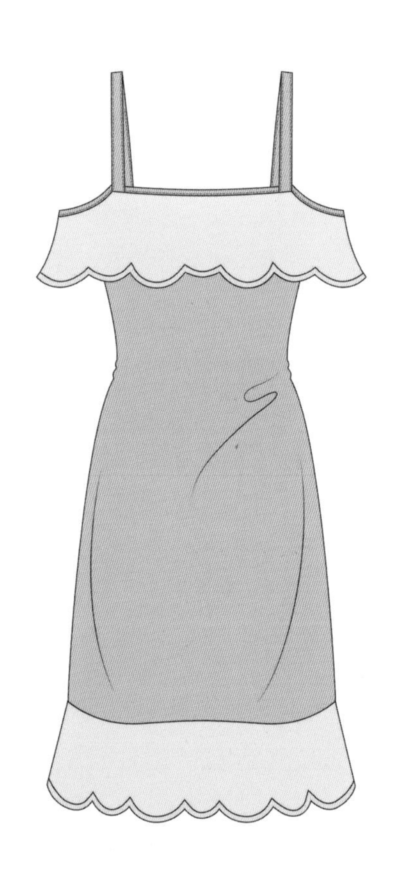

图2.4.3-67

四、学习评价

考核项目	考核标准	分值	得分
居家裙款式图绘制	绘制方法、粗细设置、色彩填充	15%	
蕾丝面料绘制	蕾丝网状底纹绘制，图案元素绘制	20%	
四方连续蕾丝图案	正确绘制四方连续蕾丝图案	10%	
二方连续蕾丝图案	正确绘制二方连续蕾丝图案	10%	
蕾丝裙拓展设计	运用剪切蒙版和吸管工具填充蕾丝面料	30%	
整体效果	绘制完整，拓展之面料填充效果好	10%	
存储	掌握各种格式存储方法	5%	
合计		100%	

五、巩固训练

图2.4.3-68是一块蕾丝面料。根据本任务所学的技能，请用Illustrator软件设计表现该面料。根据面料特征，设计一款居家裙，并将绘制的面料填充到居家裙的款式图中。

图2.4.3-68

要求：

1. 熟练运用 Illustrator 软件绘制蕾丝面料的图案元素。
2. 根据需要，图案元素组合可适当变化。
3. 新设计的居家裙中，绘制的蕾丝面料使用率不少于 60%。
4. 分别存储“.EPS”和“.JPG”两种格式的文件。

任务四：女风衣的绘制表现与拓展设计

一、任务导入

某设计公司推出了下一季的秋冬款女风衣。该公司设计师ASONG根据品牌风格，在现有的风衣款基础上，结合近期流行趋势，设计出新款风衣。要求设计师用电脑绘图软件绘制风衣的款式图，同时，再拓展出斜纹面料填充到风衣款式图中。

二、任务要求

1. 掌握用Illustrator软件设计表现女风衣款式图并填色的方法。
2. 掌握用Illustrator软件表现省道、褶线的粗细线条的配置方法。
3. 掌握PS与AI结合进行面料素材的填充方法。
4. 掌握PS与AI软件结合使用的技巧。

三、任务实施

设计师ASONG通过本公司推出的下一季秋冬装设计方案，确定女风衣基本款式：X型廓形无纽扣设计；收省结构；系腰带；有袋盖的挖袋设计；大驳折领；有肩襻；单色土黄色系。拓展设计为斜纹卡其面料素材的填充，主要使用PS与AI结合进行面料素材的填充。

设计师通过Illustrator软件准确表达自己的设计思想和软件使用技巧，通过结合使用PS与AI，拓展面料素材的填充方法，完成设计任务。

（一）女风衣款式图绘制

1.打开Illustrator软件，在菜单栏选择【文件】/【新建】(快捷键：Ctrl+N)，弹出新建文档对话框。文档命名为“女风衣”，设置宽度为900像素，高度为1200像素，设置颜色模式和分辨率，创建新文档，如图2.4.4–1所示。

图2.4.4–1

2.选择“钢笔”工具（快捷键：P）和“铅笔”工具（快捷键：N），设置描边颜色为“黑色”，描边粗细为“1.5pt”，先画中心线，再画女风衣左半身的线稿图，注意红色箭头标识的后领子翻折的厚度感，如图2.4.4–2所示。

3.生成封闭路径后，删除线段时，翻折线末端的小线段要保留，如图2.4.4–3所示。

4.女风衣左半身的线稿图绘制完成，如图2.4.2.4.4所示。

5.选中左半身款式图，点击鼠标右键，弹出菜单，选择【变换】/【镜像】，打开“镜像”窗口，选择“垂直”并“复制”，复制出右半身的款式图，平移右半身的款式图到合适位置，让左右线稿图的中心线重叠，如图2.4.4–5所示。

6.用“形状生成器”工具（快捷键：Shift+M）合并需要的形状，如图2.4.4–6所示。

7.选中两段翻折线末端的小线段，选择菜单栏【对象】/【隐藏】/【所选对象】（快捷键：Ctrl+3），暂时隐藏，如图2.4.4–7所示。

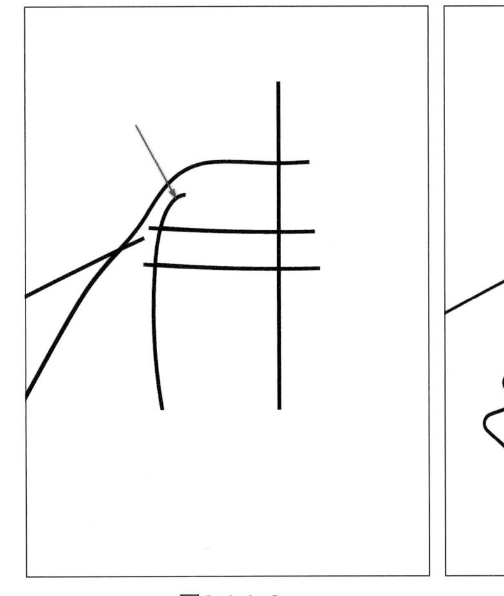

图2.4.4–2

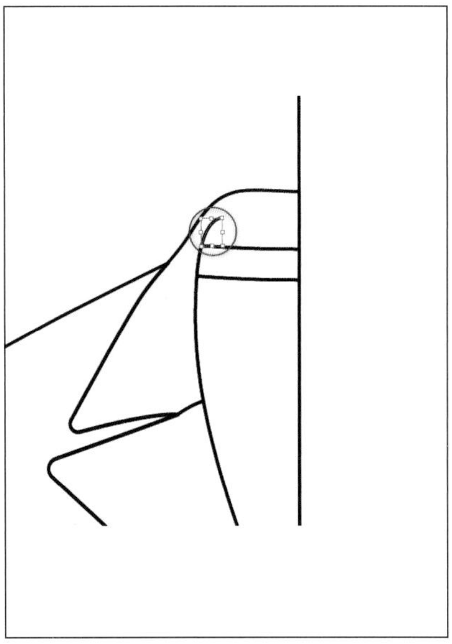

图2.4.4–3

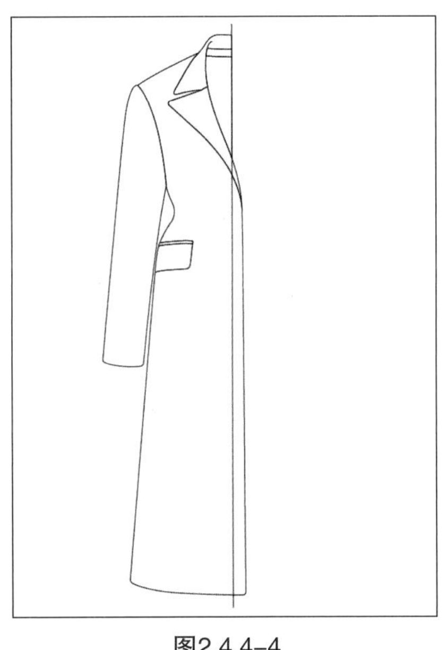

图2.4.4–4

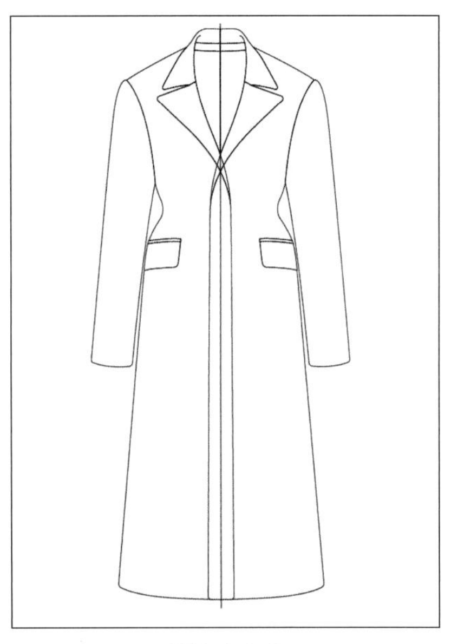

图2.4.4–5

图2.4.4–6

图2.4.4–7

8.选中衣身所有形状并编组（称作“衣身轮廓组”）。然后打开“拾色器”窗口，选择合适的颜色，给衣身轮廓组填充颜色。切换“直接选择”工具（快捷键：A），选中后背的里料部分，选择比面料稍深的颜色进行填充，如图2.4.4-8所示。

9.选择菜单栏【对象】/【显示全部】（快捷键：Alt+Ctrl+3），显示两段翻折线末端的小线段，并画出两边腰部省道线，如图2.4.4-9所示。

10.选中翻折线末端小线段，设置褶线粗细为“1.5pt”，选择“宽度配置文件4”，如图2.4.4-10所示。

11.选中省道线，设置褶线粗细为“1.5pt”，选择“宽度配置文件1”，如图2.4.4-11和图2.4.4-12所示。

12.画出风衣腰带部分，环扣和器眼填充金属色，其他形状单独编成组（称作“腰带轮廓组”），用“吸管”工具（快捷键：I）点击复制衣身同样的颜色进行填充，如图2.4.4-13所示。

13.画出肩襻结构，并填充颜色，如图2.4.4-14所示。

图2.4.4-8

图2.4.4-9

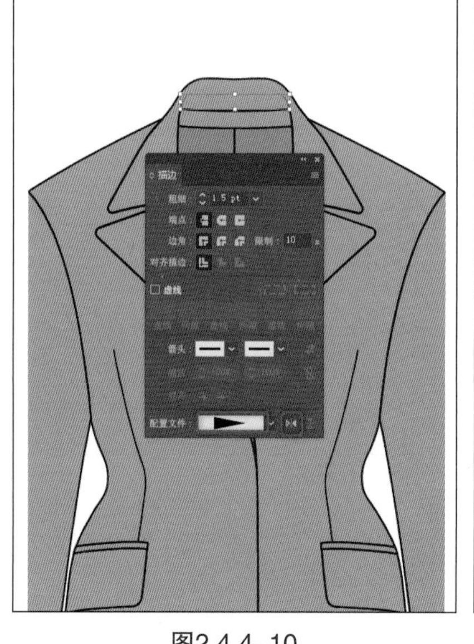

图2.4.4-10

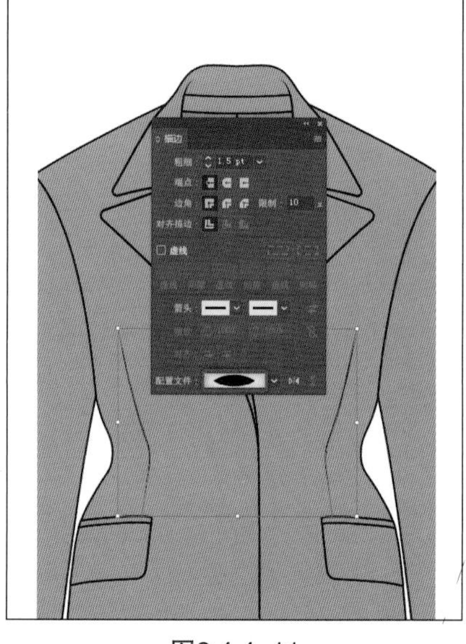

图2.4.4-11

图2.4.4-12

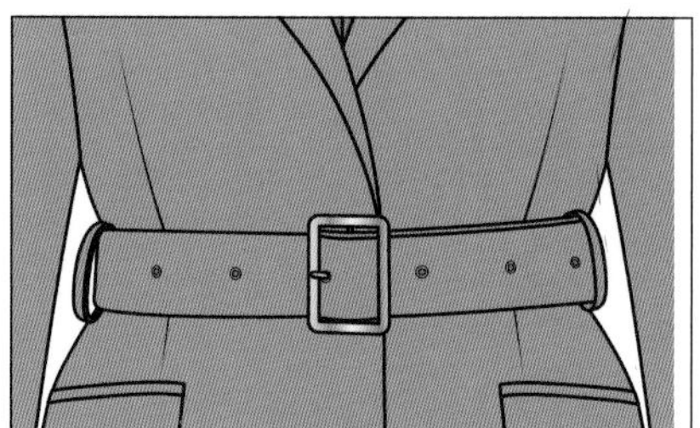

图2.4.4-13

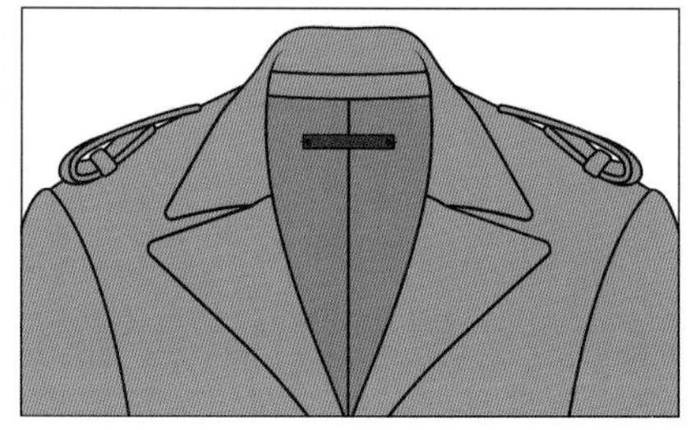

图2.4.4-14

14.选择“钢笔”工具（快捷键：P）用红色标识线画出腰带上面和下面的褶线，设置褶线粗细为“1pt”，分别选中上、下褶线，选择“宽度配置文件4”，需要改变方向的，点击“纵向翻转”图标，如图2.4.4-15所示。

15.选中上、下所有褶线并编组，将褶线设置为“黑色”。点击鼠标右键选择【排列】/【后移一层】，将褶线置于腰带层下，如图2.4.4-16所示。

16.选择“钢笔”工具（快捷键：P）用红色标识线画出明线，然后全部选中并编组。打开描边面板，设置车线粗细为“0.75pt”，选择“圆头端点”，勾选“虚线”选项，设置虚线参数，如图2.4.4-17所示。

17.将明线的颜色改为“黑色”，女风衣款式图完成，如图2.4.4-18所示。

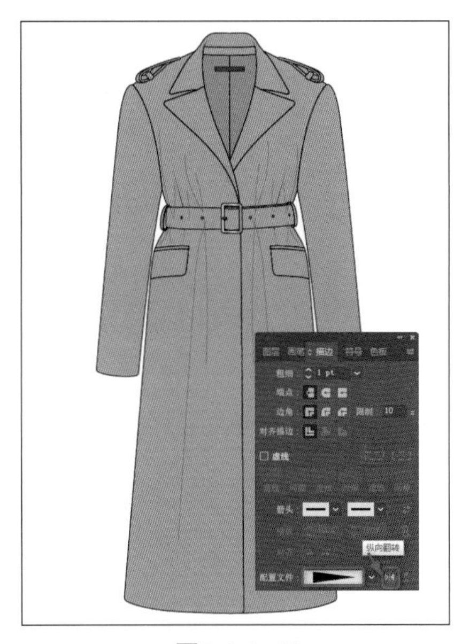

图2.4.4-15

图2.4.4-16

图2.4.4-17

图2.4.4-18

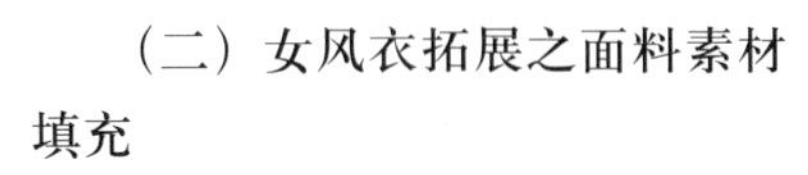

（二）女风衣拓展之面料素材填充

1.打开Illustrator软件，在菜单栏选择【文件】/【新建】（快捷键：Ctrl+N），弹出新建文档对话框。新文档命名为“女风衣拓展设计”，设置宽度为900像素，高度为1200像素，设置颜色模式和分辨率，创建新文档，如图2.4.4-19所示。

图2.4.4-19

2.在AI软件中，打开“女风衣”文档，复制女风衣款式图并粘贴到新文档，如图2.4.4-20所示。

3.同时打开Photoshop软件，在菜单栏选择【文件】/【新建】（快捷键：Ctrl+N），弹出新建文档对话框。文档命名为“面料”，设置宽度为32cm，高度为42cm，设置颜色模式和分辨率，创建新文档，如图2.4.4-21所示。

4.选择一块斜纹面料图片，置入面料到PS文档，在图层面板中，将图层命名为“面料1”，如图2.4.4-22所示。

5.在AI“女风衣拓展设计”文档中，选中“衣身轮廓组”，然后复制，如图2.4.4-23所示。

6.打开PS软件，在“面料”文档中，粘贴“衣身轮廓组”。在图层面板中，图层自动命名为“矢量智能对象”，如图2.4.4-24所示。

7.用“魔术棒”工具（快捷键：W）在“衣身轮廓组”图像外点击，产生选区，如图2.4.4-25所示。

8.在图层面板中，关闭“指示图层可见性”图标，隐藏“矢量智能对象”图层，然后选择“面料1”图层，如图2.4.4-26所示。

图2.4.4-20

图2.4.4-21

图2.4.4-22

图2.4.4-23

图2.4.4-24

图2.4.4-25

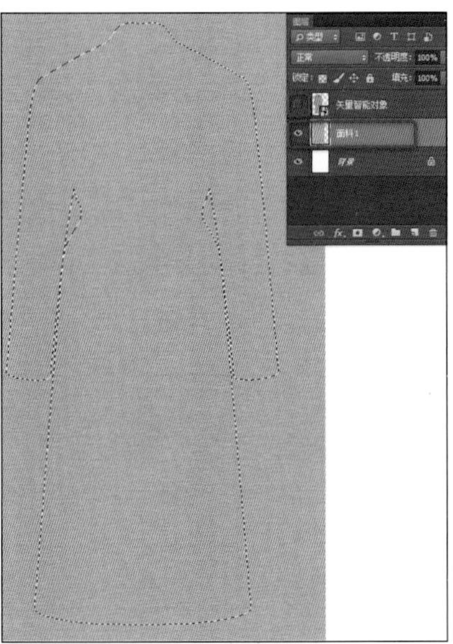

图2.4.4-26

9.在“面料1”图层中，按下“Delete”键，进行选区内的删除，如图2.4.4–27所示。

10.取消选区（快捷键：Ctrl+D），得到衣身廓形的面料。保存“面料”文档为“面料.psd”格式，如图2.4.4–28所示。

11.在AI菜单栏选择【文件】/【打开】（快捷键：Ctrl+O），弹出打开对话框，找到“面料.psd”文档并打开，弹出“Photoshop导入选项”窗口，选择“将图层转化为对象”选项，点击“确定”后，打开“面料.psd”文档，如图2.4.4–29和图2.4.4–30所示。

12.选中“面料.psd”文档中的面料图像，复制并粘贴到“女风衣拓展设计”文档，如图2.4.4–31所示。

13.选中“衣身轮廓组”，删除填色，保留描边，如图2.4.4–32所示。将面料图像置于描边层下，慢慢移动至两者吻合，如图2.4.4–33所示。

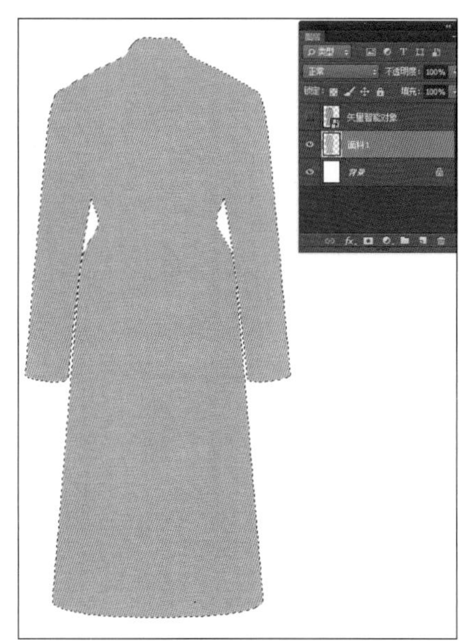

图2.4.4–27

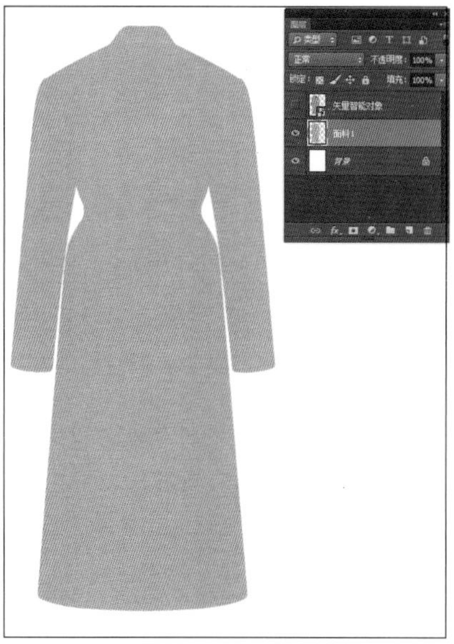

图2.4.4–28

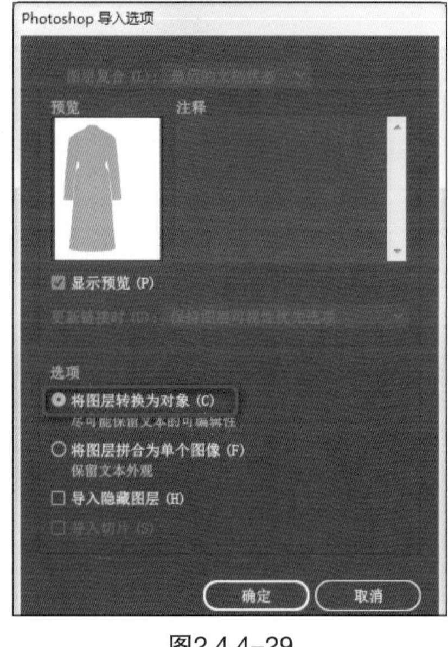

图2.4.4–29

图2.4.4–30

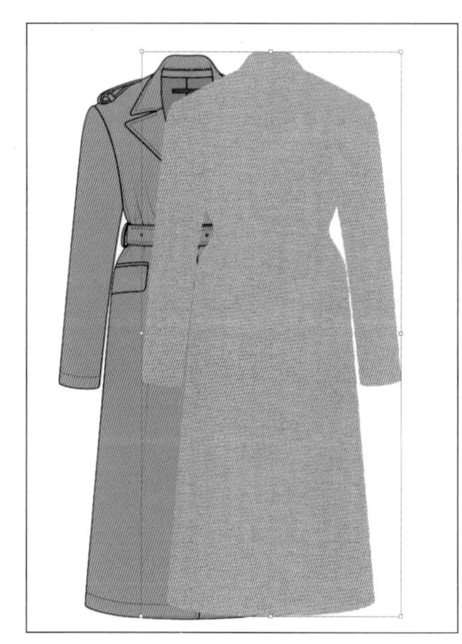

图2.4.4–31

图2.4.4–32

图2.4.4–33

14.同样的方法，选中“腰带轮廓组”并复制到PS文档，自动生成“矢量智能对象”图层，如图2.4.4-34所示。

15.选中“矢量智能对象”图层，按住“Ctrl”键，鼠标指向“图层缩览图”出现“小手+选框”的图标后点击，产生“腰带轮廓组”图像的选区，如图2.4.4-35和图2.4.4-36所示。在PS菜单栏点击【选择】/【反向】(快捷键：Shift+Ctrl+I)，然后，选择“面料1”图层，按下“Delete”键，进行选区内的删除，得到腰带廓形的面料，如图2.4.4-37所示。

16.用同样方法，将腰带廓形面料置于“腰带轮廓组”描边层下，移动至两者吻合，如图2.4.4-38所示。

17.用同样方法填充肩襻的面料，如图2.4.4-39所示。

18.用“直接选择”工具(快捷键：A)，选中后背的里料部位，填充里料的颜色，如图2.4.4-40所示。

19.女风衣拓展设计之面料填充完成，如图2.4.4-41所示。

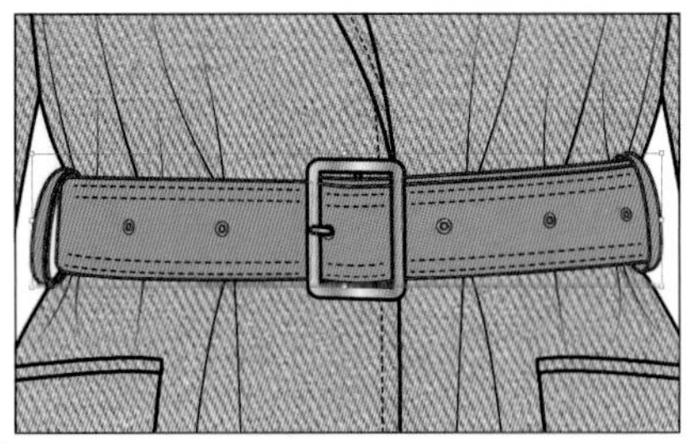

图2.4.4-34

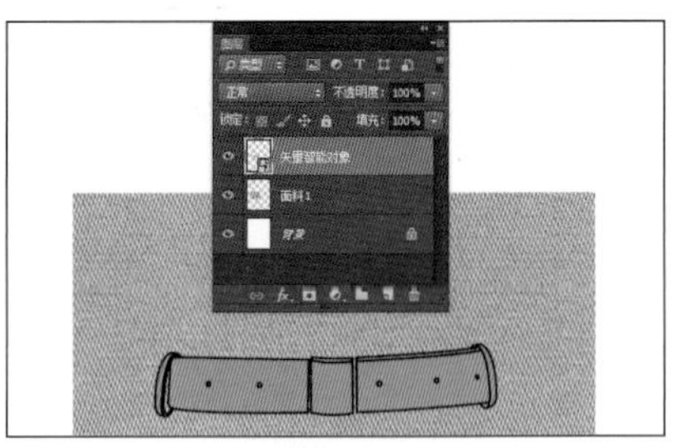

图2.4.4-35

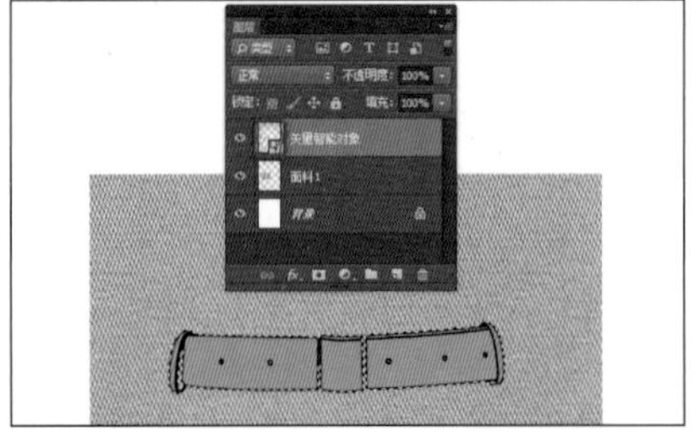
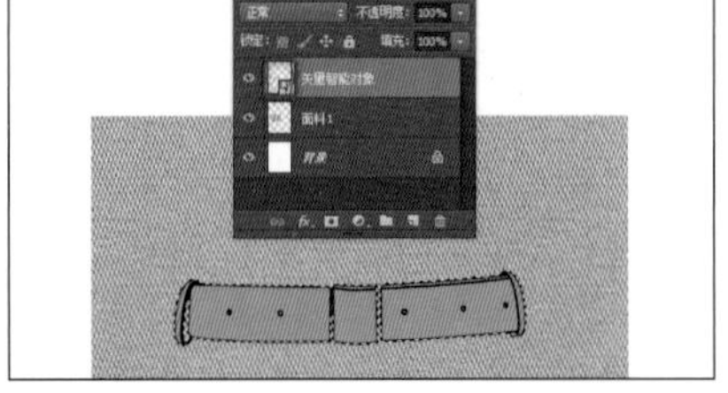

图2.4.4-36

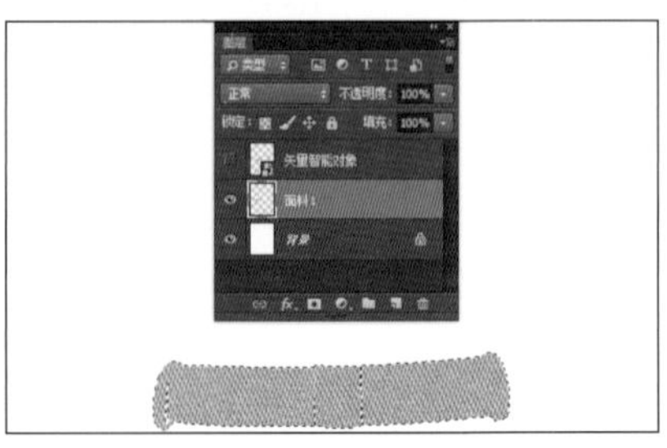

图2.4.4-37

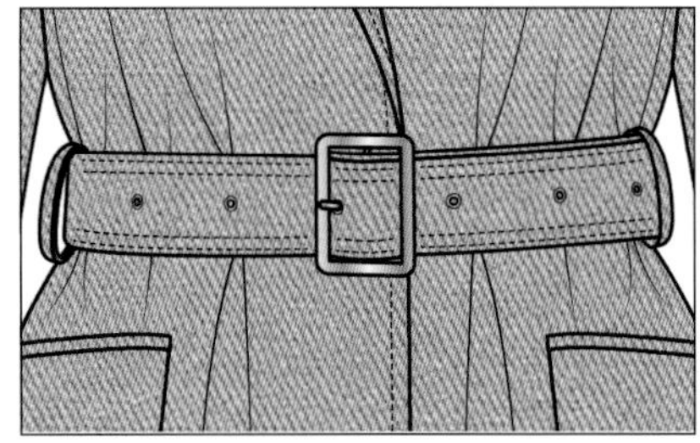

图2.4.4-38

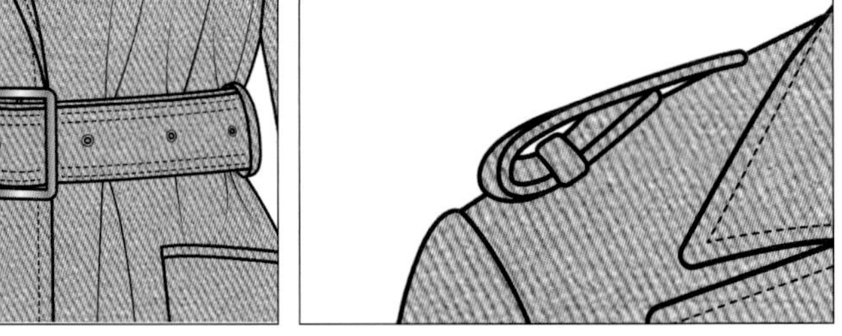

图2.4.4-39

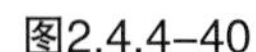

图2.4.4-40

图2.4.4-41

四、学习评价

考核项目	考核标准	分值	得分
女风衣款式图绘制	线稿绘制方法、粗细设置、色彩填充	20%	
省道、褶线的绘制	选择线型的配置方法	10%	
拓展之面料的填充	运用 PS 与 AI 结合进行斜纹面料填充	40%	
PS 与 AI 结合技巧	熟练掌握 PS 与 AI 软件结合技巧	15%	
整体效果	绘制完整，拓展之面料填充效果好	10%	
存储	掌握各种格式存储方法	5%	
合计		100%	

五、巩固训练

图2.4.4–42是服装品牌“AGNONA”2021秋冬款外套，根据本任务所学的技能，用Illustrator软件表现外套的正面款式图。同时，根据图片选择类似的面料填充到款式图中。

图2.4.4–42

要求：

1. 外套款式图的造型、结构准确；
2. 能熟练结合运用 AI 进行面料素材的填充；
3. 分别存储“.EPS”和“.JPG”两种格式的文件。

模块三

Adobe Photoshop
服装效果图表现与拓展设计

（作者：海迪）

项目五：Adobe Photoshop 软件基础知识

项目概述：

Adobe Photoshop 是一款位图软件，是服装设计师进行图像处理、服装效果图绘制、图案设计、色彩设计、面料设计等常用软件之一。了解并熟练使用该软件是服装设计师必备技能。

本项目主要培养学生了解 Photoshop 软件的工作界面和相关功能，掌握 Photoshop 工作界面的设定和软件的基本操作，学生通过对软件基本操作方法的掌握，初步了解 Photoshop 软件的功能。

思维导图：

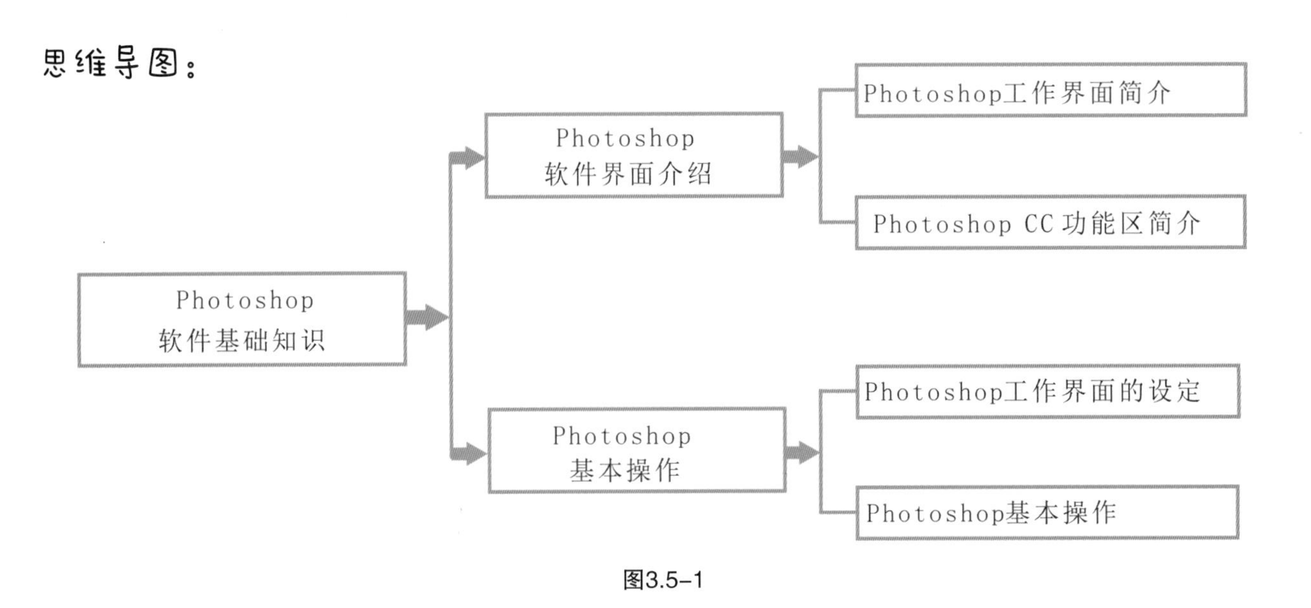

图3.5–1

学习目标：

◆知识目标

（1）了解Photoshop软件界面特征。

（2）了解Photoshop软件的功能区。

（3）了解Photoshop软件工作界面设定的方法。

（4）初步掌握Photoshop软件基本操作。

◆能力目标

（1）培养学生对Photoshop软件基础知识了解的能力。

（2）培养学生掌握Photoshop软件基本操作的能力。

◆情感目标

（1）通过对Photoshop软件基础知识的了解，培养学生对软件的热爱。

（2）通过掌握Photoshop软件基本操作，培养学生对专业技能的热爱。

（3）通过Photoshop软件与专业技能的结合，培养学生良好的艺术修养和审美情趣。

任务一：Adobe Photoshop软件界面介绍

一、Adobe Photoshop工作界面简介

Adobe Photoshop，简称“PS”，Photoshop是Adobe公司旗下最为出名的图像处理软件之一。Photoshop主要处理以像素所构成的数字图像。使用其众多的编修与绘图工具，可以有效地进行图片编辑工作。“PS”有很多功能，在图像、图形、文字、视频、出版等各方面都有涉及，在服装设计中，常用来绘制服装设计图等。本教材以“Adobe Photoshop 2020”版本为例，如图3.5.1–1所示。

图3.5.1–1

启动Adobe Photoshop 2020后，就进入Photoshop的工作界面了，主要由菜单栏、属性栏、工具栏、图像窗口、状态栏、控制面板等组成，如图3.5.1–2所示。

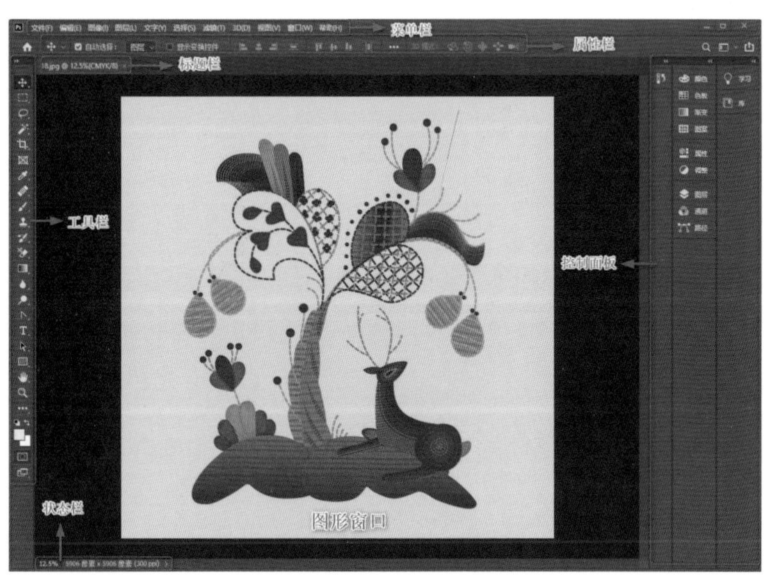

图3.5.1–2

二、“Adobe Photoshop 2020”功能区简介

1.菜单栏

菜单栏为整个环境下所有窗口提供菜单控制，包括文件、编辑、图像、图层、文字、选择、滤镜、3D、视图、窗口和帮助等十一个选项。

2.属性栏

又称工具选项栏，选中某个工具后，属性栏就会改变成相应工具的属性设置选项，可更改相应的选项。

3.工具栏

工具栏列出了PS的基本工具。可以通过菜单栏上的【窗口】/【工具】按钮，来显示和隐藏工具栏。

将鼠标放在某个工具上，可以显示这个工具的名称。有些工具的右下角还有一个三角，就表示这是一个组合工具，这里还有其他的工具。用鼠标长按这个三角，就会把这里包含的工具都显示出来，如图3.5.1–3所示。

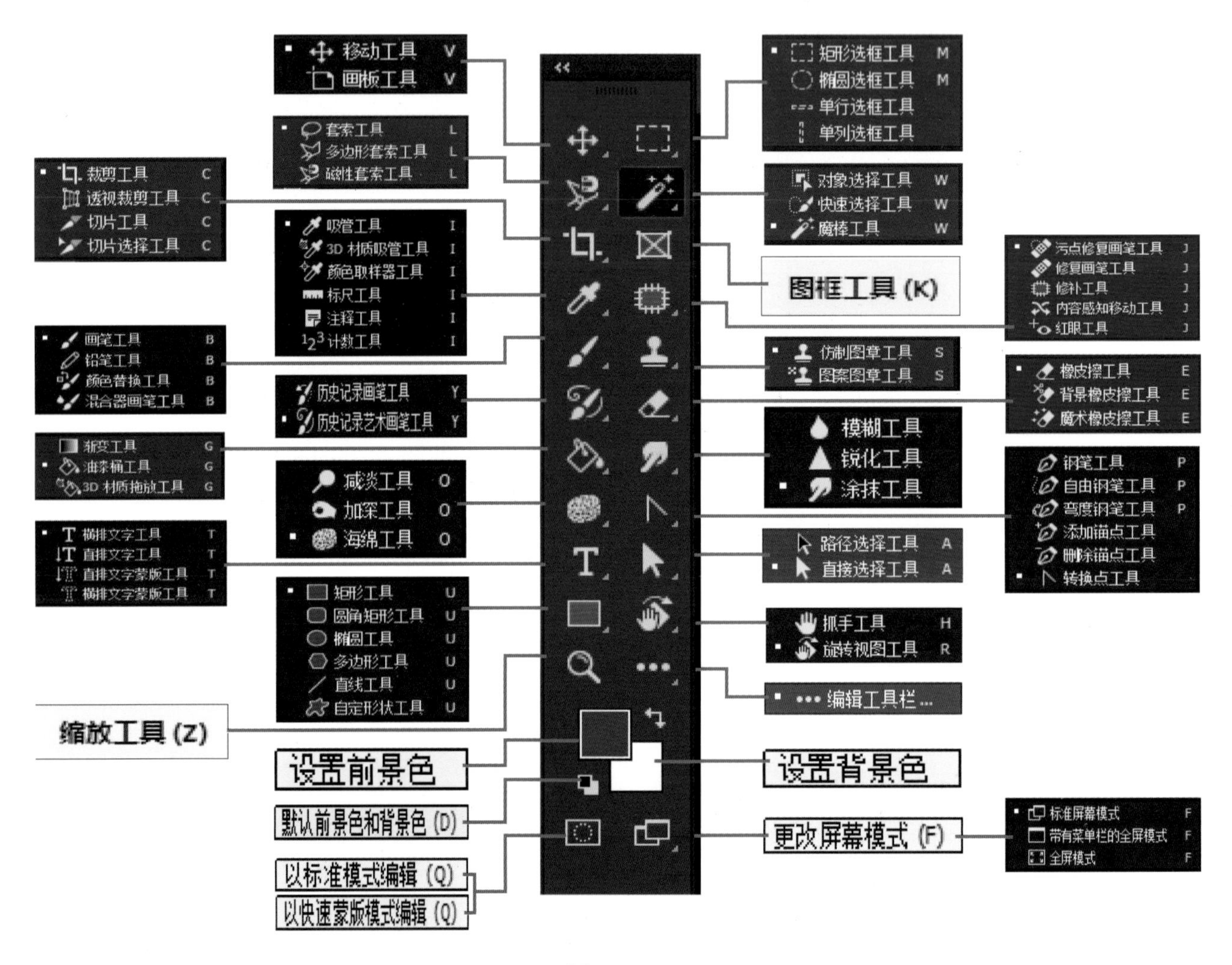

图3.5.1–3

4.图像窗口

图像窗口是用来显示图像、绘制图像和编辑图像的窗口。可以通过新建图像文件或打开图像文件建立一个新的图像窗口。图像窗口的底部是状态栏，主要显示当前图像的放大比率、文件大小和当前使用工具的简要说明。

5.控制面板

控制面板也叫浮动面板，它可以方便地组合、拆分和移动，是图像处理辅助工具，它具有随着图像的调整即可看到效果的特点。如图层面板可以看到处理图像时各图层的变化情况。

任务二：Adobe Photoshop基本操作

一、Adobe Photoshop工作界面的设定

打开Adobe Photoshop 2020软件，一般是默认的工作界面，如果工作界面不是常见的工作界面，可以进行设置。

选择菜单栏【窗口】/【工作区】/【基本功能（默认）】可以对工作区进行默认设定，也可以根据需要选择其他选项，如图3.5.2-1所示。

选择菜单栏【窗口】/【工具】可以显示或隐藏工具栏。工具栏可以通过上方的双箭头进行单列或双列的显示切换，如图3.5.2-2所示。

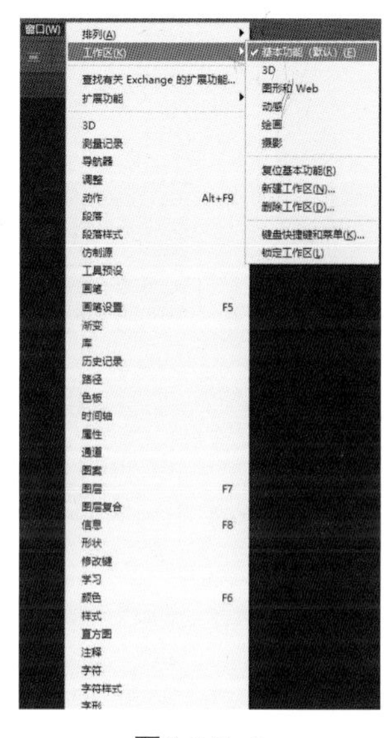

图3.5.2-1

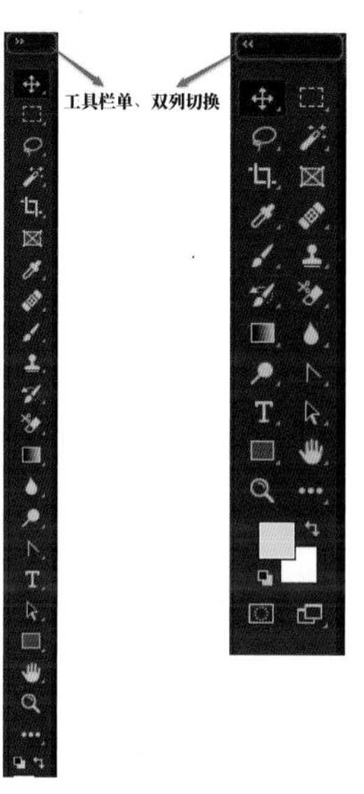

图3.5.2-2

二、Adobe Photoshop基本操作

1.文件的新建

打开Photoshop软件，在菜单栏选择【文件】/【新建】(快捷键：Ctrl+N)，弹出新建对话框，可在对话框“预设详细信息”里设置相关参数，如图3.5.2-3所示。

图3.5.2-3

名称：可以根据需要输入自定义名称。

预设：Photoshop软件提供多种文件预设类型，可以根据需要进行选择。

大小：根据预设类型，有些类型可选，有些类型不可选。

宽度和高度：指新建文件的宽度和高度，可以预设或自定义，单位可以根据需要选择像素、厘米或毫米等。

分辨率：分辨率常用单位是“像素/英寸”。如果图像用于印刷或打印，分辨率要设置为300像素/英寸或更高；在数码图像浏览或喷绘中，分辨率设置为72像素/英寸即可。

颜色模式：一般选择RGB颜色模式，如果用于印刷，一定要选择或转换成CMYK颜色模式，注意Photoshop在CMYK颜色模式下部分滤镜功能是不可用的。

背景内容：背景有白色、背景色和透明三种，可根据需要选择合适的背景内容。

2.图层

图层就像是含有文字或图形等元素的透明胶片，按顺序一张张叠放在一起，上一图层的透明区域可以看到下一图层的透明区域，组合起来形成页面的最终效果。

我们要修改或编辑哪个图层，只要选择在这个图层上进行编辑，不会影响到其他图层的内容。如图3.5.2-4所示，将大小相同、不同色块的图层叠放在一起，选择红色色块的图层1，用橡皮擦涂抹，擦除的是红色色块，不影响图层2的蓝色色块。

我们也可以通过调整图层的顺序改变画面效果。将蓝色色块的图层2拖到图层1上，画面的效果变为蓝色色块在前、红色色块在后的效果，如图3.5.2-5所示。

3.选区

在Photoshop中，选区即选择的区域，通常可以选择图层中某个区域或色块。创建选区的方法很多，在工具栏中可以利用“选框”工具建立选区；利用“套索”工具建立选区；利用“快速选择”工具和“魔棒”工具建立选区；利用“钢笔”工具绘制路径进行选区建立；利用“形状”工具绘制路径来建立选区等。

创建好选区后，所有操作都被限定在该选区范围内操作。如图3.5.2-6所示，用橡皮擦工具涂抹时，只有选区内色彩被擦除，即使在选区外拖动橡皮擦工具，选区外色彩依然不会被擦除。也可以用图层的切换对不同图层进行编辑，如图3.5.2-7所示，在两个不同色块的图层上建立一个圆形选区，选择蓝色图层，只能对蓝色图形进行编辑。

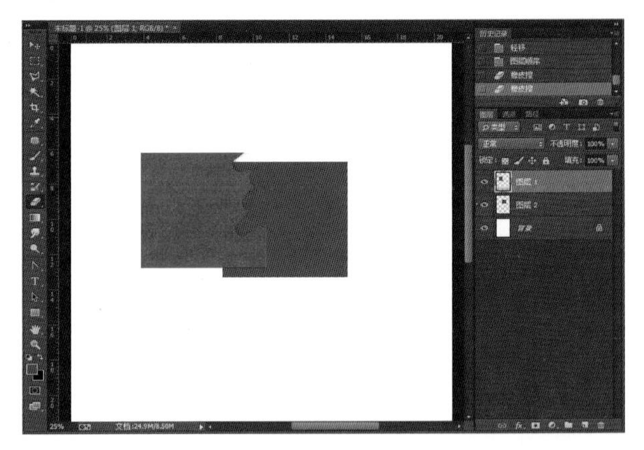

图3.5.2-4

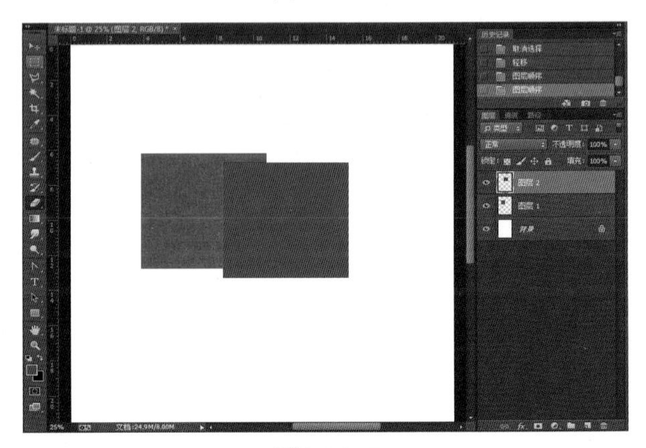

图3.5.2-5

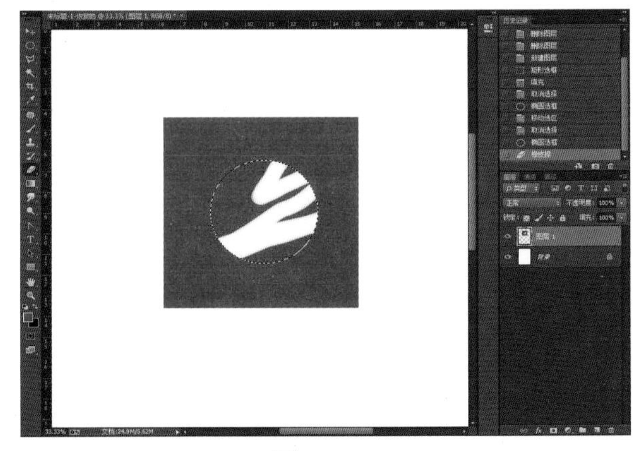

图3.5.2-6

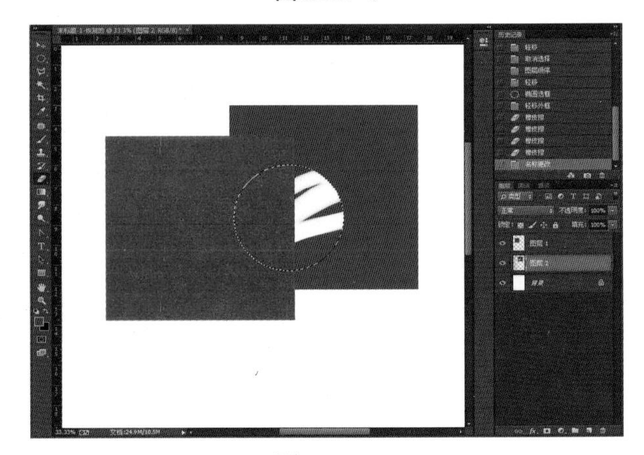

图3.5.2-7

项目六：Adobe Photoshop 服装效果图表现与拓展设计

项目概述：

服装效果图是指能够正确表达服装穿在人体上效果的设计图。服装效果图一般应表现出服装的款式、内部结构线、服装面料、色彩、图案等特点。它更多地考虑到服装的合理性和服用效果。

在服装效果图的绘制中，一般要符合以下要求：人体比例和结构准确；动态优美；服装款式细节和部件结构表达明确；线条要清晰、流畅；图案、色彩和面料特征明显等。

本项目主要培养学生运用 Photoshop 软件绘制各种服装效果图的能力。学生通过软件使用方法和软件表现技巧的训练，熟练掌握 Photoshop 软件快速表现服装效果图，以及拓展设计各种图案、各种面料和不同色彩的表现方法，为以后从事服装设计工作打下良好的电脑效果图绘图基础。

思维导图：

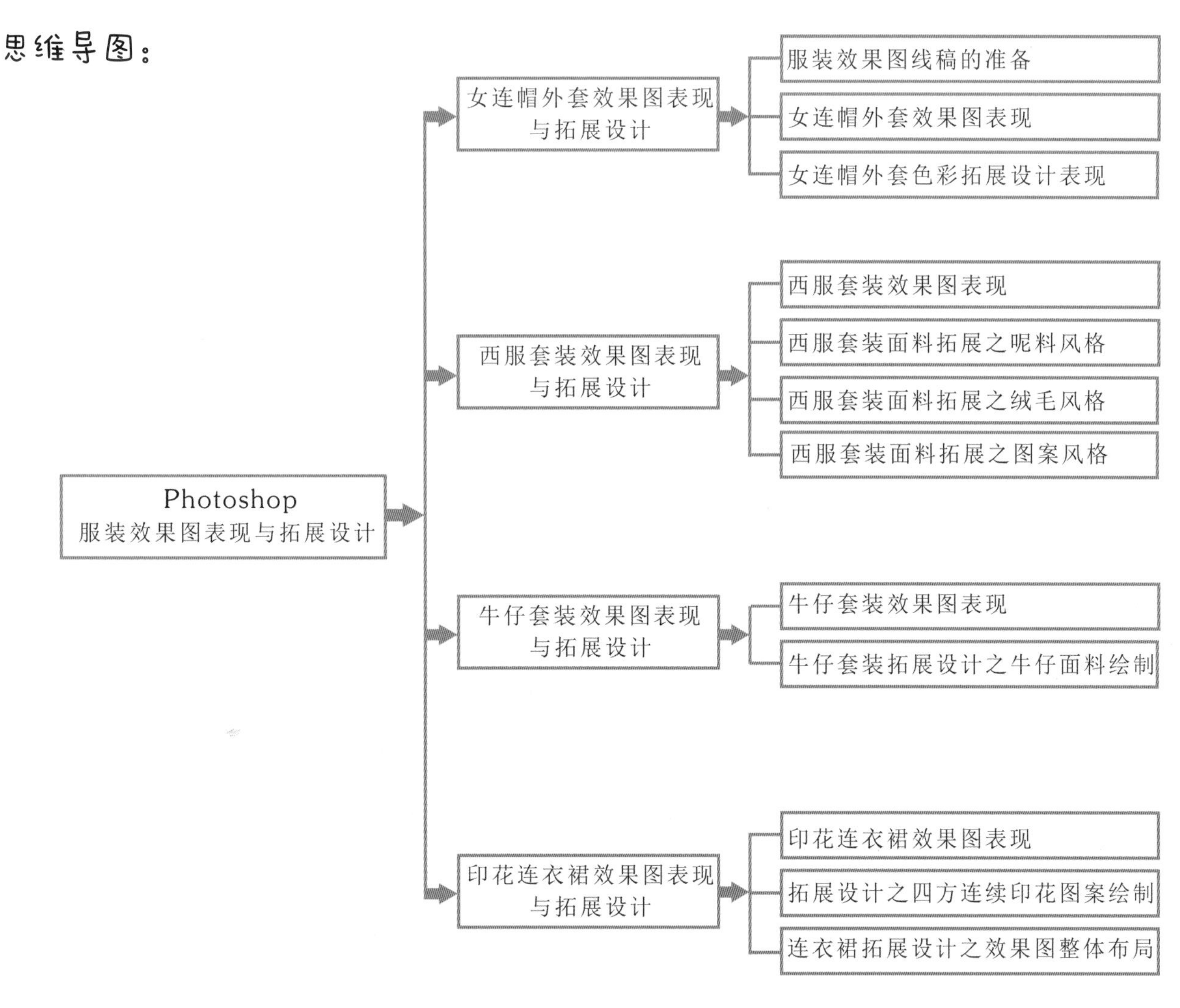

图3.6–1

学习目标：

◆**知识目标**

（1）掌握Photoshop软件各种工具使用的方法与技巧。

（2）掌握Photoshop软件绘制服装效果图线稿的方法。

（3）掌握Photoshop软件的填色方法与技巧。

（4）掌握Photoshop软件绘制四方连续图案和牛仔面料的方法。

（5）掌握Photoshop软件绘制效果图时面料填充的方法。

（6）掌握Photoshop软件使用滤镜和图层样式绘制不同面料风格的方法。

◆**能力目标**

（1）培养用Photoshop软件绘制皮肤、五官、发型的技巧；运用软件绘制连帽外套效果图及建立图层和选区对效果图填色和色彩调整的能力；利用图层组管理图层的能力。

（2）培养用Photoshop软件利用滤镜和图层样式绘制不同面料、图案的技巧；运用软件绘制西服套装效果图及运用滤镜绘制不同面料风格的能力。

（3）培养用Photoshop软件利用“创建剪贴蒙版”填充面料的方法；运用软件绘制斜纹牛仔面料的技巧；软件绘制牛仔套装效果图及绘制牛仔面料的能力。

（4）培养用Photoshop软件绘制印花连衣裙及绘制四方连续印花图案的能力；运用软件将效果图、款式图、图案面料汇总形成整体设计方案的能力。

（5）具备服装设计公司电脑绘图实战操作能力。

◆**情感目标**

（1）通过服装效果图的电脑绘制和拓展设计的技能培养，引导学生对专业技能的热爱。

（2）通过绘制服装效果图的形式美，培养学生的审美能力和创新能力。

（3）通过设计公司实际项目的运作，激发学生的学习兴趣，用自己的技能为社会创造价值。

（4）通过培养学生软件的学习兴趣，让学生爱学习、爱专业、爱生活。

任务一：连帽外套效果图表现与拓展设计

一、任务导入

某女装设计公司推出了下一季的秋冬女装成衣外套系列。为了配合终端店铺展示需要，公司推出主题画册和陈列手册。要求设计师用电脑绘图软件表现外套的成衣着装效果图，并快速表现成衣效果图中外套的系列色彩感。

二、任务要求

1. 掌握Photoshop软件表现连帽外套效果图的方法。
2. 掌握Photoshop软件建立图层和选区进行填色的方法。
3. 掌握Photoshop软件绘制皮肤、五官、发型的方法。
4. 掌握Photoshop软件利用滤镜方法绘制靴子毛边的技巧。
5. 掌握Photoshop软件利用图层组管理图层的方法。
6. 掌握Photoshop软件拓展不同方法进行色彩调整的技巧。

三、任务实施

设计师Mary通过本公司推出的下一季秋冬女装成衣设计方案，确定连帽外套基本款式：直腰身中长外套；衣身有横向分割；连帽设计；系腰带；贴袋设计；以橄榄绿为主色调；搭配紧身裤和翻毛皮靴。

设计师通过Photoshop软件准确表达自己的设计思想和软件使用技巧，完成款式设计和色彩搭配。同时使用Photoshop软件，拓展出不同方法进行色彩调整，完成设计任务。

（一）线稿的准备

在绘制电脑服装效果图时，一般需要有效果图线稿，然后进行色彩、面料等效果处理。通常，获得效果图线稿的方式有两种：一是手绘纸质效果图线稿通过扫描或拍照获得；二是通过绘图工具（鼠标或手绘板）直接在电脑中进行绘制。

1.扫描或拍摄获得线稿

在Photoshop中打开扫描线稿，解锁该背景图层，选择菜单【图像】/【调整】/【去色】（快捷键：Shift+Ctrl+U）将图片变为黑白单色，如图3.6.1–1所示。

选择菜单【图像】/【调整】/【亮度/对比度】，打开“亮度/对比度”对话框，调整相关参数（不同图片调整参数不同），让线条清晰，与背景形成强对比，如图3.6.1–2所示。

图3.6.1–1

图3.6.1–2

选择菜单【选择】/【色彩范围】出现色彩范围对话框，调整“颜色容差”，在对话框的图示中用鼠标点击白色背景部分，除线条以外的白色背景全部选中，按“Delete”键删除背景，留下线稿，如图3.6.1–3所示。

图3.6.1–3

新建白色背景图层，放在线稿图层下面，完成线稿提取，如图3.6.1–4所示。

图3.6.1–4

2.手绘板直接在电脑中绘制效果图线稿

电脑软件和手绘板结合在电脑中直接绘制线稿是一种高效率的方法，需要绘图者有扎实的绘画基础和娴熟的专业基本功。

打开Photoshop软件，在菜单栏选择【文件】/【新建】（快捷键：Ctrl+N），弹出新建对话框。纸张大小选择A4，文档命名为“女连帽外套”，分辨率300像素/英寸，颜色模式为RGB，背景内容为白色，如图3.6.1–5所示。

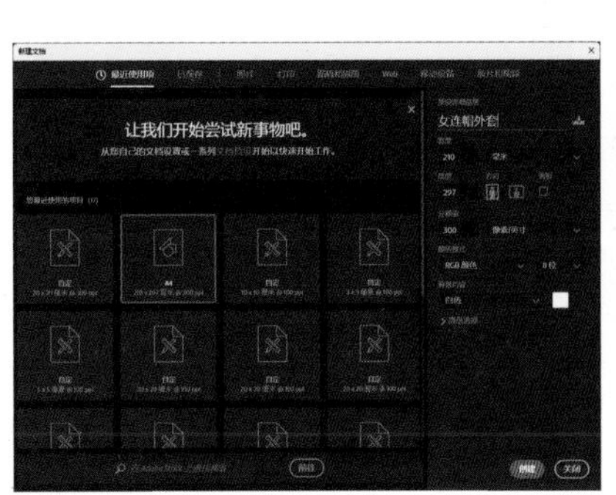

图3.6.1–5

新建“外套线稿”图层，选择“画笔”工具（快捷键：B），画笔笔刷选择“硬边圆压力大小”，画笔大小为2像素。在“外套线稿”图层绘制女连帽外套效果图线稿，如图3.6.1–6所示。

图3.6.1–6

（二）连帽外套效果图表现

1.打开“女连帽外套”线稿文档，选择“外套线稿”图层，将图层锁定并始终放在图层最上方。用“磁性套索”工具勾出皮肤选区（如线稿是封闭线稿，可以用“魔术棒”工具点选皮肤部分选区）。在选区状态下，选择菜单【选择】/【修改】/【扩展】，扩展量输入1像素，如图3.6.1–7所示。

2.新建“皮肤”图层，并填充皮肤色，如图3.6.1–8所示。

3.在填充好的“皮肤”图层上方新建“皮肤暗部”图层。选择“画笔”工具，笔刷选择“柔边圆压力不透明度”，在属性栏中降低“不透明度”和“流量”，用比皮肤深的同色系颜色画出皮肤的暗部，如图3.6.1–9所示。

4.新建“五官”图层，绘制出五官的色彩、层次，如图3.6.1–10所示。

5.新建“头发”图层并填充颜色，如图3.6.1–11所示。

6.新建“头发暗部”图层，图层模式选择“正片叠底”，用浅灰色画出头发暗部；新建“头发亮部”图层，降低“不透明度”和“流量”，用同色系较浅的颜色画出头发亮部，如图3.6.1–12所示。

7.为了方便管理图层，新建“五官发型”组，将五官、皮肤、头发等放在一个组内，如图3.6.1–13所示。

8.在“外套线稿”图层上，用“魔术棒”工具或“磁性套索”工具建立外套选区。选择菜单【选择】/【修改】/【扩展】，扩展量输入1像素，新建“连帽外套”图层，填充橄榄绿色，如图3.6.1–14所示。

图3.6.1–7

图3.6.1–8

图3.6.1–9

图3.6.1–10

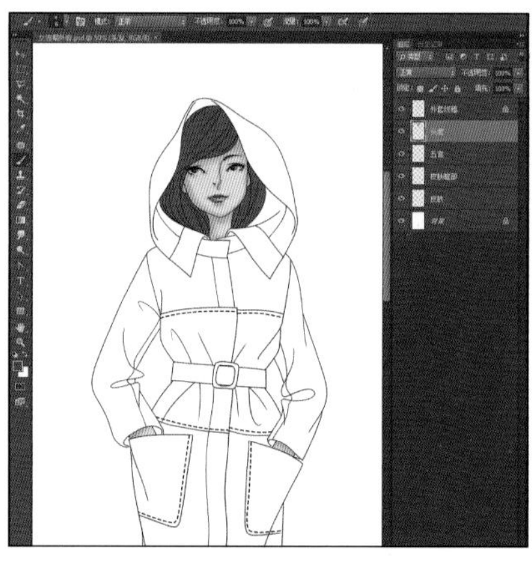

图3.6.1–11

图3.6.1–12

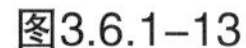

图3.6.1–13

图3.6.1–14

9.在“外套线稿”图层上，用“多边形套索”工具或“磁性套索”工具勾画出外套反面面料的选区。新建“外套反面面料”图层，填充浅灰色，如图3.6.1–15所示。

10.在“外套反面面料”图层上填充浅灰色后，将图层的混合模式设置为“正片叠底”，不透明度根据需要降低一定数值，如图3.6.1–16所示。

11.选择“连帽外套”图层，按住“Ctrl”键，鼠标指向“图层缩览图”出现“小手+选框”的图标后点击，将“连帽外套”载入选区。新建“外套暗部”图层，将图层的混合模式设置为“正片叠底”，选择浅灰色，用画笔工具画出外套的暗部，如图3.6.1–17所示。完成后，新建“外套组”，将与外套相关的图层放在一个组内。

12.建立腰带选区，新建“腰带”图层并填色；建立腰带环选区，新建“腰带环”图层，选择“渐变”工具中“线性渐变”填充灰色，如图3.6.1–18所示。

13.新建“腰带暗部”和“腰带亮部”图层，绘制出腰带的体感。新建“腰带组”，将组成腰带的四个图层放在一个组内，如图3.6.1–19所示。

14.在“外套线稿”图层上，用“魔术棒”工具或“磁性套索”工具建立裤子选区。选择菜单【选择】/【修改】/【扩展】，扩展量输入1像素，新建“裤子”图层，填充蓝色，如图3.6.1–20所示。

15.新建“裤子暗部”图层，将图层的混合模式设置为“正片叠底”，选择浅灰色，用画笔工具画出裤子的暗部，如图3.6.1–21所示。完成后，新建“裤子组”，将与裤子相关的两个图层放在一个组内。

16.用同样的方法画出靴子部分的颜色、暗部和亮部，如图3.6.1–22所示。

图3.6.1–15

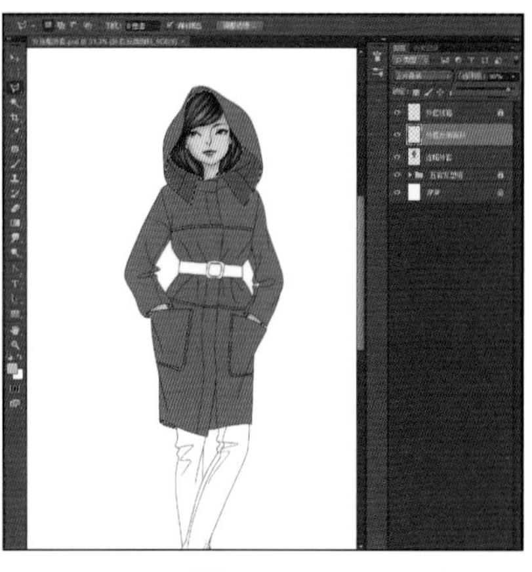

图3.6.1–16

图3.6.1–17

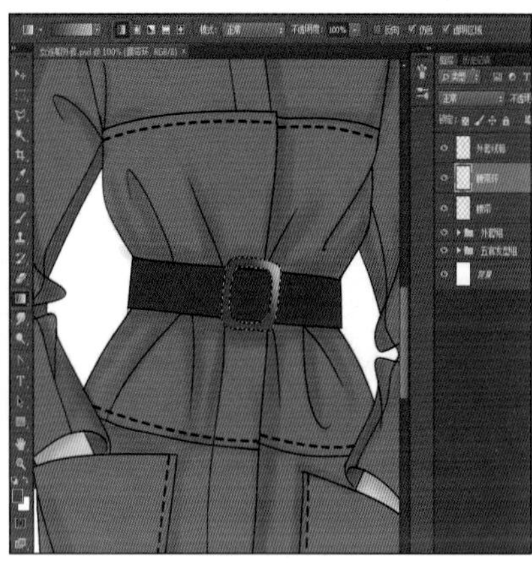

图3.6.1–18

图3.6.1–19

图3.6.1–20

图3.6.1–21

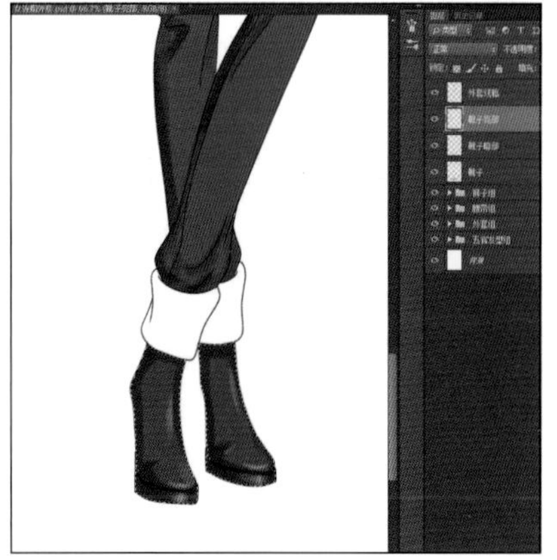

图3.6.1–22

17.新建“靴口翻边”图层，建立选区并填色。选择菜单【滤镜】/【杂色】/【添加杂色】，出现“添加杂色”对话框，设置相关参数，如图3.6.1–23所示。

18.继续选择菜单【滤镜】/【模糊】/【动感模糊】，出现“动感模糊”对话框，设置相关参数，如图3.6.1–24所示。

19.新建“翻边暗部”和“翻边亮部”图层，分别绘制翻边的暗部和亮部，完成靴子的整体效果，如图3.6.1–25所示。完成后，新建“靴子组”，将与靴子相关的六个图层放在一个组内。

20.最后，女连帽外套效果图完成，如图3.6.1–26所示，完成后分别保存为“女连帽外套.PSD”和“女连帽外套.JPG”两种格式的文件。

（三）连帽外套色彩拓展设计表现

在绘制服装效果图中，改变已有服装色彩的方法很多，选择菜单【图像】/【调整】中的子菜单，可以有不同的方式调整服装的色相、明度、纯度等色彩要素。也可以选择菜单【图层】/【图层样式】/【颜色叠加】来完成色彩调整。下面以连帽外套效果图中“连帽外套”图层的颜色调整为例，根据【图像】/【调整】的子菜单中红色框选的三个调整色彩的方法和图层样式进行示范，讲解色彩调整的方法，蓝色框选的方法可以自己尝试练习，如图3.6.1–27所示。

1.打开“女连帽外套.PSD”文件，选中“连帽外套”图层，选择菜单【图像】/【调整】/【色相/饱和度】，调整相关参数，得到需要的色彩，如图3.6.1–28所示。

2.选中“连帽外套”图层，选择菜单【图像】/【调整】/【色彩平衡】，调整相关参数，得到需

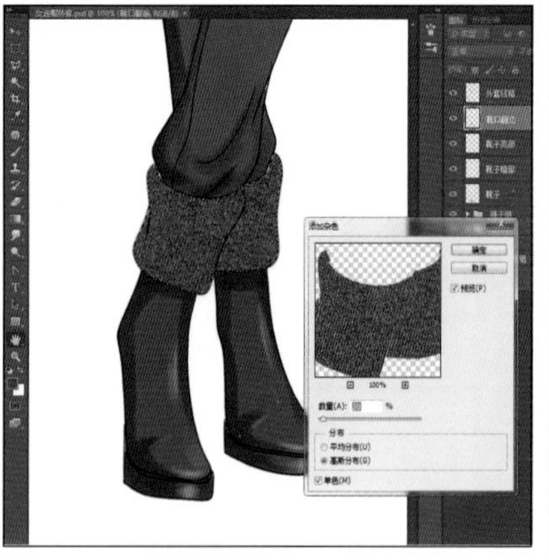

图3.6.1–23

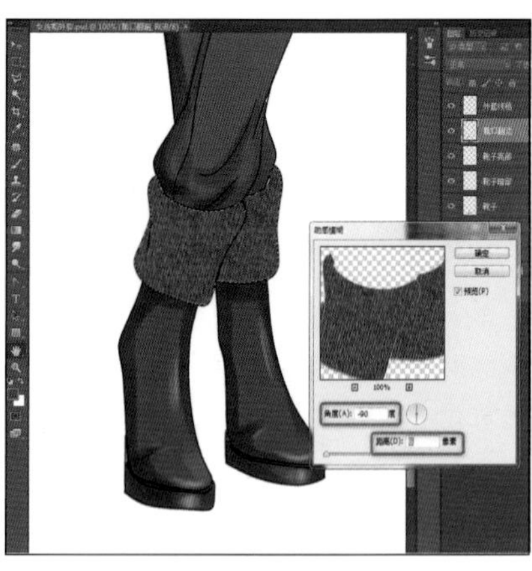

图3.6.1–24

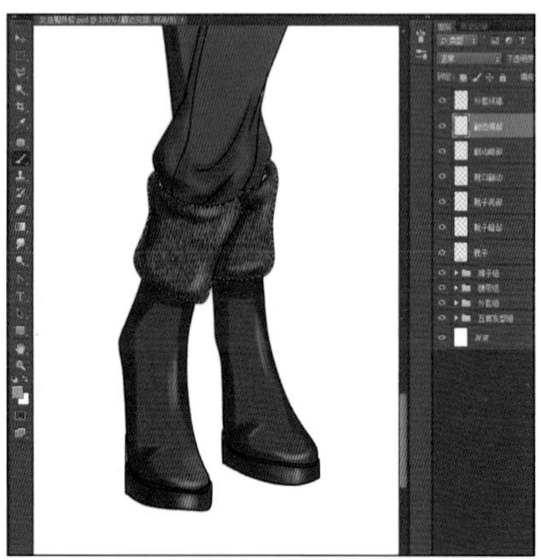

图3.6.1–25

图3.6.1–26

图3.6.1–27

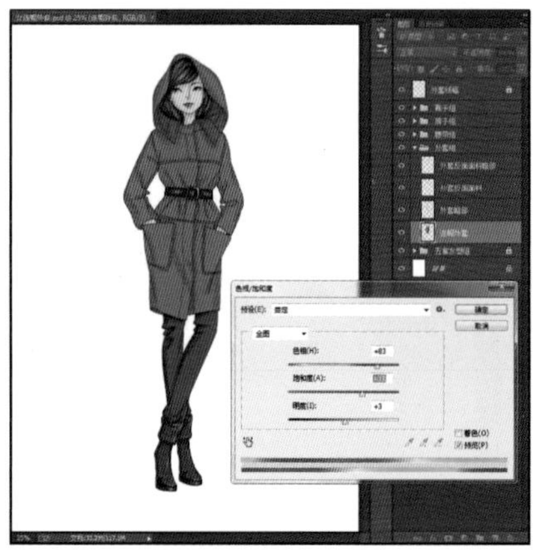

图3.6.1–28

图3.6.1–29

要的色彩，如图3.6.1–29所示。

3.选中“连帽外套”图层，选择菜单【图像】/【调整】/【替换颜色】，用吸管吸取要替换的颜色，调整相关参数，得到需要的色彩，如图3.6.1–30所示。

4.选中“连帽外套”图层，选择菜单【图层】/【图层样式】/【颜色叠加】，点击色块，打开“拾色器”面板，选择合适颜色，混合模式选为“正常”，调整相关参数，得到需要的色彩，如图3.6.1–31所示。

（四）连帽外套四种色彩拓展设计展示

如图3.6.1–32所示。

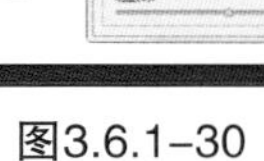

图3.6.1–30

图3.6.1–31

图3.6.1–32

四、学习评价

考核项目	考核标准	分值	得分
连帽外套线稿绘制	线稿绘制方法和技巧	20%	
利用图层和选区填色	养成利用图层建立选区填色的习惯	10%	
色彩的层次和体积感	颜色填充、暗部、亮部表现体感强	15%	
靴子毛边的画法	掌握滤镜的使用方法和技巧	15%	
图层组管理图层	图层的建立与管理技巧	5%	
色彩调整的拓展	掌握色彩调整的不同方法	20%	
整体效果	效果图整体效果好	10%	
存储	掌握不同格式存储方法	5%	
合计		100%	

五、巩固训练

根据图2.4.1–50所示“男休闲短裤”正、背面彩色款式图，按照本任务中的不同方式调整服装色相、明度、纯度等色彩要素。将“模块二·项目四·任务一”中“男休闲短裤”款式图的色彩用不同的方法进行调色。

任务二：西服套装效果图表现与拓展设计

一、任务导入

某女装设计公司推出了下一季的秋冬西装成衣系列。公司为了配合制作企划案需要，要求设计师用电脑绘图软件表现出西服外套的成衣着装效果图，同时，快速表现西服效果图中不同面料的系列感。

二、任务要求

1. 掌握Photoshop软件表现西服套装效果图的方法。
2. 掌握Photoshop软件建立图层和选区并进行填色的方法。
3. 掌握Photoshop软件绘制皮肤、五官、发型的方法。
4. 掌握Photoshop软件利用滤镜和图层样式绘制不同面料、图案的技巧。
5. 掌握Photoshop软件利用图层组管理图层的方法。

三、任务实施

设计师Andy通过本公司推出的下一季秋冬女装成衣设计方案，确定西服套装基本款式：双排扣平驳领西服；衣身收腰省；双嵌线口袋；西服以黄绿色为主色调，内搭绿色衬衣；搭配直筒裤和皮靴。

设计师通过Photoshop软件准确表达自己的设计思想和软件使用技巧，完成款式设计和色彩搭配。同时使用Photoshop软件，拓展出不同方法进行各种面料效果的绘制，完成设计任务。

（一）西服套装效果图表现

1.打开Photoshop软件，在菜单栏选择【文件】/【新建】（快捷键：Ctrl+N），弹出新建对话框。纸张大小选择A4，文档命名为“西服套装”，分辨率为300像素/英寸，颜色模式为RGB，背景内容为白色，如图3.6.2–1所示。

2.新建“线稿”图层，选择“画笔”工具（快捷键：B），画笔笔刷选择“硬边圆压力大小”，画笔大小为2像素。在“线稿”图层绘制牛仔套装效果图线稿，将图层锁定并始终放在图层最上方，如图3.6.2–2所示。

3.选择“线稿”图层，用“磁性套索”工具勾出皮肤选区（如线稿是封闭线稿，可以用“魔术棒”工具点选皮肤部分选区）。选择菜单【选择】/【修改】/【扩展】，扩展量输入1像素，新建“皮肤”图层，并填充皮肤色。在填充好的“皮肤”图层上方新建“皮肤暗部”图层，选择画笔工具中“硬边圆压力不透明度”笔刷，调整“不透明度”和“流量参数”，用比皮肤深的同色系颜色画出皮肤的暗部，如图3.6.2–3所示。

图3.6.2–1

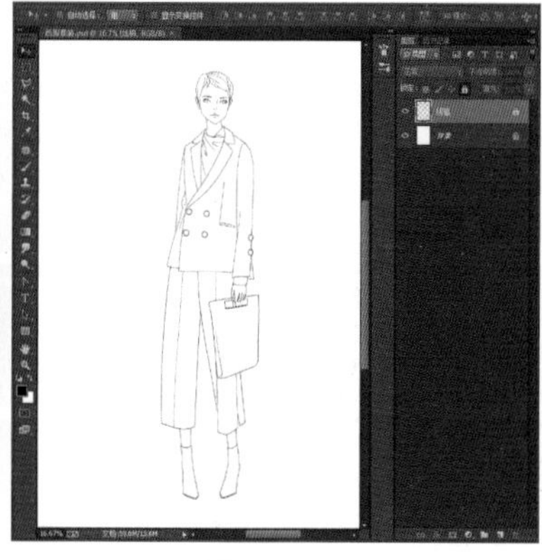
图3.6.2–2

图3.6.2–3

4.新建“五官”各图层，绘制出五官的色彩，如图3.6.2-4所示。

5.新建“头发”图层并填充颜色；新建“头发暗部”图层，图层模式选择“正片叠底”，用浅灰色画出头发暗部；新建“头发亮部”图层，降低“不透明度”和“流量”，用同色系较浅的颜色画出头发亮部，如图3.6.2-5所示。

6.新建“衬衣”图层，勾出衬衣选区，填充绿色；再新建“衬衣暗部”和“衬衣亮部”图层，绘制出衬衣的光感和体感，如图3.6.2-6所示。

7.新建“靴子”图层，勾出靴子选区，填充深绿色；再新建“靴子暗部”和“靴子亮部”图层，绘制出靴子的光感和体感，如图3.6.2-7所示。

8.新建“手袋”图层，填充柠黄色；新建“手袋暗部和亮部”图层，用“多边形套索”工具勾出暗部区域并填色、勾出亮部并填色，如图3.6.2-8所示。

9.新建“西服”图层，填充黄绿色，如图3.6.2-9所示。

10.新建“西服暗部”图层，图层模式选择“正片叠底”，用浅灰色画出西服暗部；新建“西服高光”图层，降低“不透明度”和“流量”，用同色系较浅的颜色画出西服亮部，如图3.6.2-10所示。

11.用同样方法绘制裤子色彩效果。在Photoshop中打开纽扣图片素材，将纽扣图片的背景色删除，将纽扣拖拽到“西服”上，调整纽扣大小，放置在合适的位置，如图3.6.2-11所示。

图3.6.2-4

图3.6.2-5

图3.6.2-6

图3.6.2-7

图3.6.2-8

图3.6.2-9

图3.6.2-10

图3.6.2-11

12.最后，填好色的西服套装绘制完成，如图3.6.2–12所示。完成后，将效果图存储为“西服套装.PSD”和“西服套装.JPG”两种格式文件。

（二）西服套装面料拓展之呢料风格

1.打开“西服套装.PSD”文件，选中“西服”图层，选择菜单【滤镜】/【杂色】/【添加杂色】，出现“添加杂色”窗口，选择“高斯分布”，勾选“单色”，调整相关参数，如图3.6.2–13所示。

2.选择菜单【滤镜】/【模糊】/【高斯模糊】，出现“高斯模糊”窗口，调整相关参数，通过预览，调整到需要的面料质感效果，如图3.6.2–14所示。

3.用同样方法绘制裤子的呢料效果，最后效果如图3.6.2–15所示。完成后，将效果图存储为“西服套装呢料风格.PSD”和“西服套装呢料风格.JPG”两种格式文件。

（三）西服套装面料拓展之绒毛风格

1.打开“西服套装.PSD”文件，选中“西服”图层，选择菜单【滤镜】/【杂色】/【添加杂色】，出现“添加杂色”窗口，选择“高斯分布”，勾选“单色”，调整相关参数，如图3.6.2–16所示。

2.选择菜单【滤镜】/【模糊】/【动感模糊】，出现“动感模糊”窗口，角度调整到90°，调整其他相关参数，通过预览，调整到需要的面料质感效果，如图3.6.2–17所示。

图3.6.2–12

图3.6.2–13

图3.6.2–14

图3.6.2–15

图3.6.2–16

图3.6.2–17

3.为了让线稿与面料质感统一，选中并解锁“线稿”图层，在工具栏选择“涂抹”工具，调整合适的笔刷大小，在线条上进行涂抹，让轮廓线条与绒毛面料融合，如图3.6.2–18所示。

4.用同样方法绘制裤子的绒毛效果，如图3.6.2–19所示。

5.最后，绒毛面料风格的西服套装效果完成如图3.6.2–20所示。完成后，将效果图存储为“西服套装绒毛风格.PSD”和“西服套装绒毛风格.JPG”两种格式文件。

（四）西服套装面料拓展之图案风格

1.打开“西服套装.PSD”文件，选中“西服”图层，选择菜单【图层】/【图层样式】/【混合选项】，点击“混合选项”，出现“图层样式”对话框。点击“样式”选择“皮毛”文件夹里“斑马”。再选中“图案叠加”，斑马图案直接叠加在服装上。可以对“斑马”图案的“不透明度”和“缩放”参数进行调整，降低“不透明度”是为了让图案叠加在原色彩上并融合在一起。“缩放”是调整图案在服装上的大小，如图3.6.2–21所示。

图3.6.2–18

图3.6.2–19

图3.6.2–20

图3.6.2–21

图3.6.2–22

（五）西服套装不同面料风格拓展展示

如图3.6.2–23所示。

图3.6.2–23

四、学习评价

考核项目	考核标准	分值	得分
西服套装线稿绘制	线稿绘制方法和技巧	15%	
利用图层和选区填色	养成利用图层建立选区填色的习惯	10%	
色彩的层次和体积感	颜色填充、暗部、亮部表现体感强	15%	
套装面料之呢料风格	掌握滤镜绘制面料风格的方法和技巧	15%	
套装面料之绒毛风格	掌握滤镜绘制面料风格的方法和技巧	15%	
套装面料之图案风格	掌握图层样式填充图案的方法和技巧	15%	
整体效果	效果图整体效果好	10%	
存储	掌握各种格式存储方法	5%	
合计		100%	

五、巩固训练

根据本任务，结合公司推出下一季秋冬女装西服外套系列的要求，再设计一套西服套装，并用服装效果图形式表现，面料特征为迷彩效果。

要求：

1. 西装外套效果图人物造型优美，比例准确。
2. 选择合适的滤镜效果表现迷彩面料特征。

任务三：牛仔套装效果图表现与拓展设计

一、任务导入

广东均安某牛仔服饰公司拟推出新款牛仔套装时装系列。根据设计需要，要求设计师用电脑绘图软件表现牛仔套装的成衣着装效果图，同时拓展设计出牛仔斜纹面料的绘制方法。

二、任务要求

1. 掌握Photoshop软件表现牛仔套装效果图方法。
2. 掌握Photoshop软件绘制建立图层和选区进行填色的方法。
3. 掌握Photoshop软件绘制皮肤、五官、发型的方法。
4. 掌握Photoshop软件利用“创建剪贴蒙版”填充面料的方法。
5. 掌握Photoshop软件绘制斜纹牛仔面料的方法。

三、任务实施

设计师Woody通过本公司推出的最新牛仔套装系列成衣设计方案，确定牛仔套装基本款式：吊带露肩上衣；腰身收紧；前衣片两省设计；前门襟纽扣设计；长袖设计；袖口上方有结构分割，分割处隆起；裤型为长喇叭裤；蓝色斜纹牛仔面料。

设计师通过Photoshop软件准确表达自己的设计思想和软件使用技巧，完成款式设计和色彩搭配，通过Photoshop软件拓展设计绘制斜纹牛仔面料，完成设计任务。

（一）牛仔套装效果图表现

1.打开Photoshop软件，在菜单栏选择【文件】/【新建】(快捷键：Ctrl+N)，弹出新建对话框。纸张大小选择A4，文档命名为“牛仔套装”，分辨率为300像素/英寸，颜色模式为RGB，背景内容为白色，如图3.6.3–1所示。

2.新建“线稿”图层，选择“画笔”工具(快捷键：B)，画笔笔刷选择“硬边圆压力大小”，画笔大小为2像素。在“线稿”图层绘制牛仔套装效果图线稿，将图层锁定并始终放在图层最上方，如图3.6.3–2所示。

3.在“线稿”图层，用“磁性套索”工具勾出皮肤选区(如线稿是封闭线稿，可以用“魔术棒”工具点选皮肤部分选区)。选择菜单【选择】/【修改】/【扩展】，扩展量输入1像素，新建“皮肤”图层，并填充皮肤色。在填充好的“皮肤”图层上方新建“皮肤暗部”图层，选择画笔工具中“硬边圆压力不透明度”笔刷，调整“不透明度”和“流量参数”，用比皮肤深的同色系颜色画出皮肤的暗部，如图3.6.3–3所示。

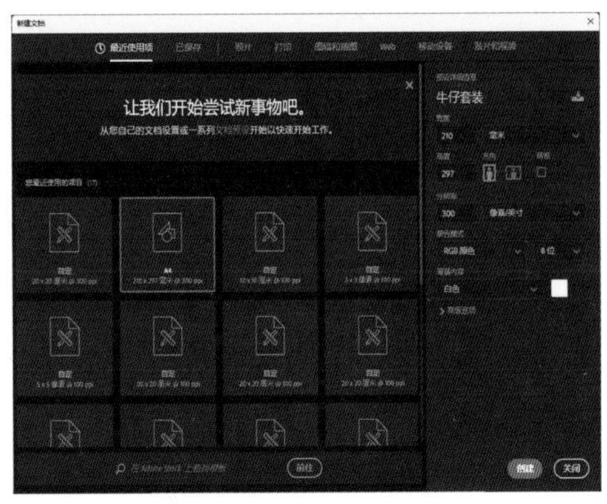

图3.6.3–1

图3.6.3–2

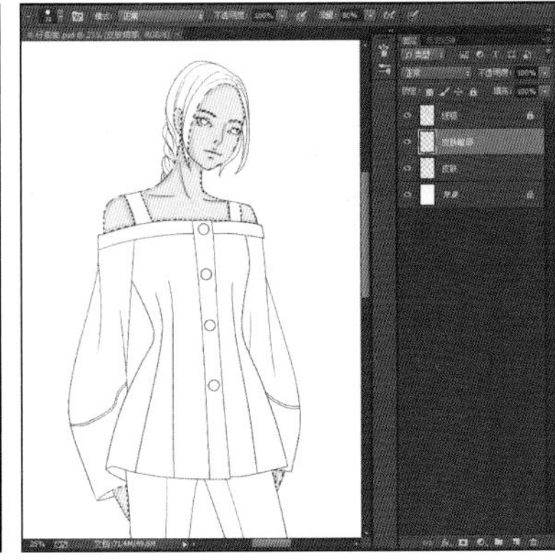
图3.6.3–3

4.新建“五官”图层，绘制出五官的色彩效果，如图3.6.3–4所示。

5.新建“头发”图层并填充颜色，如图3.6.3–5所示。

6.新建“头发暗部”图层，图层模式选择“正片叠底”，用浅灰色画出头发暗部；新建“头发亮部”图层，降低画笔的“不透明度”和“流量”，用同色系较浅的颜色画出头发亮部，如图3.6.3–6所示。

7.新建“上衣”图层，勾出上衣选区，填充任意颜色，如图3.6.3–7所示。

8.打开牛仔面料素材，复制面料到“上衣”图层上方并自动生成图层，将图层命名为“牛仔面料”，如图3.6.3–8所示。

9.在“牛仔面料”图层，选择菜单【编辑】/【自由变换】（快捷键：Ctrl+T），调整牛仔面料大小能覆盖上衣款式，如图3.6.3–9所示。

10.选择“牛仔面料”图层，同时确保“牛仔面料”图层在填充颜色的“上衣”图层上方。选择菜单【图层】/【创建剪贴蒙版】（快捷键：Alt+Ctrl+G）或在图层上击右键选择“创建剪贴蒙版”，此时剪贴蒙版区域显示牛仔面料，如图3.6.3–10所示。

11.在剪贴蒙版“牛仔面料”图层上方新建“上衣暗部”图层，图层混合模式选择“正片叠底”，用“画笔”工具在“上衣暗部”图层上画出上衣的暗部，如图3.6.3–11所示。

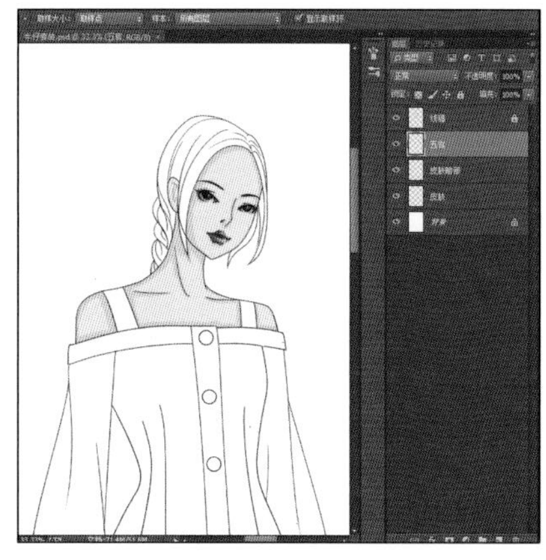

图3.6.3–4

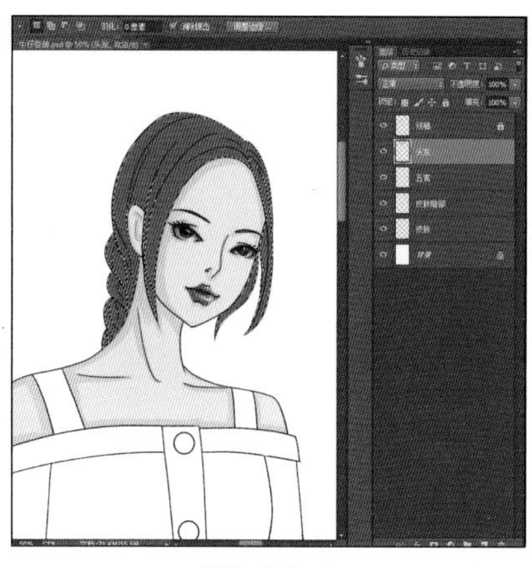

图3.6.3–5

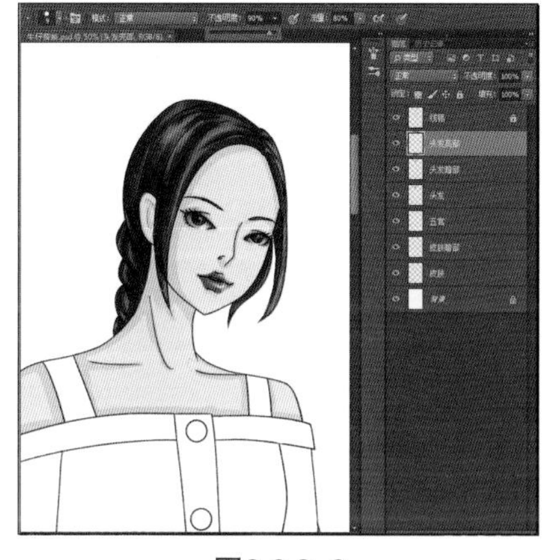

图3.6.3–6

图3.6.3–7

图3.6.3–8

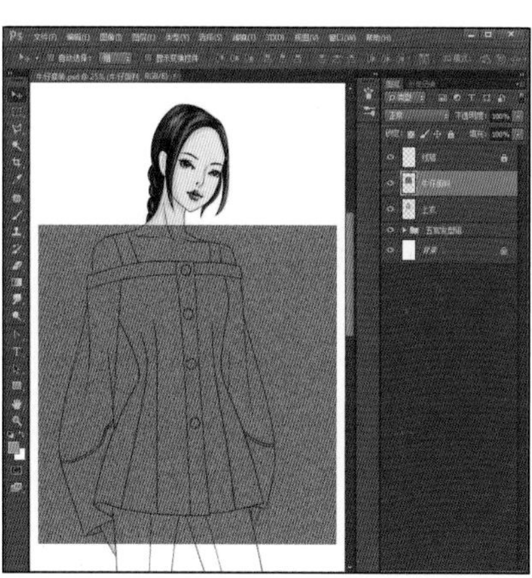

图3.6.3–9

图3.6.3–10

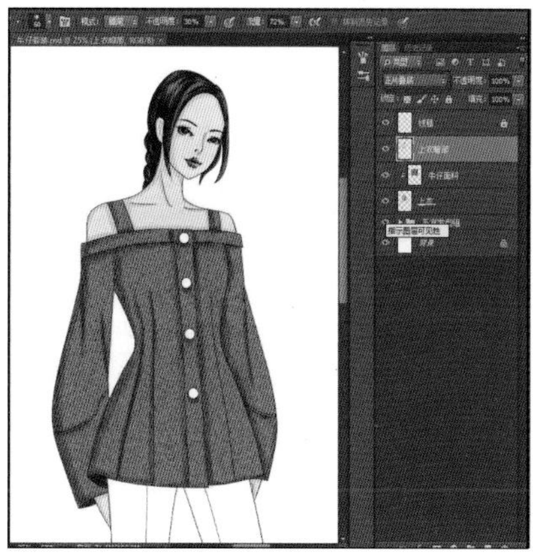

图3.6.3–11

12.新建“上衣亮部”图层，将画笔的“不透明度”和“流量”调低，用浅灰色绘制上衣高光部分，如图3.6.3–12所示。

13.新建“纽扣”图层，将第一个纽扣建立选区，选择渐变工具（快捷键：G），选择“前景色到背景色渐变”，确定前景色和背景色，渐变类型选择“径向渐变”，完成径向渐变填色。打开菜单【图层】/【图层样式】/【混合选项】，出现图层样式窗口，选择“斜面和浮雕”，设置“混合选项”参数，完成纽扣立体效果，如图3.6.3–13所示。

14.将制作好的纽扣效果复制到其他纽扣上，完成纽扣绘制。新建“上衣组”，将上衣相关图层编组，如图3.6.3–14所示。

15.新建“裤子”图层，用上衣同样方法填充牛仔面料。新建“裤子暗部”图层，图层模式选择“正片叠底”；新建“裤子亮部”图层，图层模式选择“正常”；用上衣同样方法绘制裤子的暗部和高光，如图3.6.3–15所示。

16.新建“鞋”图层，将鞋建立选区，新建“鞋暗部”和“鞋亮部”图层，用同样的方法完成鞋子的明暗关系，如图3.6.3–16所示。

17.最后，牛仔套装效果图绘制完成，如图3.6.3–17所示。完成后，分别保存为“牛仔套装.PSD”和“牛仔套装.JPG”两种格式的文件。

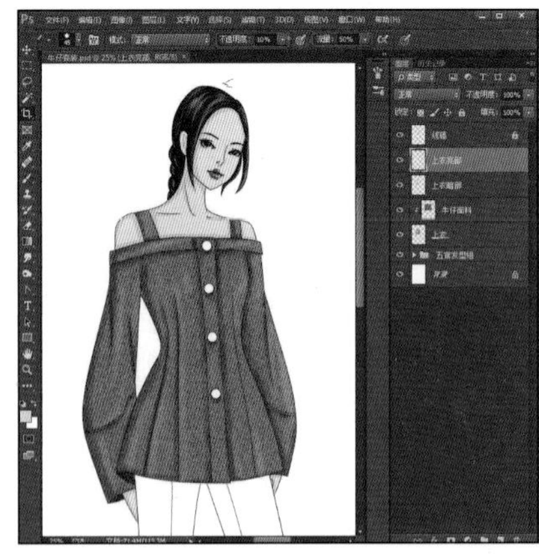

图3.6.3–12

图3.6.3–13

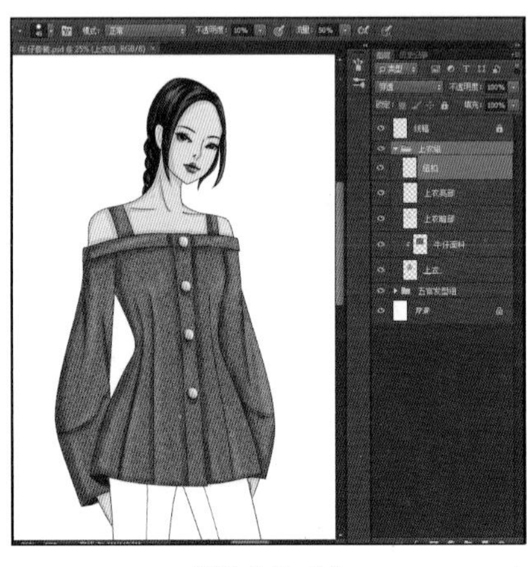

图3.6.3–14

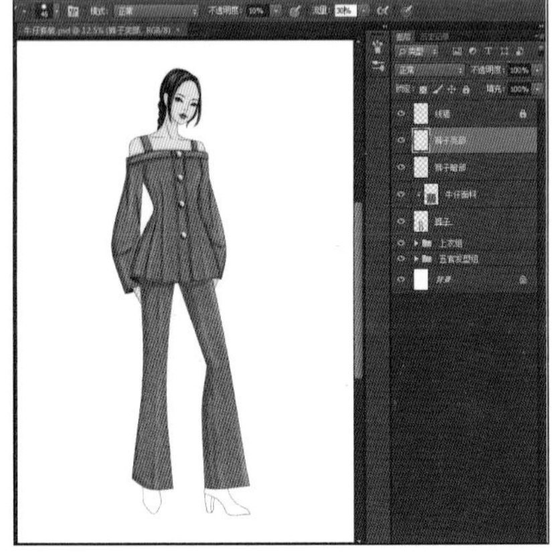

图3.6.3–15

图3.6.3–16

图3.6.3–17

（二）牛仔套装拓展设计之牛仔面料绘制

1.打开Photoshop软件，新建一文件，命名为“牛仔斜纹”，宽度和高度分别为3像素，分辨率为100像素/英寸，如图3.6.3–18所示。

2.使用快捷键“Ctr+＋”，将新建文件放大到最大，选择“铅笔”工具将笔刷大小设置为1像素。新建一图层，色彩选择牛仔蓝，用铅笔点击像素方块，做出“2上1下右斜纹”组织图（关于斜纹组织的组织图原理请参考服装材料的相关知识），如图3.6.3–19所示。

3.关闭背景层，选择菜单【编辑】/【定义图案】将原组织图定义为图案，图案命名为“牛仔斜纹”，如图3.6.3–20所示。

4.新建一文件，命名为“牛仔面料”，文件大小为10cm×10cm，分辨率为100像素/英寸，如图3.6.3–21所示。

5.新建“牛仔斜纹”图层，将背景色填充浅蓝色，打开菜单【编辑】/【填充】/【内容】，选择使用“图案”，选择刚定义的“牛仔斜纹”图案填充，牛仔斜纹面料制作完成，如图3.6.3–22所示。

6.合并可见图层，选择【滤镜】/【杂色】/【添加杂色】，调整“添加杂色”相关参数，如图3.6.3–23所示。

7.最后，牛仔面料效果制作完成，如图3.6.3–24所示。完成后，分别保存为“牛仔面料.PSD”和“牛仔面料.JPG”两种格式的文件。

图3.6.3–18

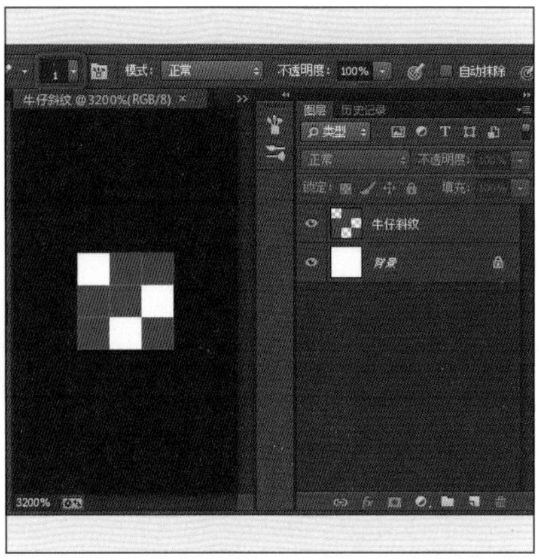

图3.6.3–19

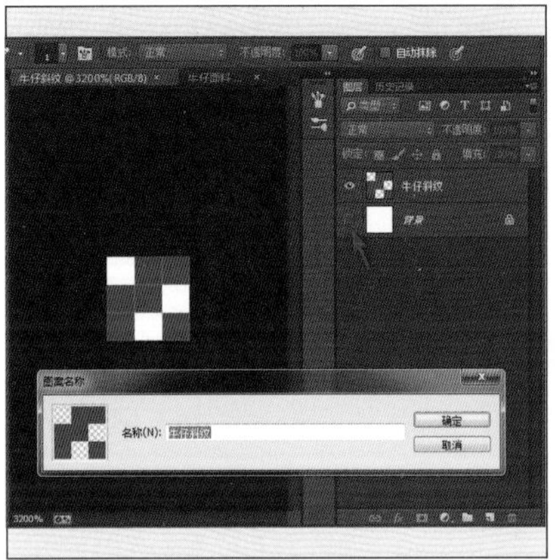

图3.6.3–20

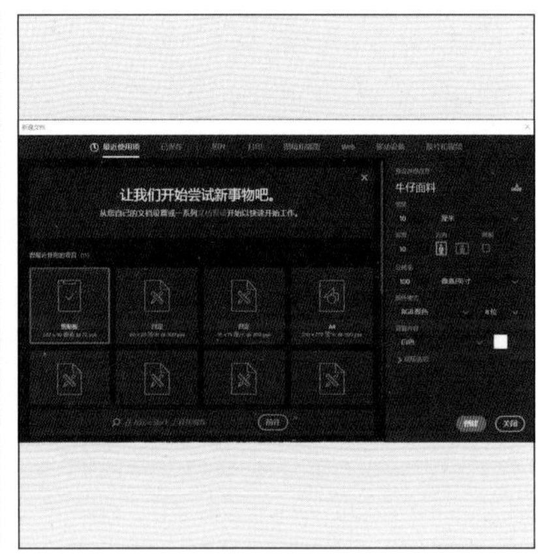

图3.6.3–21

图3.6.3–22

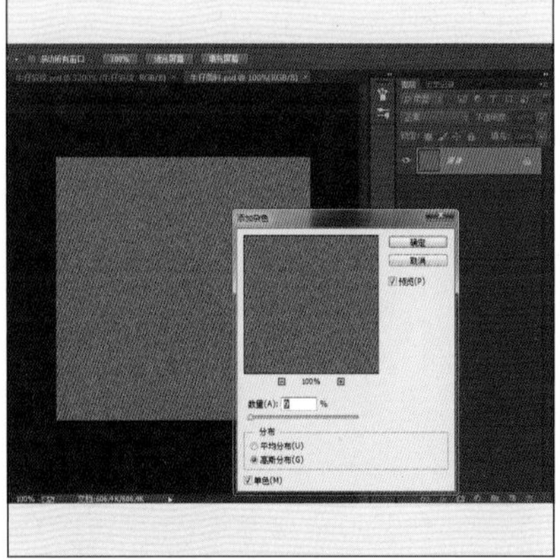

图3.6.3–23

图3.6.3–24

四、学习评价

考核项目	考核标准	分值	得分
牛仔套装的线稿绘制	线稿绘制方法和技巧	20%	
利用图层和选区填色	养成利用图层建立选区填色的习惯	10%	
色彩的层次和体积感	颜色填充、暗部、亮部表现体感强	15%	
牛仔面料的填充	掌握剪贴蒙版的使用方法和技巧	20%	
牛仔斜纹面料绘制	掌握牛仔斜纹面料的绘制方法和技巧	20%	
整体效果	效果图整体效果好	10%	
存储	掌握各种格式存储方法	5%	
合计		100%	

五、巩固训练

根据本任务，结合公司推出的牛仔套装系列要求，设计开发牛仔背带裙一款，并用服装效果图形式表现，面料特征为深绿色牛仔效果。

要求：

1. 背带裙效果图人物造型优美，比例准确。
2. 用本任务的方法设计表现牛仔面料特征。

任务四：印花连衣裙效果图表现与拓展设计

一、任务导入

上海某女装设计公司推出了2022年春夏印花连衣裙系列。公司为了配合制作企划案需要，要求设计师用电脑绘图软件表现出印花连衣裙的成衣着装效果图，拓展绘制印花图案面料效果，并快速表现成衣效果图、款式图和面料图案的整体效果。

二、任务要求

1. 掌握Photoshop软件表现印花连衣裙效果图的方法。
2. 掌握Photoshop软件建立图层和选区并进行填色的方法。
3. 掌握Photoshop软件绘制皮肤、五官、发型的方法。
4. 掌握Photoshop软件利用“创建剪贴蒙版”填充面料的方法。
5. 掌握Photoshop软件绘制四方连续印花图案的方法。
6. 掌握Photoshop软件将效果图、款式图、面料图案汇总形成整体设计方案的方法。

三、任务实施

设计师Enya根据公司设计部要求，推出明年春夏印花连衣裙系列设计方案，其中一款印花连衣裙的基本款式：A字型廓形；胸部弧线分割；弧线上为单色面料前开口拉链设计；弧线下为印花裙身部分；裙身部分有横向分割；裙摆有小波浪。

设计师通过Photoshop软件准确表达自己的设计思想和软件使用技巧，完成印花连衣裙款式设计和色彩搭配。同时使用Photoshop软件，拓展出四方连续图案的绘制方法和效果图整体方案绘制，完成设计任务。

（一）印花连衣裙效果图表现

1.打开Photoshop软件，在菜单栏选择【文件】/【新建】（快捷键：Ctrl+N），弹出新建对话框。纸张大小选择A4，文档命名为“连衣裙”，分辨率为300像素/英寸，颜色模式为RGB，背景内容为白色，如图3.6.4–1所示。

2.新建“线稿”图层，选择“画笔”工具（快捷键：B），画笔笔刷选择“硬边圆压力大小”，画笔大小为2像素。在“线稿”图层绘制连衣裙效果图线稿，将图层锁定并始终放在图层最上方，如图3.6.4–2所示。

3.在“线稿”图层，让皮肤载入选区，选择菜单【选择】/【修改】/【扩展】，扩展量输入1像素，新建“皮肤”图层，并填充皮肤色，如图3.6.4–3所示。

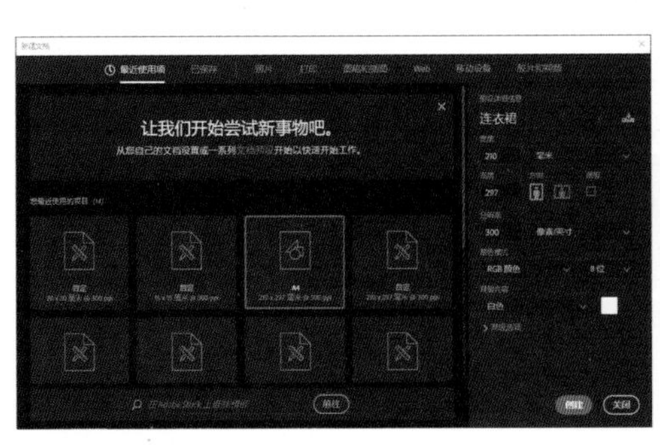

图3.6.4–1

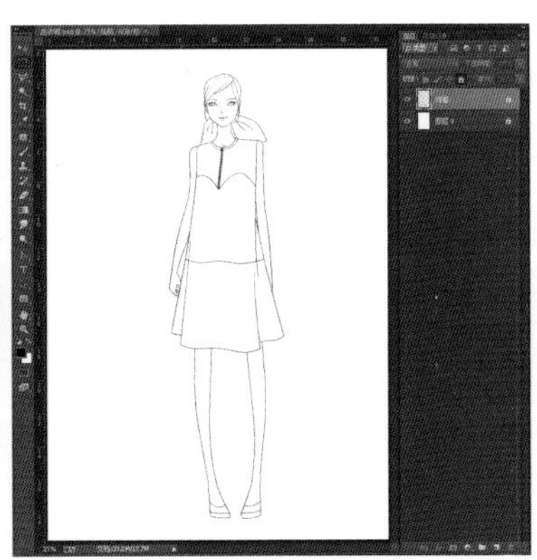
图3.6.4–2

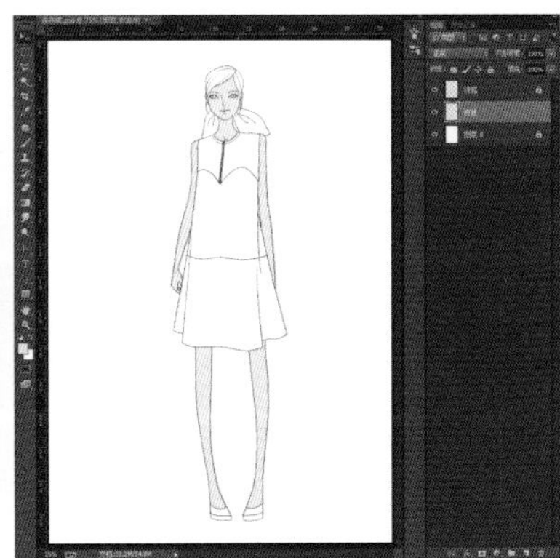
图3.6.4–3

4.在填充好的“皮肤”图层上方新建“皮肤暗部”图层，选择画笔工具中“硬边圆压力不透明度”，调整“不透明度”和“流量参数”，用比皮肤深的同色系颜色画出皮肤的暗部，如图3.6.4–4所示。

5.新建“五官”图层，绘制出五官的色彩效果，如图3.6.4–5所示。

6.新建“头发”图层并填充颜色，绘制头发暗部和亮部，如图3.6.4–6所示。

7.给裙子填充印花图案，一般简单的绘制方法是将整个印花图案的衣片全部做一个选区，然后填充图案。但这种方法不能表现出面料随衣片起伏的关系。有起伏关系的衣片图案通常是错位的。因此，此连衣裙的印花面料分别做了四个选区（用不同颜色区分），每个选区单独填充图案，如图3.6.4–7所示。

8.打开印花面料素材，在菜单栏选择【选择】/【全部】（快捷键Ctrl+A），【编辑】/【拷贝】（快捷键Ctrl+C），如图3.6.4–8所示。

9.在“连衣裙”文件中选择【编辑】/【粘贴】（快捷键：Ctrl+V），把花色面料放在“选区1”图层上面，准备给第一个色块填充面料，如图3.6.4–9所示。

10.选中“花色面料”图层，在菜单栏选择【图层】/【创建剪贴蒙版】（快捷键：Alt+Ctrl+G），或在图层上点击右键选择“创建剪贴蒙版”，如图3.6.4–10所示。

11.此时剪贴蒙版区域显示花色面料，如图3.6.4–11所示。

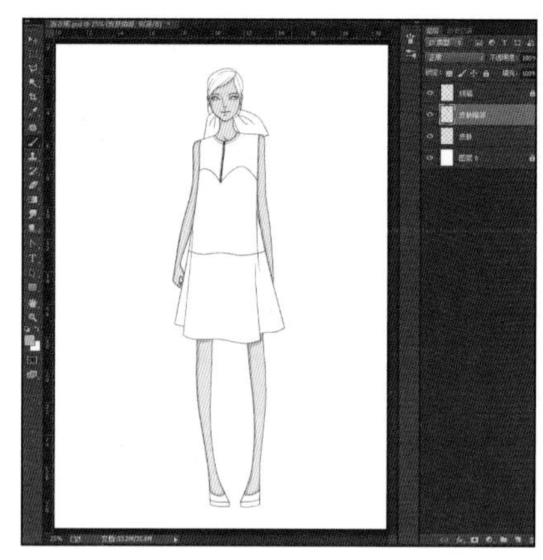

图3.6.4–4

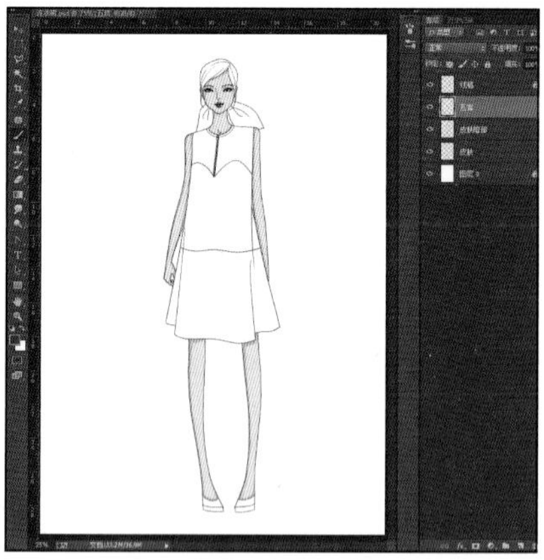

图3.6.4–5

图3.6.4–6

图3.6.4–7

图3.6.4–8

图3.6.4–9

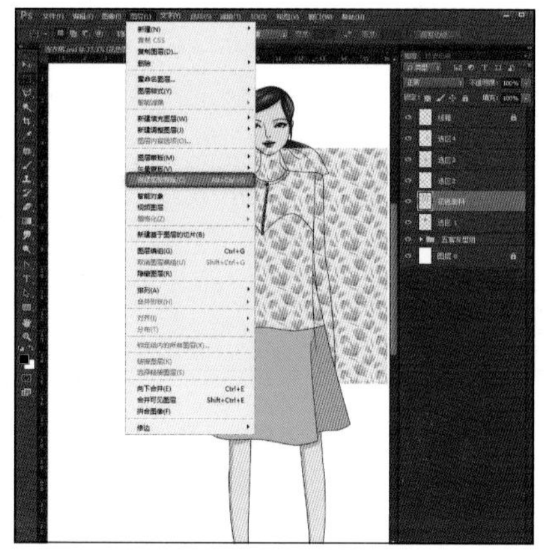

图3.6.4–10

图3.6.4–11

12.用同样的方法，完成其他三个选区的面料填充。最后将连衣裙上半部分衣片填充浅橘色，如图3.6.4-12所示。

13.在整个填充面料的图层最上方新建“裙子暗部”图层，图层模式选择“正片叠底”，前景色选择灰色，用画笔工具绘制裙子的暗部。为保证用画笔工具绘制暗部时笔触不画到裙子轮廓线以外，在画到每个区域时将衣片载入选区，这样画笔只能在选区内绘制，如图3.6.4-13所示。

14.在“裙子暗部”图层上方新建“裙子亮部”图层，前景色选择“白色”，用画笔工具在裙子上绘制亮部，将图层的不透明度降低，让绘制的白色亮部有透明感，如图3.6.4-14所示。

15.鞋子部分按照填色、暗部、高光步骤进行绘制，并建立相应的图层组。最后印花连衣裙效果图完成，如图3.6.4-15所示。完成后，分别保存为“印花连衣裙.PSD”和“印花连衣裙.JPG”两种格式的文件。

图3.6.4-12

图3.6.4-13

图3.6.4-14

图3.6.4-15

（二）拓展设计之四方连续印花图案绘制

1.打开Photoshop软件，在菜单栏选择【文件】/【新建】（快捷键：Ctrl+N），弹出新建对话框。文档命名为“图案元素”，纸张大小为20cm×20cm，分辨率为300像素/英寸，颜色模式为RGB，背景内容为白色，如图3.6.4-16所示。

2.在AI中绘制四个花瓣元素，每一个元素单独编组，存储为“.PSD”格式。在Photoshop软件打开刚存储的文件，复制到“图案元素”文档，或用Photoshop软件直接在“图案元素”文档绘制四个花瓣元素，如图3.6.4-17所示。

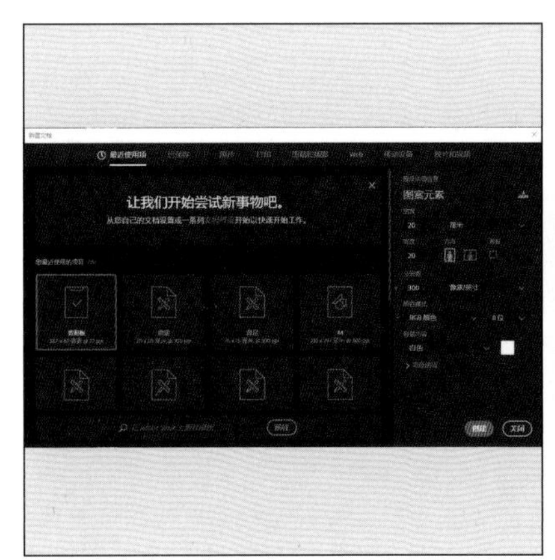

图3.6.4-16

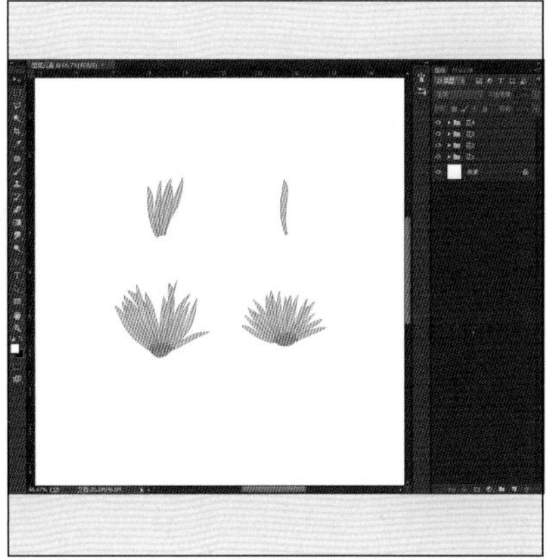

图3.6.4-17

3.将四个花型元素通过缩放、改变方向等进行排列组合，保持花型相互之间一定的错位，然后合并除背景图层外的所有图层。在菜单栏将【视图】/【标尺】勾选，再将【视图】/【显示】/【智能参考线】中将智能参考线勾选。从标尺上拉出参考线，拖动参考线至图案的边缘，参考线会自动吸附在图案边缘，形成矩形区域，如图3.6.4–18所示。

4.根据自己对四方连续图案设计要求，将图案层拖动矩形边框的合适位置，如图3.6.4–19所示。

5.在工具栏选择“矩形选框”工具，将左边参考线外的图案框选，单击鼠标右键选择“通过剪切的图层”，这时自动剪切并生成一图层，如图3.6.4–20所示。

6.将剪切生成的图层选中，选择“移动”工具，同时按住“Shift”键水平移动，将剪切的图层（灰色显示的部分）平移到合适的位置，如图3.6.4–21所示。

7.确定位置后，将灰色显示恢复到正常显示，合并两个图案图层，如图3.6.4–22所示。

8.在工具栏选择“矩形选框”工具，将下边参考线外的图案框选，单击鼠标右键选择“通过剪切的图层”，这时自动剪切并生成一图层，如图3.6.4–23所示。

9.将剪切生成的图层选中，选择“移动”工具，同时按住“Shift”键垂直移动，将剪切的图层（灰色显示的部分）向上移到合适的位置，合并两个图案图层，如图3.6.4–24所示。

10.重新调整参考线位置，将参考线移动到新图案边缘，如图3.6.4–25所示。

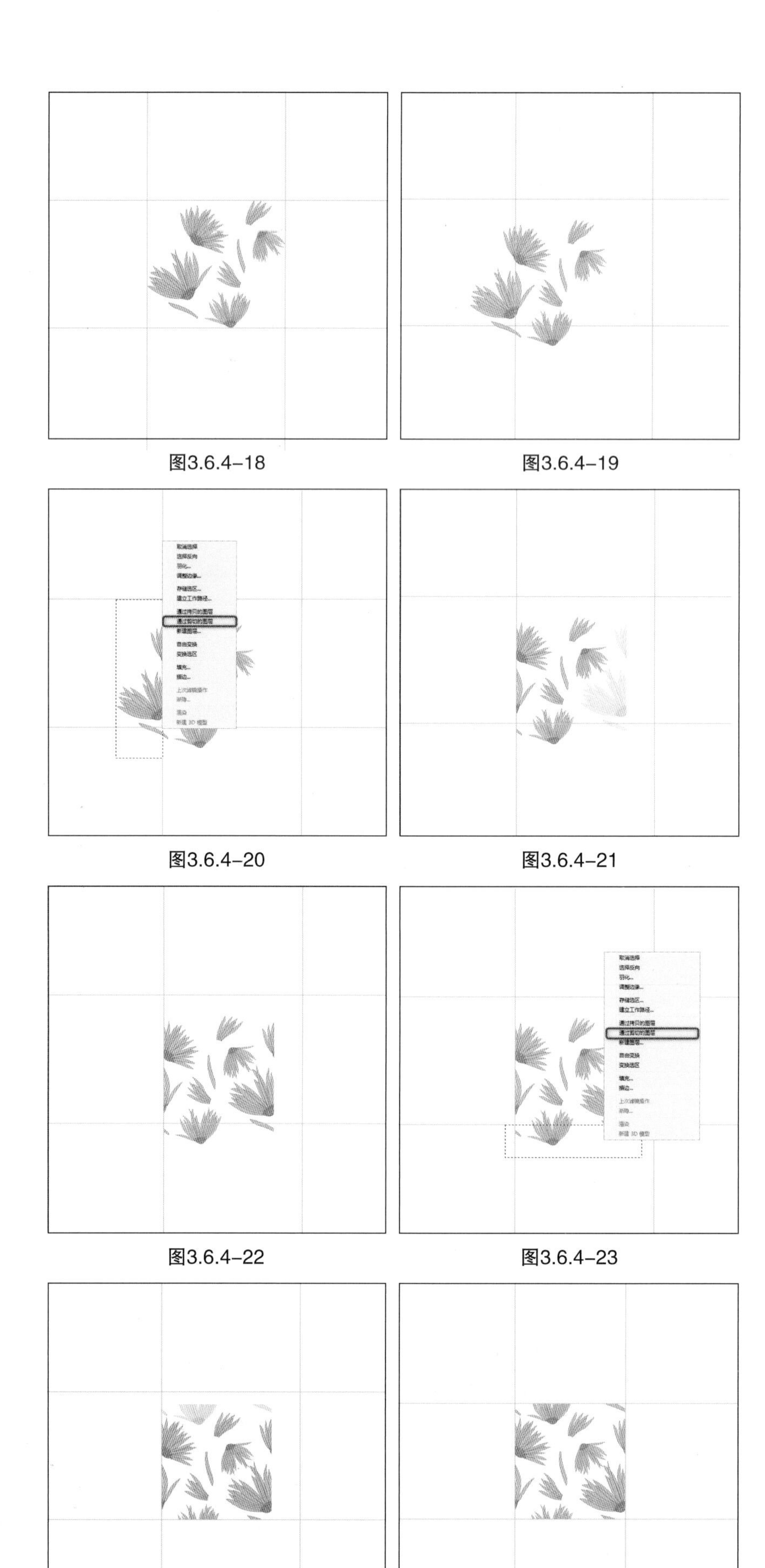

图3.6.4–18　图3.6.4–19

图3.6.4–20　图3.6.4–21

图3.6.4–22　图3.6.4–23

图3.6.4–24　图3.6.4–25

11.用“矩形选框”工具沿着参考线选中图案部分，关闭背景层。选择【编辑】/【定义图案】，命名为“花图案”，如图3.6.4–26所示。

12.新建一文档，命名为“印花面料”，纸张大小为30cm×30cm，分辨率为300像素/英寸，颜色模式为RGB，背景内容为白色，如图3.6.4–27所示。

13.将背景填充为浅粉色，新建一图层，命名为“花图案”，在菜单栏选择【编辑】/【填充】，在“填充”窗口选择刚定义的“花图案”，如图3.6.4–28所示。

14.填充后的图案效果，如图3.6.4–29所示。

15.最后，完成四方连续印花图案效果，如图3.6.4–30所示。完成后，存储为“印花图案.PSD”和“印花图案.JPG”两种格式文件。

图3.6.4–26

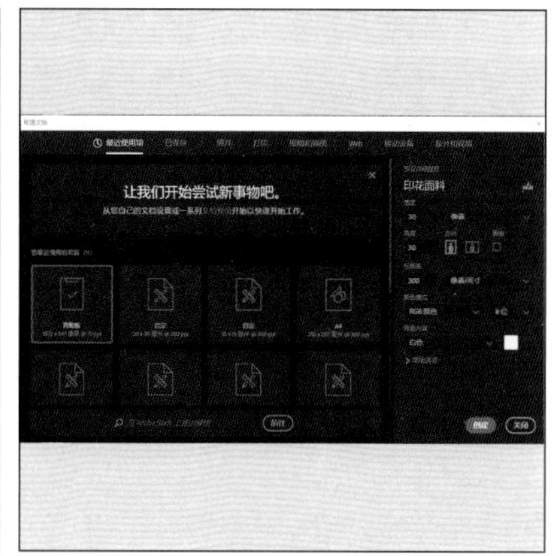

图3.6.4–27

图3.6.4–28

图3.6.4–29

图3.6.4–30

（三）连衣裙拓展设计之效果图、款式图整体布局

1.在AI中绘制正背面款式图，正面、背面单独编组，存储为“.PSD”格式。在Photoshop中打开“.PSD”格式款式图并复制到“连衣裙”文档上，或在Photoshop软件中用“钢笔”工具直接在“连衣裙”文档上绘制正背面款式图，如图3.6.4–31所示。

2.将印花图案面料直接复制到效果图旁边，用“矩形选框”工具绘制矩形选区并填充单色面料色彩，注意各图层的上下关系，如图3.6.4–32所示。

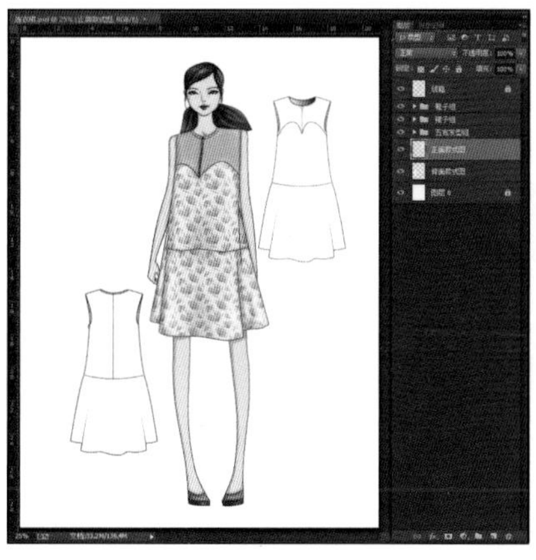

图3.6.4–31

图3.6.4–32

3.最后整体效果如图3.6.4–33所示。完成后，存储为“连衣裙设计方案.PSD”和“连衣裙设计方案.JPG”两种格式文件。

图3.6.4–33

四、学习评价

考核项目	考核标准	分值	得分
连衣裙的线稿绘制	线稿绘制方法和技巧	15%	
利用图层和选区填色	养成利用图层建立选区填色的习惯	10%	
色彩的层次和体积感	颜色填充、暗部、亮部表现体感强	10%	
印花面料的填充	掌握剪贴蒙版的使用方法和技巧	20%	
四方连续印花面料绘制	掌握四方连续印花面料的绘制方法	20%	
效果图整体方案绘制	掌握效果图、款式图、面料统一布局	10%	
整体效果	效果图整体效果好	10%	
存储	掌握各种格式存储方法	5%	
合计		100%	

五、巩固训练

根据本任务，结合公司推出的连衣裙系列要求，新设计开发一款印花连衣裙，并用服装效果图形式表现，印花面料可收集最新图案流行元素进行组合设计。

要求：

1. 新款印花连衣裙效果图人物造型优美，比例准确。
2. 用本任务的方法设计表现印花面料特征。

（作者：海迪）

模块四

服装款式电脑拓展设计
综合练习

项目七：“服装设计与工艺”赛项技能大赛模拟试题

项目概述：

服装款式电脑拓展设计综合练习是对本教材中 Illustrator 和 Photoshop 两款软件在服装设计中的综合运用。本项目结合近几年全国职业院校技能大赛试题进行模拟练习，任务内容是中职组“服装设计与工艺”赛项“女连衣裙款式电脑拓展设计”和“女短大衣款式电脑拓展设计”模拟试题。

本项目主要培养学生能够综合运用 Illustrator 和 Photoshop 两款软件进行服装设计，掌握服装款式设计和款式图绘制、服装面料绘制、服装图案设计以及色彩搭配等技能。

思维导图：

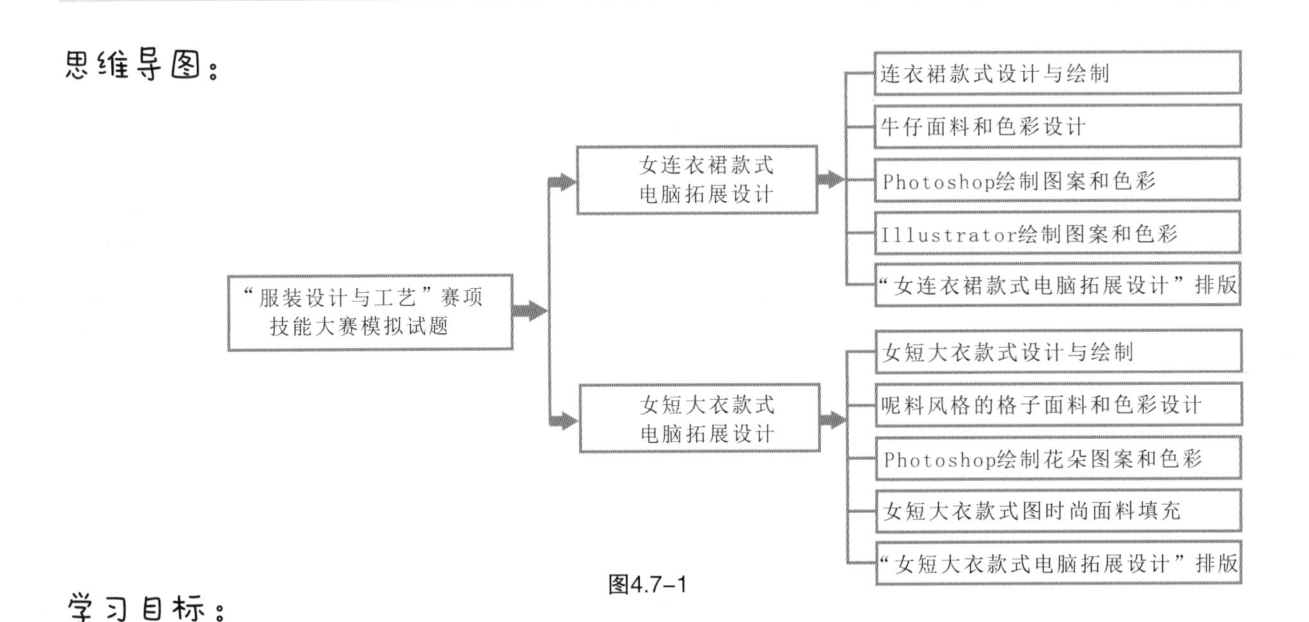

图4.7–1

学习目标：

◆知识目标

（1）掌握Illustrator和Photoshop软件绘制面料和图案的方法与技巧。

（2）掌握Illustrator软件绘制服装款式图的方法。

（3）掌握Photoshop软件为款式图填充面料的方法与技巧。

（4）掌握Photoshop软件进行版面设计的方法。

◆能力目标

（1）培养用Photoshop软件绘制面料和图案的能力。

（2）培养用Illustrator软件绘制图案的能力。

（3）培养用Photoshop软件为款式图填充面料的能力。

（4）具备服装设计技能大赛电脑绘图实战操作能力。

◆情感目标

（1）通过服装款式图、面料和图案的电脑绘制和拓展设计的技能培养，引导学生对专业技能的热爱。

（2）通过大赛模拟试题的练习，增强学生的学习兴趣，让学生爱学习、爱专业、爱生活。

（3）通过大赛模拟试题的练习，培养学生自觉遵守行业标准和企业规范。

任务一："女连衣裙款式电脑拓展设计"模拟试题

一、任务导入

选手根据提供的《丹宁艺术》概念版中款式手稿图和纹样素材图片（图4.7.1–1），以及命题要求，运用Adobe Photoshop 2020、Adobe Illustrator 2020软件，以命题模板为基础，在画面规定的区域内进行面料、色彩、图案的拓展设计。提供的拓展设计模板文件名：丹宁艺术. PSD；页面设置：A3；分辨率：300像素/英寸；色彩模式：RGB（图4.7.1–2所示）。

图4.7.1–1《丹宁艺术》概念版

图4.7.1–2 命题模板

二、任务要求

（1）以《丹宁艺术》概念版为基础，任选印花、扎染、破洞、绣花工艺为设计元素，在内部结构、比例、色彩、纹样等方面进行拓展设计，完成一款X廓形牛仔布连衣裙款式设计。

（2）必须有袖子。

（3）根据要求制作牛仔布面料，并运用到连衣裙的拓展设计中。

（4）对提供的素材图片进行色彩分析，提取其色彩，应用于纹样或装饰，整合并运用到拓展设计中，色调自定。

（5）服装的造型要具有较强的时尚感，整体风格协调，结构、比例符合女性人体特征。

（6）用图形与图像处理软件设计、绘制款式图，以及面料、色彩和图案。两种软件结合使用，考查绘画表现能力。

三、任务实施

（一）连衣裙款式设计与绘制

1.打开Adobe Illustrator 2020，新建文档，命名为“连衣裙”，选择A4尺寸（横向），颜色模式为RGB，如图4.7.1–3所示。

图4.7.1–3

2.先画中心线，再画连衣裙左半身的线稿图，如图4.7.1–4所示。

图4.7.1–4

3.选中左半身线稿图，选择菜单【对象】/【变换】/【对称】，打开“镜像”窗口，选择“垂直”并“复制”，复制出右半身的线稿图，平移到合适位置，让左右款式图的中心线重叠。用“形状生成器”工具（快捷键：Shift+M），点击并拖动，合并不需要的形状，如图4.7.1–5所示。

图4.7.1–5

4.画出领口的穿带孔和带子（参照：模块二·项目三·任务四中鞋带的绘制方法），画出车线，如图4.7.1–6所示。

图4.7.1–6

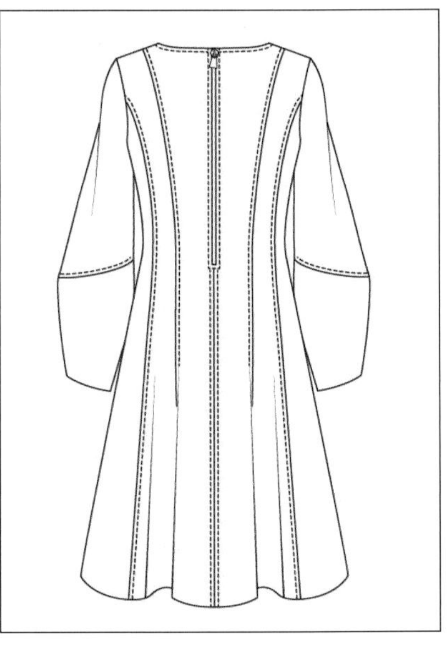

图4.7.1–7

5.复制前衣片线稿，利用前衣片廓形，绘制后衣片，再画出后衣片的拉链，如图4.7.1–7所示。连衣裙款式设计完成，保存为“连衣裙.EPS”和“连衣裙.JPG”格式。

（二）拓展设计之一：牛仔面料和色彩设计

1.启动 Adobe Photoshop 2020，新建文档，命名为“图案1”，宽度和高度都为10厘米，分辨率为300像素/英寸，颜色模式为RGB，如图4.7.1–8所示。

图4.7.1–8

2.将背景的颜色填充为黑色，并创建新图层；前景色设为蓝色，选择“画笔工具”（快捷键：B），在画笔预设里选择常规画笔的“硬边圆压力大小”画笔；调整笔刷大小，画出蓝色图案，如图4.7.1–9所示。

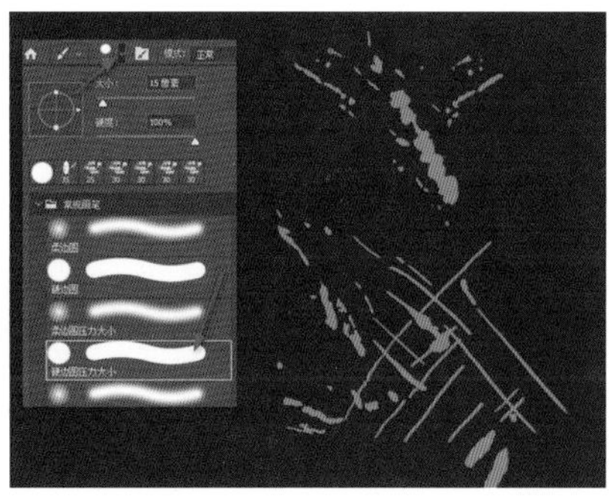

图4.7.1–9

3.创建新图层，并后移一层（快捷键：Ctrl+【）；前景色设为黄色，用“硬边圆压力大小”画笔画出图案；选择“涂抹工具”，在画笔预设里选择“硬边圆”画笔，将强度设为40%，涂抹图案边缘，如图4.7.1–10和图4.7.1–11所示。

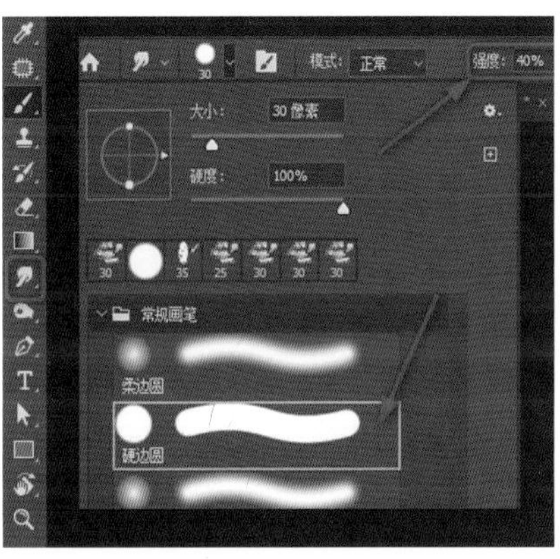

图4.7.1–10

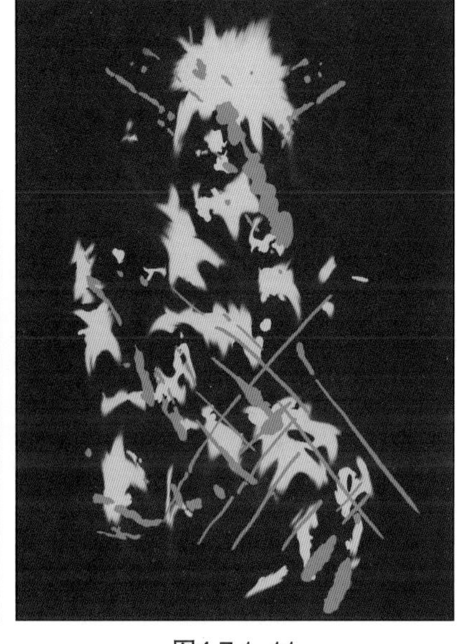

图4.7.1–11

4.打开画笔面板（快捷键：F5），选择湿介质画笔的“Kyle的印象派混合器 1”，大小设为25像素，强度设为30%；点击“创建新画笔”按钮，在弹窗里将其命名为“涂抹1”，两个选项都勾选，创建新涂抹工具，如图4.7.1–12所示。

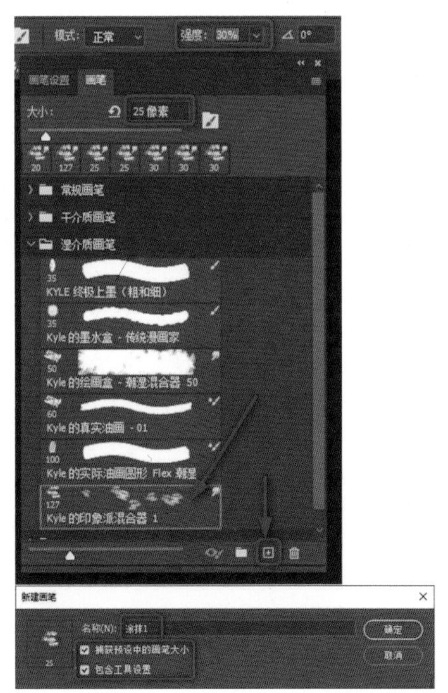

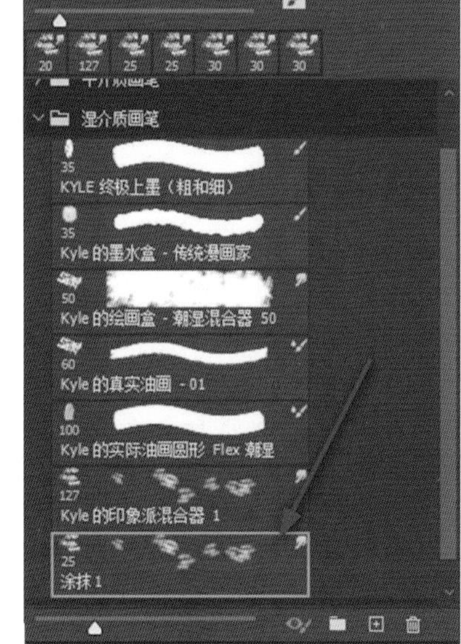

图4.7.1–12

5.创建新图层，并后移一层；前景色设为白色，选择“画笔工具”，用“柔边圆压力大小”画笔画出图案；再选择“涂抹1”涂抹图案边缘，如图4.7.1–13所示。

6.用第5步的方法，创建红色图案层和蓝灰色图案层，如图4.7.1–14所示。

7.同样方法，创建浅蓝色的图案层，将“涂抹1”工具大小改为40像素，强度改为50%，涂抹的强度便会加大，如图4.7.1–15所示。

8.除背景层外，将所有图层合并，如图4.7.1–16所示。

9.选中图案，用“矩形选框”工具（快捷键：M）框选图案上部，单击鼠标右键，在弹出的菜单里选择“通过剪切的图层”；切换“移动工具”（快捷键：V），同时按住Shift键，将剪切后的图层平移到下面合适的位置；然后合并两个图层，如图4.7.1–17所示。

10.用同样方法，将图案的左半部分剪切并平移到右边，再将两个图层合并；选择菜单栏的【视图】/【标尺】（快捷键：Ctrl+R），从标尺上拉出参考线，向图案边缘移动，参考线自动吸附到图案边缘，如图4.7.1–18所示。

图4.7.1–13

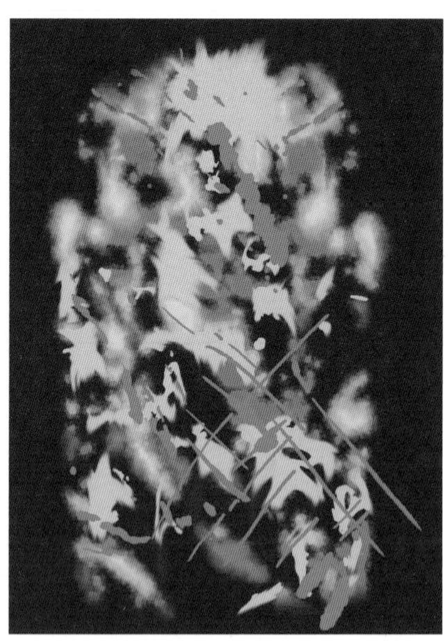

图4.7.1–14

图4.7.1–15

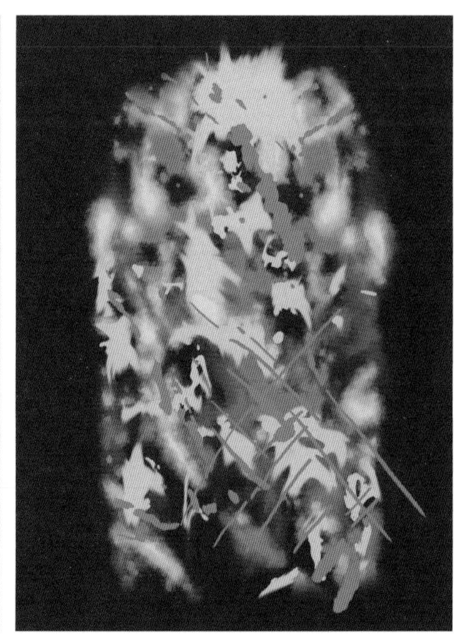

图4.7.1–16

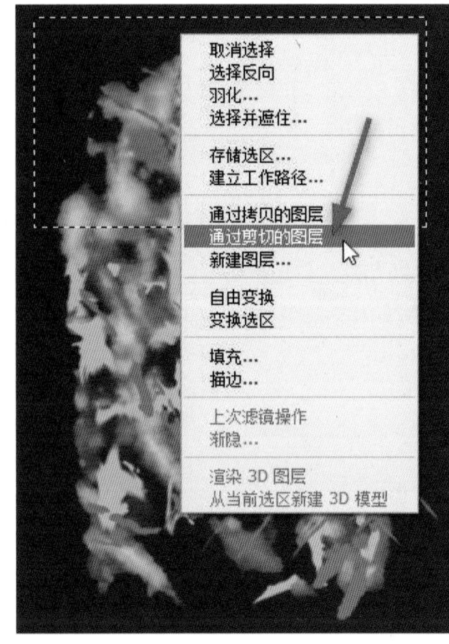

图4.7.1–17

图4.7.1–18

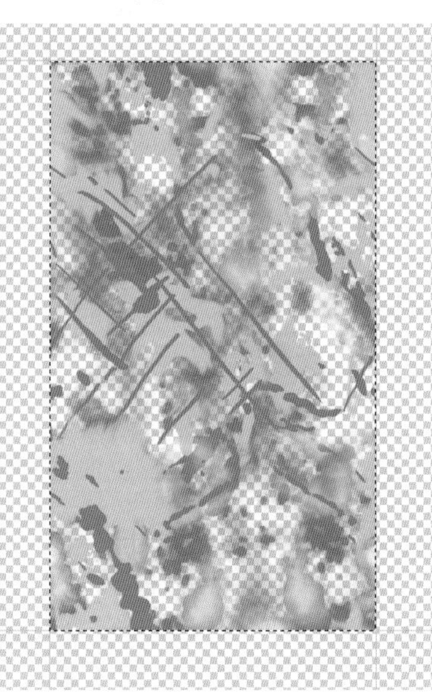

图4.7.1–19

11.关闭背景层，用“矩形选框工具”沿着参考线框选图案，选择菜单栏的【编辑】/【定义图案】，如图4.7.1-19所示。

12.退出选区，打开背景层，关闭图案层，选择菜单栏的【视图】/【清除参考线】；新建图层，选择菜单栏的【编辑】/【填充】(快捷键：Shift+F5)，在填充窗口的“自定图案”中找到上一步定义的图案，点击确定按钮，创建四方连续图案（参照：模块三/项目六/任务4中“拓展设计之四方连续印花图案绘制”)，如图4.7.1-20所示。保存“图案1.PSD”和“图案1.JPG”格式。

13.选择：模块三·项目六·任务三中“牛仔套装拓展设计之牛仔面料绘制”的“牛仔面料.JPG”，在Photoshop中打开绘制的牛仔面料，将分辨率调整为为300像素/英寸，将牛仔面料的背景层解锁，将图层命名为“面料”，如图4.7.1-21所示。

14.将刚绘制完成的四方连续“图案1.JPG”拖拽到“面料”图层下方，将图层命名为“图案”。选中“面料”图层，将图层模式设置为“叠加”，如图4.7.1-22所示。

15.最后，合并两个图层，牛仔印花面料绘制完成，保存“牛仔印花面料.JPG”格式，如图4.7.1-23所示。

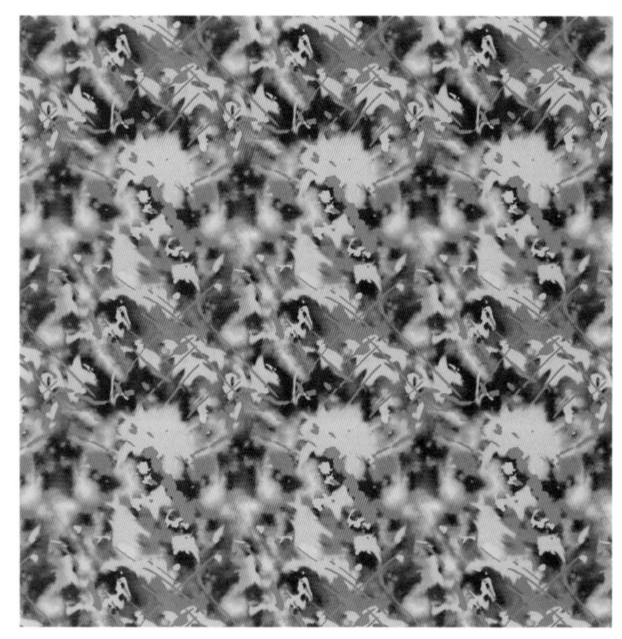

图4.7.1-20

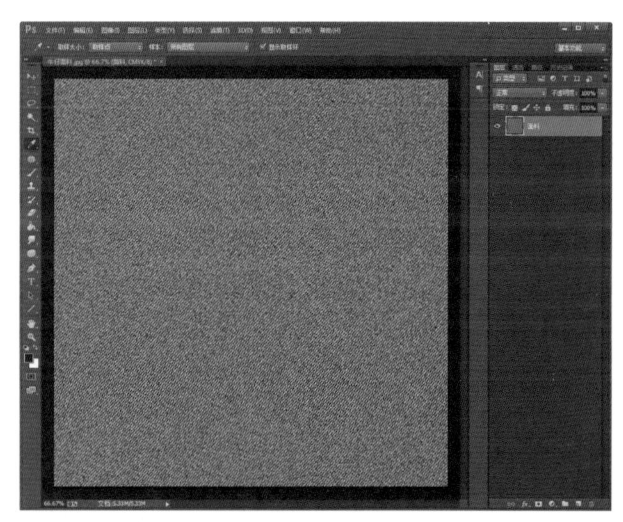

图4.7.1-21

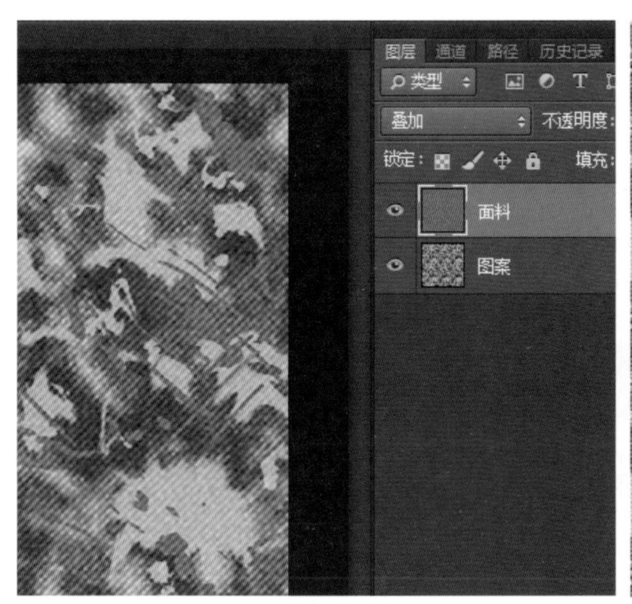

图4.7.1-22

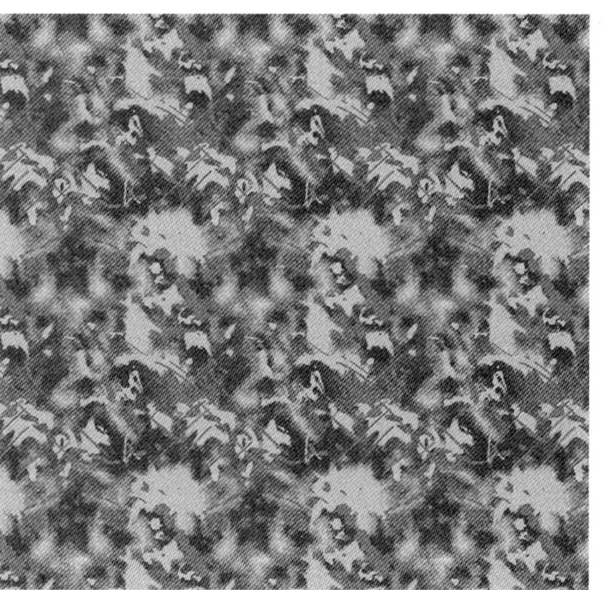

图4.7.1-23

16.在Photoshop中打开“连衣裙.JPG”，同时打开绘制好的牛仔印花面料，填充到正、背面款式图中（参照：模块三·项目六·任务二中牛仔面料的填充方法），同时加深正面彩色款式图中后领口下反面面料的颜色，再绘制出门襟处绳带和器眼的色彩，如图4.7.1–24所示，保存“连衣裙彩图.PSD”和“连衣裙彩图.JPG”两种格式的文件。

图4.7.1–24

（三）拓展设计之二：Photoshop绘制图案和色彩

1.打开Adobe Photoshop 2020，新建文档，命名为“图案2”，宽度和高度都为15cm，分辨率为300像素/英寸，颜色模式为RGB，如图4.7.1–25所示。

图4.7.1–25

2.选择画笔工具，在画笔预设里选择干介质画笔的“KYLE终极硬心铅笔”,并将画笔调大，流量调为70%；打开画笔设置面板,对此画笔进行设置；点击“创建新画笔”按钮，在弹窗里将其命名为“扎染1”，创建新画笔，如图4.7.1–26所示。

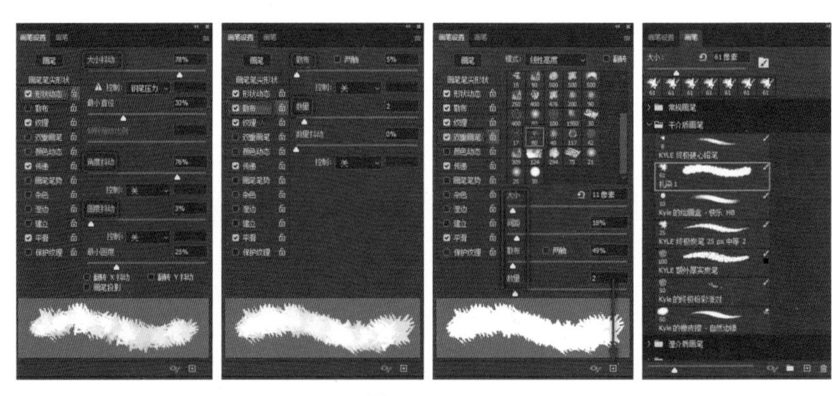

图4.7.1–26

3.给背景层填充颜色；创建新图层，将前景色设为墨绿色，用“扎染1”画笔绘制出图形，如图4.7.1–27所示。

4.新建图层，用“扎染1”画笔绘制出较深颜色的图形，如图4.7.1–28所示。

5.将两图重叠在一起，选择“涂抹1”涂抹工具，涂抹深颜色图形的边缘，直到两图形能自然融合在一起，如图4.7.1–29所示。

6.用同样的方法，绘制中间的深色部分。最后合并所有图案

图4.7.1–27

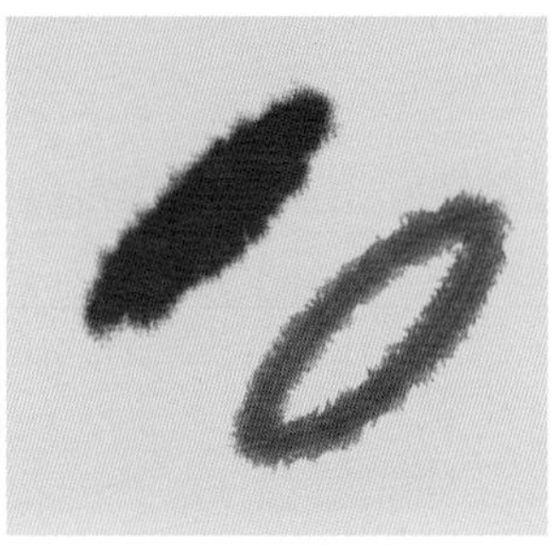

图4.7.1–28

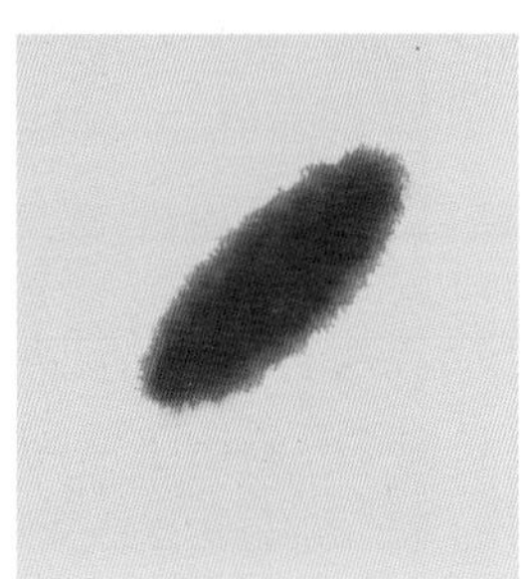

图4.7.1–29

图层，如图4.7.1–30所示。

7.复制出一个图形并缩小。新建一图层，用“硬边圆”画笔，画出图4.7.1–31所示的缝线迹，做出缝线迹的选区后，删除缝线。保持选区状态，选中缩小叶片状的图形，按“Delete”键删除，得到缝线的镂空线迹，如图4.7.1–31所示。

8.将大小两个图形进行排列组合，然后合并所有图案图层，如图4.7.1–32所示。

9.打开标尺（快捷键：Ctrl+R），拉出参考线，参考线会自动吸附在图形周边。沿参考线做出选区，隐藏背景，然后选择【编辑】/【定义图案】，如图4.7.1–33所示。

10.退出选区，清除参考线，打开背景层，关闭图案层；新建图层，选择【编辑】/【填充】（快捷键：Shift+F5），在填充窗口选择自定图案，找到上一步定义的图案，点击确定后，图案2完成，如图4.7.1–34所示。保存“图案2.PSD”和“图案2.JPG”格式。

（四）拓展设计之三：Illustrator绘制图案和色彩

1.打开Adobe Illustrator 2020，创建新文档，命名为“图案3”，设置尺寸为15cm × 15cm，颜色模式为RGB，如图4.7.1–35所示。

2.用“矩形”工具（快捷键：M）建立边长为15cm的正方形，填充合适的颜色。在属性栏选择“对齐画板”“水平居中对齐”“垂直居中对齐”，将正方形与画板对齐。然后，在菜单栏选择【对象】/【锁定】/【所选对象】（快捷键：Ctrl+2），将其锁定，这就是画面背景，如图4.7.1–36所示。

3.选用“斑点画笔”工具（快捷键：Shift+B），在“拾色器”窗口，选择需要的颜色，绘制图案，如图4.7.1–37所示。

图4.7.1–30

图4.7.1–31

图4.7.1–32

图4.7.1–33

图4.7.1–34

图4.7.1–35

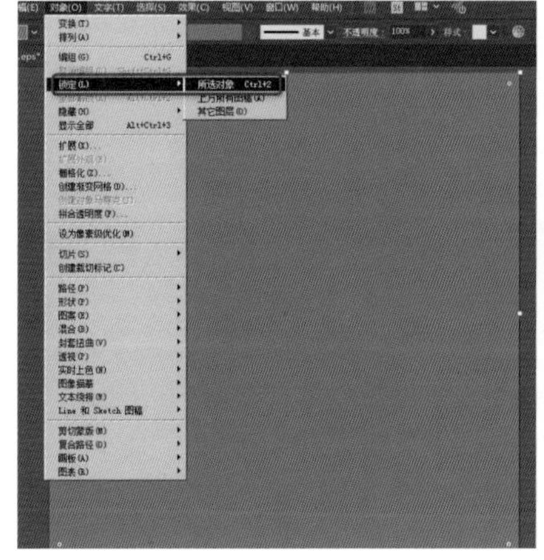

图4.7.1–36

图4.7.1–37

4.在菜单栏选择【对象】/【图案】/【建立】，切换到新界面。在“图案选项”对话框，点击“图案拼贴”工具，拼贴类型选择“十六进制（按行）”，勾选“将拼贴与图稿一起移动”，“副本变暗至”设为“80%”，如图4.7.1–38所示。

5.移动锚点，调整图案与副本的距离（参照：模块二·项目四·任务三中“居家裙拓展设计之蕾丝面料的绘制”），最后点击“完成”，如图4.7.1–39所示。

6.同步骤2，建立边长为15cm的正方形，保持选中状态，用新建的图案色板填充，并与画板对齐，图案3完成，如图4.7.1–40所示。保存“图案3.EPS”和“图案3.JPG”两种格式的文件。

图4.7.1–38　　图4.7.1–39　　图4.7.1–40

（五）“女连衣裙款式电脑拓展设计”排版

根据试题模板规定的尺寸和排版要求，将绘制好的正背面彩色款式图、正背面款式图线稿、面料与色彩设计、图案和色彩设计两个方案排列在模板空白处，完成模拟练习，如图4.7.1–41所示。将文件存储为“工位号.PSD”。

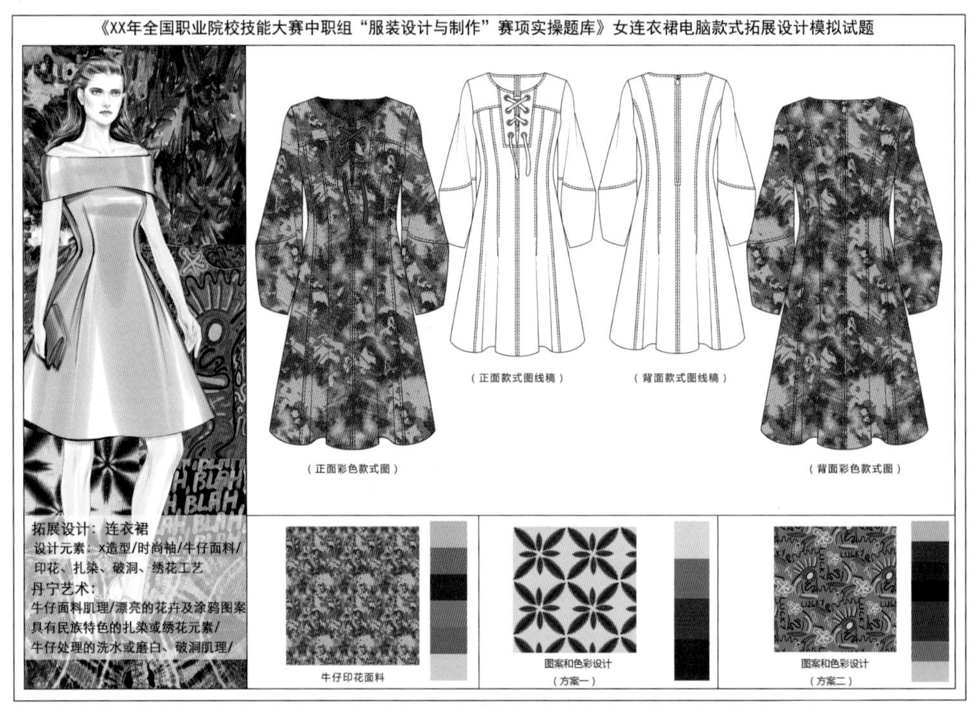

图4.7.1–41

任务二：“女短大衣款式电脑拓展设计”模拟试题

一、任务导入

选手根据提供的《繁花似锦》概念版中款式手稿图和纹样素材图片（如图4.7.2-1所示），以及命题要求，运用Adobe Photoshop 2020、Adobe Illustrator 2020软件，以命题模板为基础，在画面规定的区域内进行面料、色彩、图案的拓展设计。提供的拓展设计模板文件名：繁花似锦. PSD，页面设置：A3，分辨率：300像素/英寸，色彩模式：RGB,如图4.7.2-2所示。

图4.7.2-1《繁花似锦》概念版

图4.7.2-2 命题模板

二、任务要求

（1）以《繁花似锦》概念版为基础，任选格子面料、印花、绣花工艺为设计元素，在内部结构、分割、比例、色彩、纹样等方面进行拓展设计，完成一款O廓形女短大衣款式设计。

（2）必须有领子和分割设计。

（3）根据要求制作时尚面料，并运用到短大衣的拓展设计中。

（4）对提供的素材图片进行色彩分析，提取其色彩，应用于图案或装饰，整合并运用到拓展设计中，色调自定。

（5）服装的造型要具有大廓形的时尚感，整体风格协调，结构、比例符合女性人体特征。

（6）用图形与图像处理软件设计、绘制款式图，以及面料、色彩和图案。两种软件结合使用，考查绘画表现能力。

三、任务实施

（一）女短大衣款式设计与绘制

1.打开Adobe Illustrator 2020，新建文档，命名为“女短大衣”，选择A4尺寸（横向），颜色模式为RGB。先画中心线，再画外套左半身的线稿图,如图4.7.2–3所示。

2.选中左半身线稿图，选择菜单【对象】/【变换】/【镜像】，打开“镜像”窗口，选择“垂直”和“复制”，复制出右半身的线稿图，平移到合适位置，让左右款式图的中心线重叠，如图4.7.2–4所示。

3.用“形状生成器”工具（快捷键：Shift+M），点击并拖动，合并不需要的形状，然后全部选中编成组，如图4.7.2–5所示。

4.画出袖窿的褶线、斜插袋的封口线、领口处的扣眼与纽扣，如图4.7.2–6所示。

5.画出暗门襟的明线，明线和止口线到中心线的距离相等，如图4.7.2–7所示。

6.根据款式需要，画出其他部位的明线，如图4.7.2–8所示。

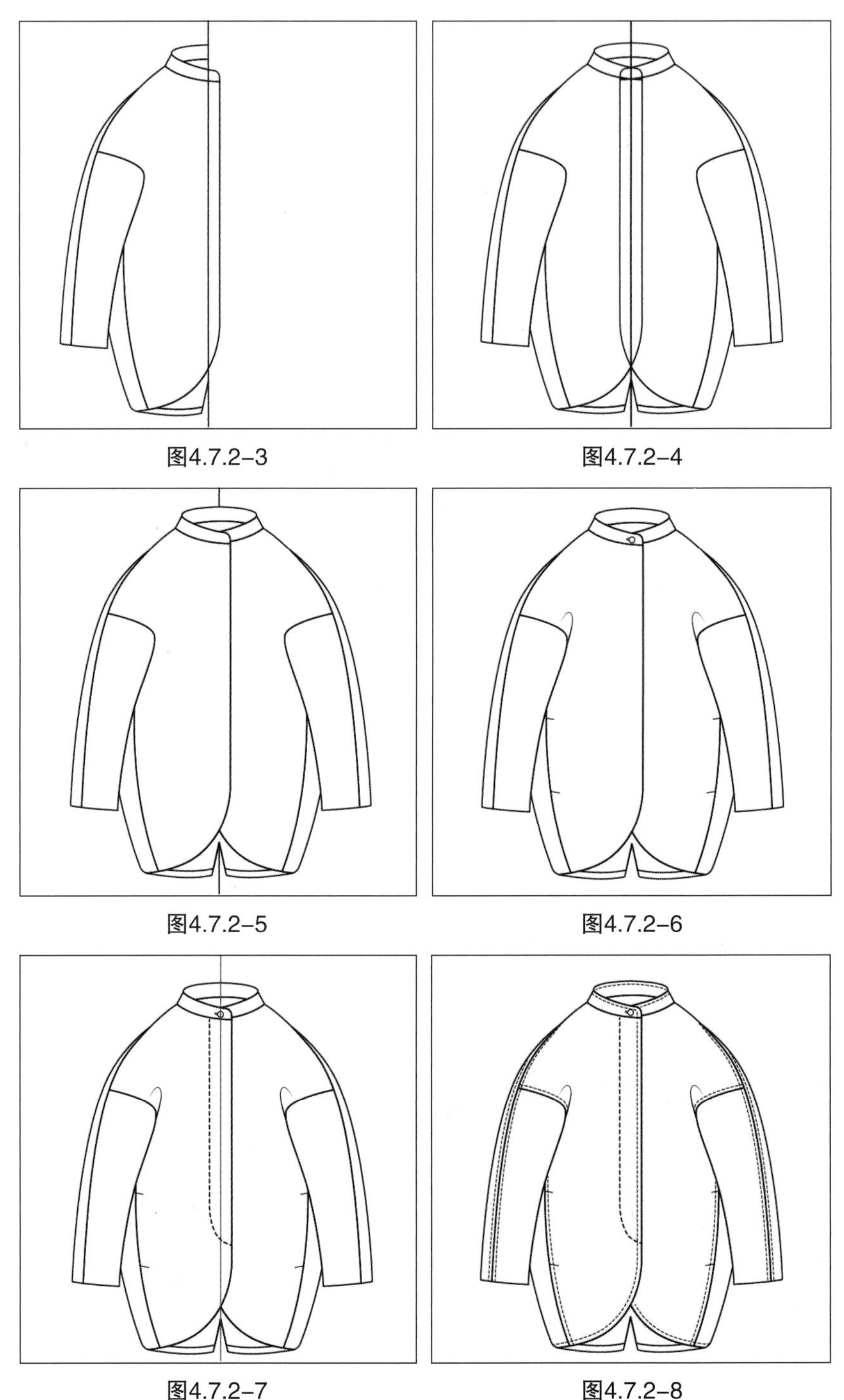

图4.7.2–3　图4.7.2–4

图4.7.2–5　图4.7.2–6

图4.7.2–7　图4.7.2–8

7.复制步骤3绘制的前衣片线稿图，打开“路径查找器”面板，点击“联集”图标，多次点击后，得到前衣片的廓形，如图4.7.2–9所示。

8.利用前衣片的廓形，绘制后衣片，如图4.7.2–10所示。

9.根据款式需要，画出后衣片的明线，如图4.7.2–11所示。

10.画出后衣片下摆开衩处的扣襻和纽扣，如图4.7.2–12所示。

11.短大衣款式设计完成，分别保存“女短大衣.EPS”和“女短大衣.JPG”格式，如图4.7.2–13所示。

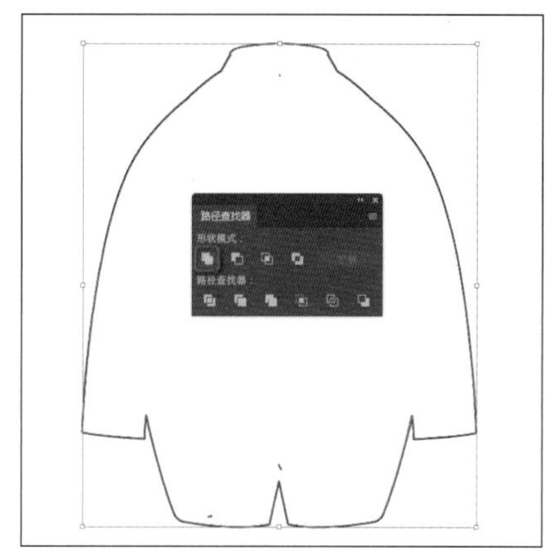

图4.7.2–9

图4.7.2–10

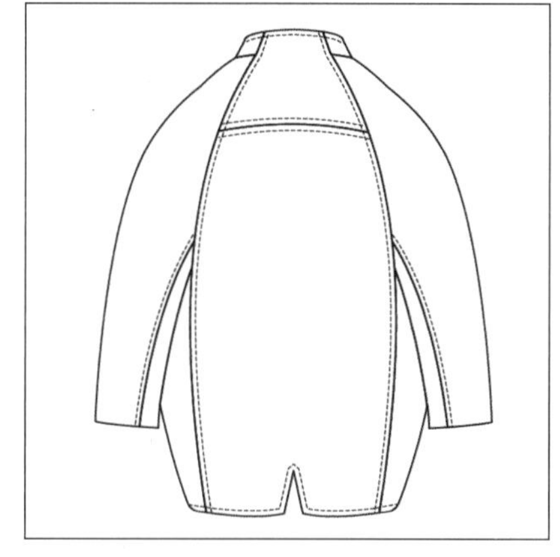

图4.7.2–11

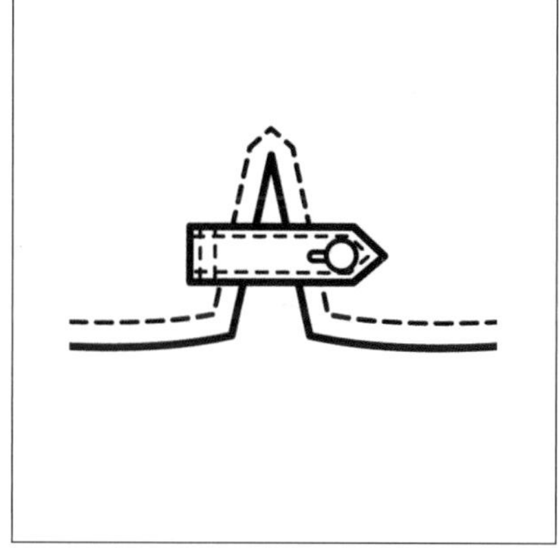

图4.7.2–12

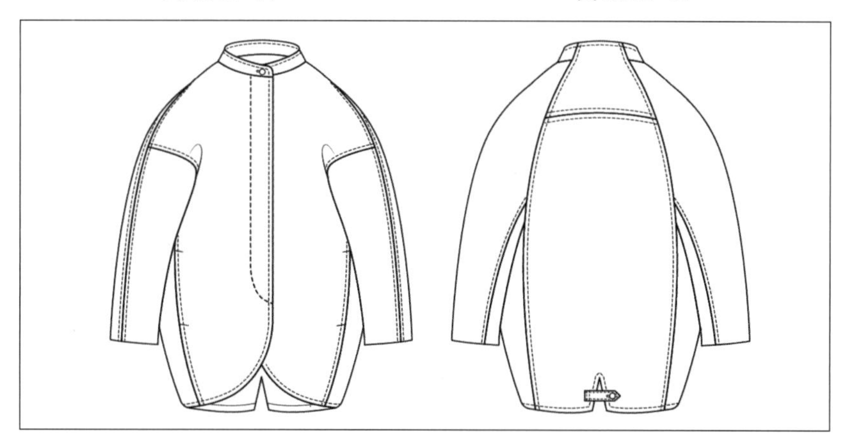

图4.7.2–13

（二）拓展设计之一：呢料风格的格子面料和色彩设计

1.打 开Adobe Illustrator 2020，新建文档，命名为“格子”，宽度和高度都为15厘米，分辨率为300像素/英寸，颜色模式为RGB。画出宽度和高度都为2厘米的正方形，设置填充的颜色，如图4.7.2–14所示。

2.分别画出三个宽度都为2cm的矩形，设置填充的颜色。选中三个矩形，在属性栏点击“水平居中对齐”图标，然后编组为“组1”，如图4.7.2–15所示。

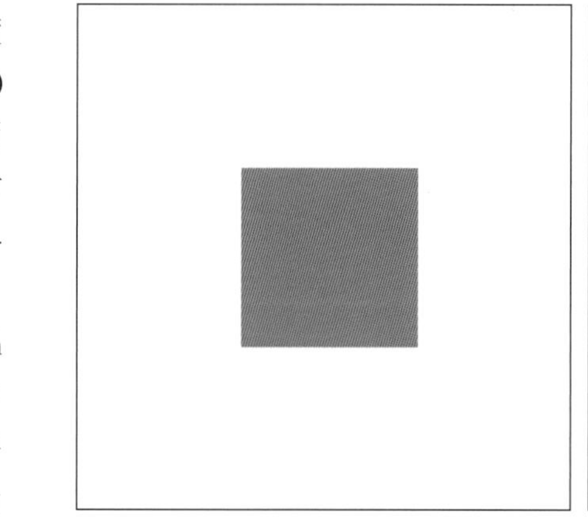

图4.7.2–14

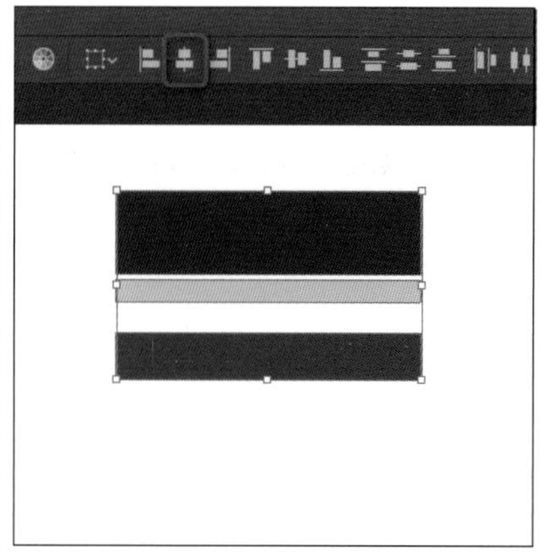

图4.7.2–15

3.将“组1”的不透明度设为65%，如图4.7.2–16所示。

4.选中“组1”，选择菜单【对象】【变换】【旋转】，打开“旋转”对话框，角度设置为“90°”，点击“复制”，得到“组2”，如图4.7.2–17和图4.7.2–18所示。

5.选中“组1”和“组2”，在属性栏选择“水平左对齐”和“垂直顶对齐”，然后编成组为“组3”，如图4.7.2–19所示。

6.同时选中“组3”与2cm的正方形，点击“水平居中对齐”和“垂直居中对齐”，再次编成组，格子的基本元素完成，如图4.7.2–20所示。

7.打开色板面板，将格子的基本元素拖到到面板的空白处，创建“格子图案”色板，如图4.7.2–21所示。

8.用矩形工具在画面单击，打开设置对话框，输入宽度和高度都为15厘米，创建正方形，无描边，用“格子图案”色板填充，并与画板对齐，如图4.7.2–22所示。

9.格子图案设计完成，分别保存“格子1.EPS”和“格子1.JPG”格式，如图4.7.2–23所示。

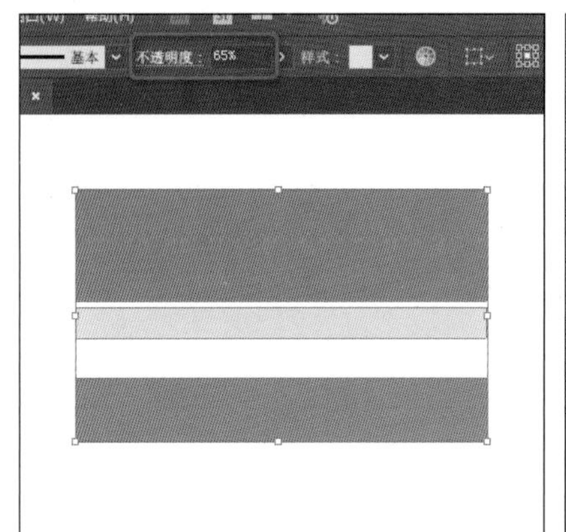

图4.7.2–16

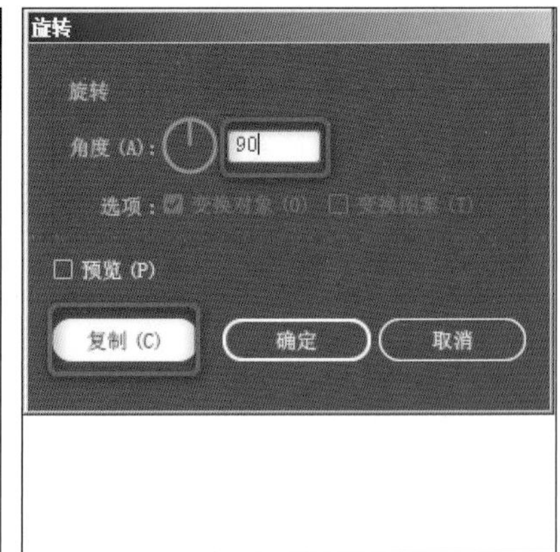

图4.7.2–17

图4.7.2–18

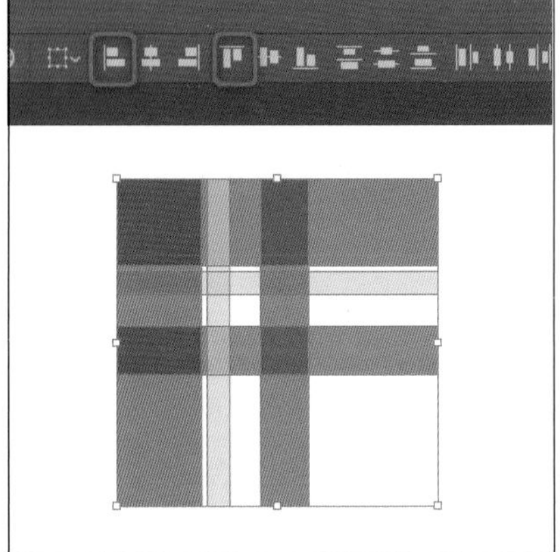

图4.7.2–19

图4.7.2–20

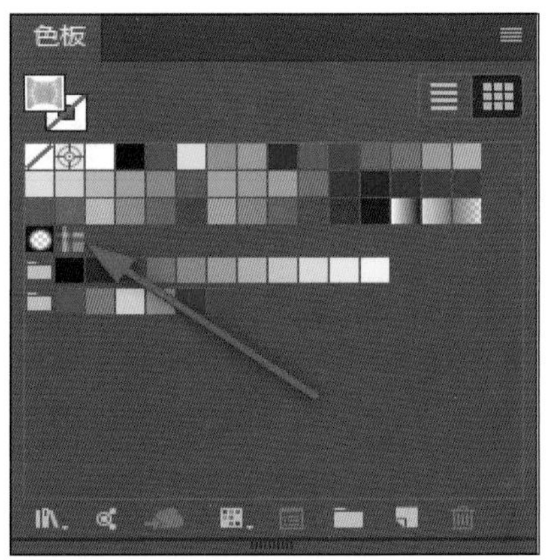

图4.7.2–21

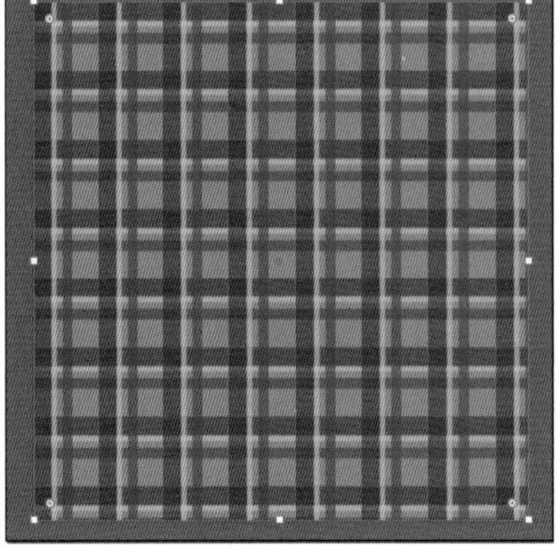

图4.7.2–22

图4.7.2–23

10.根据概念版图案色彩，用同样方法重新配色完成新的格子图案设计，“格子2.EPS”和“格子2.JPG”格式，如图4.7.2-24所示。

11.在Photoshop 2020中，打开“格子1.JPG”文件，选择菜单【滤镜】/【杂色】/【添加杂色】，打开“添加杂色”对话框，调整相关参数，如图4.7.2-25所示。

12.选择菜单【滤镜】/【模糊】/【高斯模糊】，打开“高斯模糊”对话框，调整相关参数，如图4.7.2-26所示。

13.最后，呢料风格的格子面料绘制完成，分别保存“格子呢料.PSD”和“格子呢料.JPG”格式，如图4.7.2-27所示。

（三）拓展设计之二：Photoshop绘制花朵图案和色彩

1.打开Photoshop 2020，新建文档，命名为“花朵”，宽度和高度都为15厘米，分辨率为300像素/英寸，颜色模式为RGB。设置前景色，创建新图层，画出花瓣的基本形状，如图4.7.2-28所示。

2.新建图层，画出花瓣上的深色部分，如图4.7.2-29所示。

3.打开画笔面板，选择“Kyle的橡皮擦-自然边缘”工具；在画笔设置面板，将笔尖形状改为“炭笔形状”，大小为50像素；擦除深色部分的边缘，如图4.7.2-30所示。

4.完成的效果如图4.7.2-31所示。

图4.7.2-24

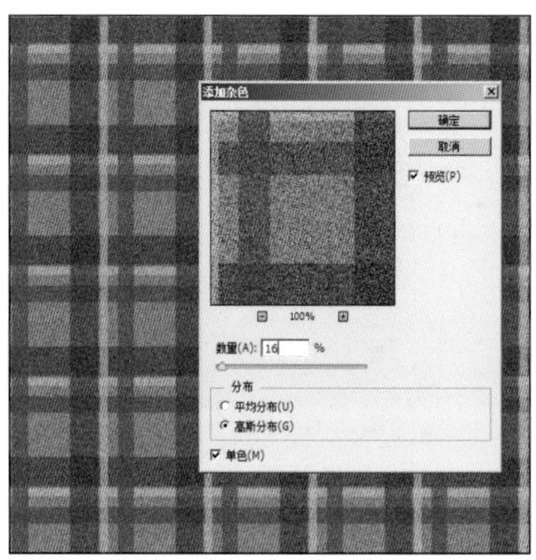

图4.7.2-25

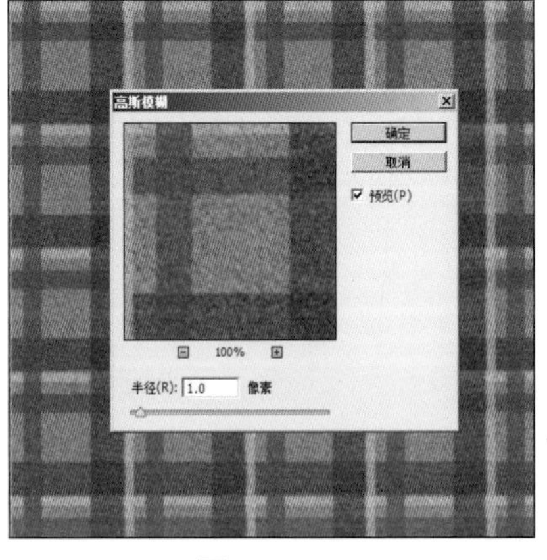

图4.7.2-26

图4.7.2-27

图4.7.2-28

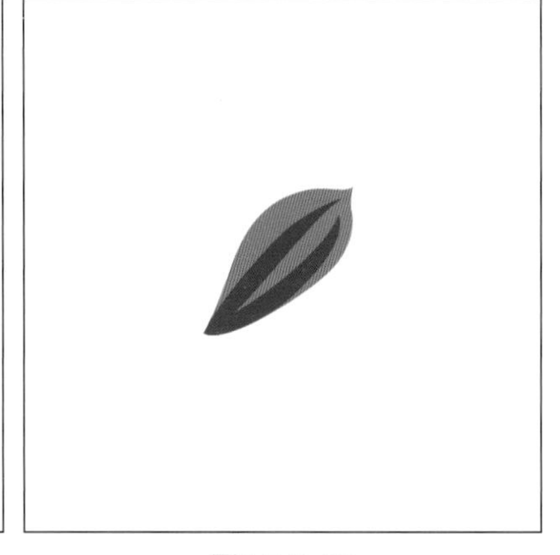

图4.7.2-29

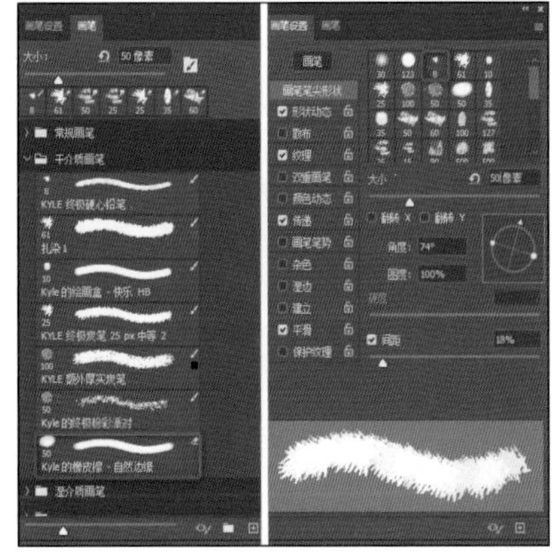

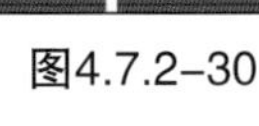

图4.7.2-30

图4.7.2-31

5.在图层面板，将鼠标指向深色图层的“图层缩览图”，按住“Ctrl”键，待出现“小手+选区”时点击，将深色部分载入选区，如图4.7.2–32所示。

6.再新建图层，用更深一点的颜色，画出暗部，如图4.7.2–33所示。

7.用画笔工具画出花瓣边缘的纹理，“花瓣1”完成，合并“花瓣1”的所有图层，如图4.7.2–34所示。

8.用同样方法，再画两个花瓣，如图4.7.2–35所示。

9.新建图层，选择“硬边圆压力大小”画笔，画出花蕊的长线条，如图4.7.2–36所示。

10.将花瓣1复制副本，选择菜单【编辑】/【自由变换】(快捷键：Ctrl+T)，将花瓣1的形状压扁一点；单击鼠标右键，在弹出的菜单中选择“变形”，通过移动控制框的手柄进一步调整形状，如图4.7.2–37所示。

11.用同样方法，将3片花瓣复制并变换出多个不同形状的花瓣。再调整各花瓣的大小、方向和颜色深浅，组合成花朵。分别保存为“花朵.PSD”和“花朵.JPG”格式，如图4.7.2–38所示。

图4.7.2–32

图4.7.2–33

图4.7.2–34

图4.7.2–35

图4.7.2–36

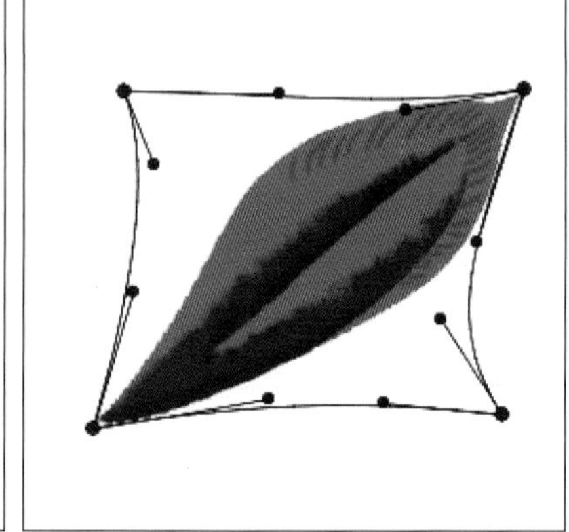

图4.7.2–37

图4.7.2–38

（四）女短大衣款式图时尚面料填充

1.在Photoshop2020中新建文档，命名为“女短大衣彩图”，选择A4尺寸（横向），颜色模式为RGB,分辨率为300像素/英寸。在Illustrator2020中打开“女短大衣.EPS”文档，选中短大衣款式图，复制（或拖拽）款式图线稿到Photoshop“女短大衣彩图”文档，复制的款式图图层显示为“矢量智能对象”，选择该图层单击右键选择“栅格化图层”，如图4.7.2–39所示。

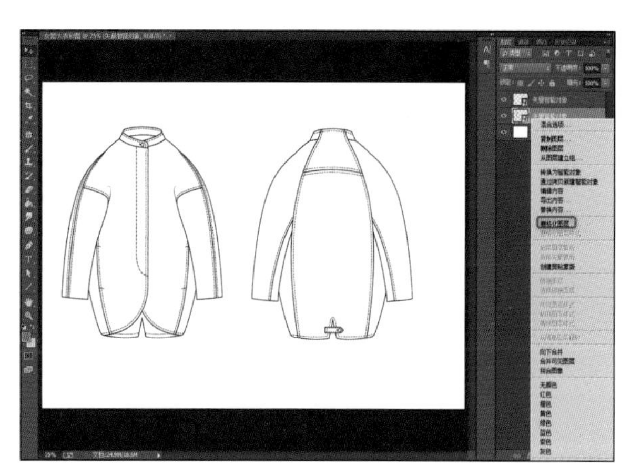

图4.7.2–39

2.用“魔术棒”工具点击载入前片衣身的选区，在菜单栏【选择】/【修改】/【扩展】，将扩展量设置为1像素，新建图层，并下移一层，填充灰色，如图4.7.2–40所示。

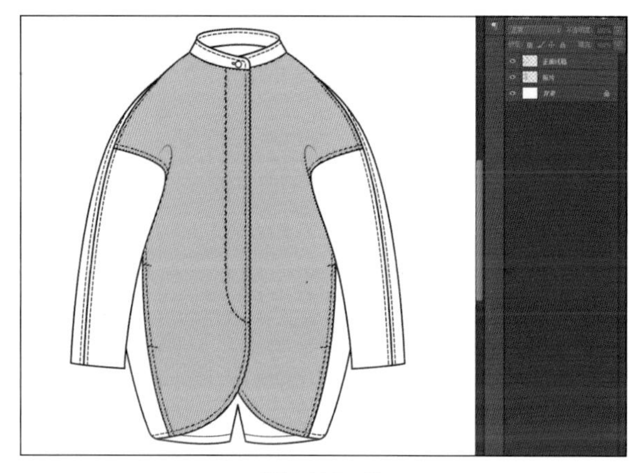

图4.7.2–40

3.打开已绘制好的“格子呢料.JPG”面料，置于灰色的图层上面，选择菜单栏【图层】/【创建剪贴蒙版】（用剪切蒙版填充面料可参照：模块三・项目六・任务三中牛仔面料的填充方法），如图4.7.2–41所示。

4.填充面料后的效果，如图4.7.2–42所示。

5.用同样的方法填充左边袖子面料，如图4.7.2–43所示。

6.选择【编辑】/【自由变换】(快捷键：Ctrl+T)，将格子面料向右倾斜一点；然后在右键菜单选择“变形”，通过移动控制框的手柄进一步调整，让格子图案的方向与袖子造型一致，如图4.7.2–44所示。

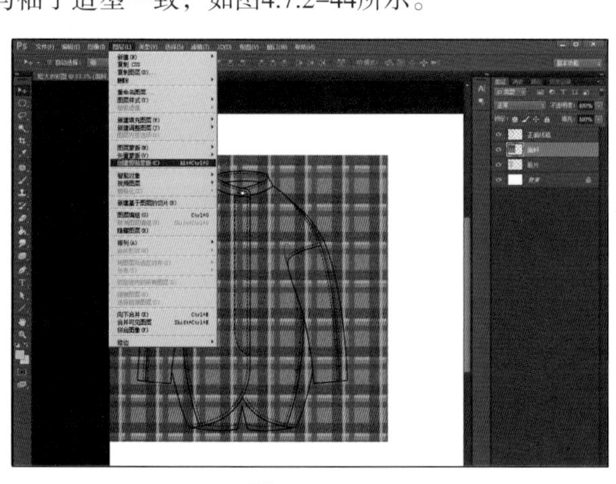

图4.7.2–41

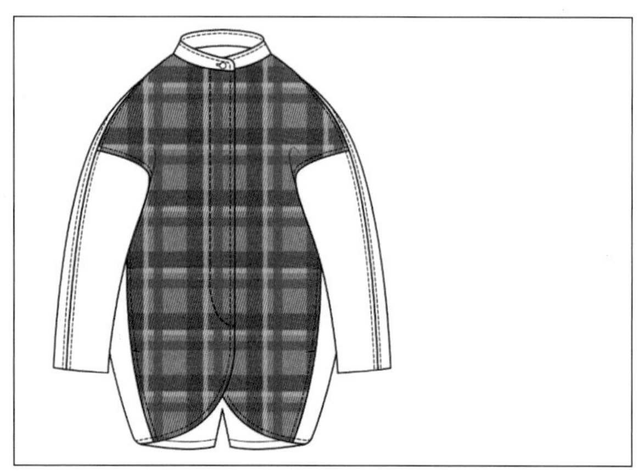

图4.7.2–42

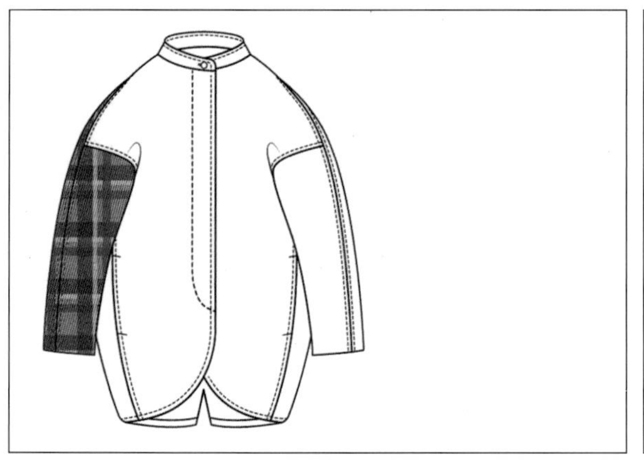

图4.7.2–43

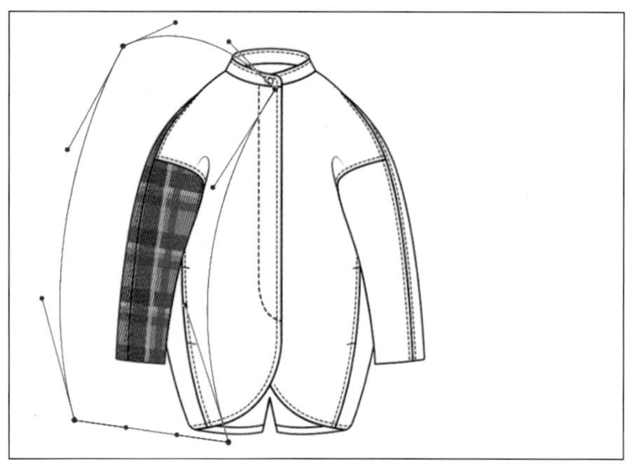

图4.7.2–44

7.用同样的方法绘制右边袖子面料；用褐色填充衣身分割部分和领面颜色（根据设计需要可做呢料风格，也可以不做），用稍深的褐色填充领里和底摆翻边颜色；用灰褐色填充里料。短大衣正面面料填充完成，如图4.7.2-45所示。

8.根据设计要求，用同样的方法，将背面格子面料和单色面料填充完成，如图4.7.2-46所示。

9.将后片空白处填充橘黄色，选择菜单【滤镜】/【杂色】/【添加杂色】，打开“添加杂色”对话框，调整相关参数，完成单色面料呢料风格的绘制，如图4.7.2-47所示。

10.打开“花朵.PSD”文档，将花朵拖拽到后片合适的位置，在同位置复制花朵副本；将下面的花朵等比例放大，并将明度调暗来衬托上面的花朵，增强图案的立体感，如图4.7.2-48所示。

11.正背面填充面料和图案后的效果，分别保存“女短大衣彩图.PSD”和“女短大衣彩图.JPG”格式，如图4.7.2-49所示。

图2.7.2-45

图2.7.2-46

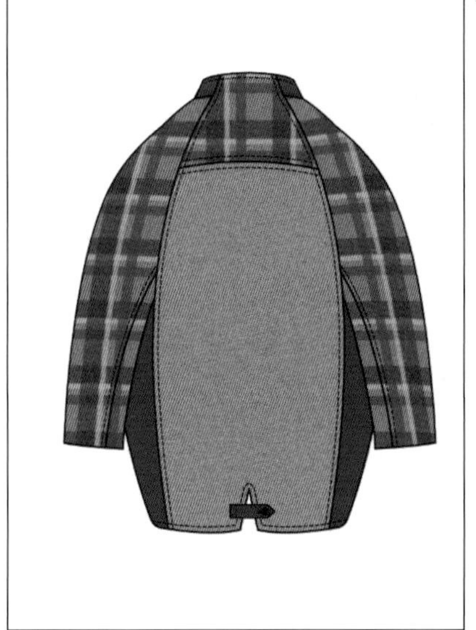

图2.7.2-47

图2.7.2-48

图2.7.2-49

（五）“女短大衣款式电脑拓展设计”排版

根据试题模板规定的尺寸和排版要求，将绘制好的正背面彩色款式图、正背面款式图线稿、面料与色彩设计、图案和色彩设计两个方案排列在模板空白处，完成模拟练习，如图4.7.2-50所示。将文件存储为“工位号.PSD”。

图2.7.2-50

电脑服装设计图作品欣赏——PS+AI 服装款式图

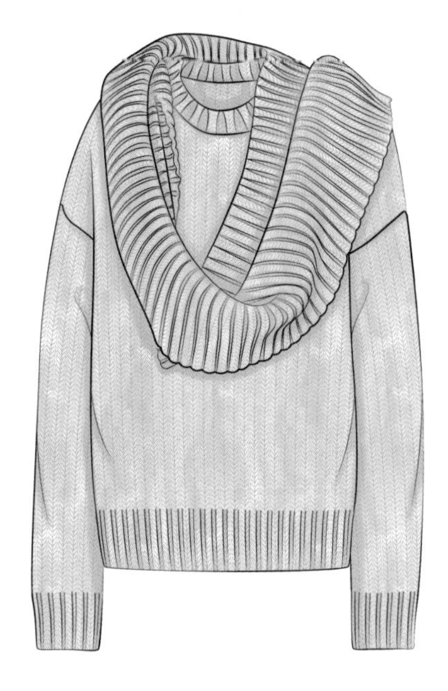

针织毛衣

羽绒服

长外套一

长外套二

（作者：吴晓天）

电脑服装设计图作品欣赏——PS+AI 服装款式图

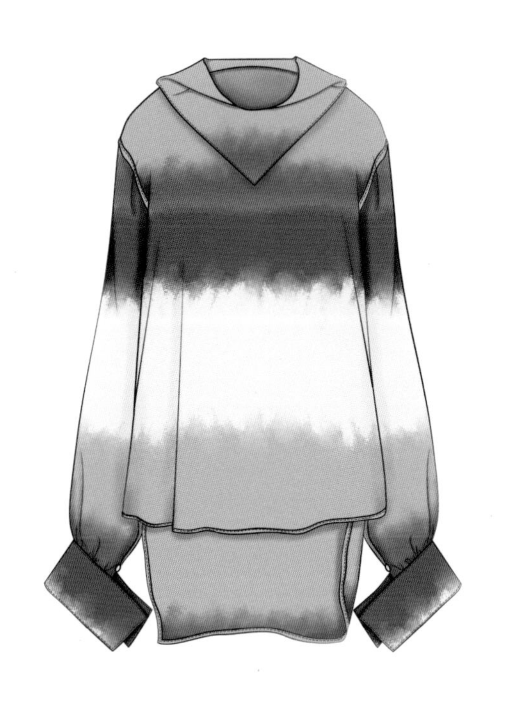

女衬衫

针织衫

牛仔外套

女外套

（作者：吴晓天）

电脑服装设计图作品欣赏——AI 童装款式图

男童T恤

女童外套

（作者：赵灵巧）

电脑服装设计图作品欣赏——AI 鞋子款式图

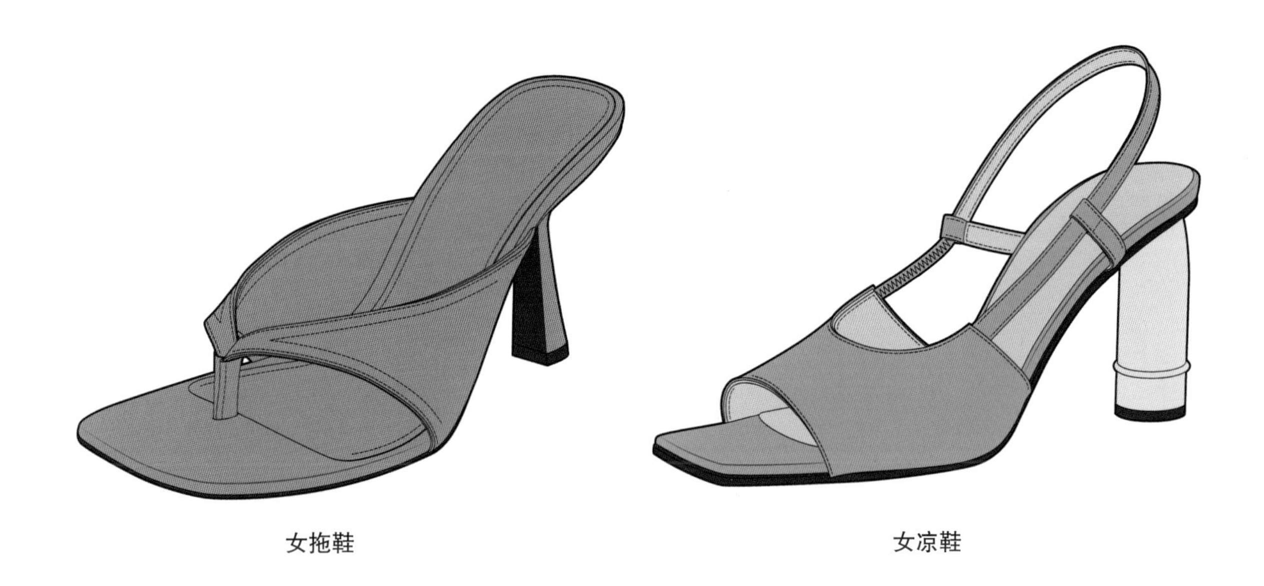

女拖鞋　　女凉鞋

运动鞋一　　运动鞋二

（作者：吴晓天）

电脑服装设计图作品欣赏——AI 包款式图

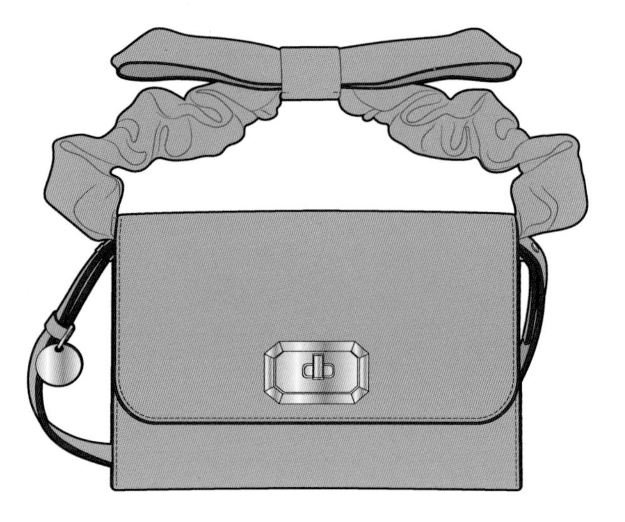

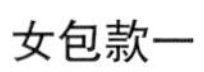

女包款一

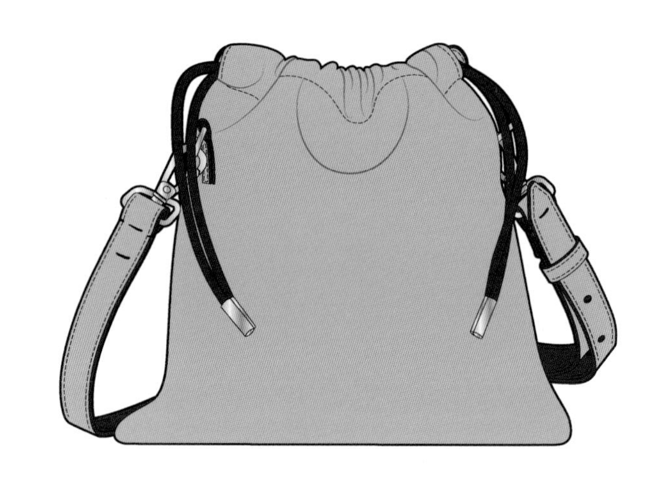

女包款二

女包款三

女包款四

（作者：吴晓天）

电脑服装设计图作品欣赏——PS 图案

2021早春MSGM女装成衣图案

Acne Studios男衬衫图案

（作者：吴晓天）

电脑服装设计图作品欣赏——PS 服饰图案

刺绣风格图案一

刺绣风格图案二

（作者：赵灵巧）

电脑服装设计图作品欣赏——PS 服装效果图

女连衣裙效果图

女吊带裙效果图

女套装效果图

女套装效果图

（作者：海迪）

女套装效果图

女套装效果图与款式图

（作者：海迪）

电脑服装设计图作品欣赏——PS 服装效果图

牛仔面料女装效果图

格子面料男装效果图

（作者：吴晓天）

参考文献

[1] 吴晓天.电脑服装设计图表现技法 [M]. 上海：东华大学出版社，2019.
[2] 王群.杨继强.服装款式电脑拓展设计 [M]. 北京：高等教育出版社，2019.
[3] 赵晓霞.时装画电脑表现技法 [M]. 北京：中国青年出版社，2012.